现代化学基础丛书　24

高分子物理导论

胡文兵　编著

科学出版社

北　京

内 容 简 介

本书从高分子的链结构、链运动和链聚集三个方面力求深入浅出地介绍高分子物理学的基本原理和经典理论方法，特别注重介绍高斯链构象统计、标度分析方法和统计热力学平均场理论及其应用进展，并帮助读者建立起各种特定场合下的高分子物理图像。本书主要基于作者在复旦大学和南京大学多年课堂教学实践的经验，并介绍了相关主题的一些前沿研究进展，其风格不同于现有的国内外高分子物理教材，可以作为一部偏重基础的教学和科研参考书。

本书可作为高等院校高分子专业高年级本科生和硕士研究生的教学用书或参考书；也可供高分子科学与材料领域的科研技术人员阅读参考。

图书在版编目(CIP)数据

高分子物理导论 / 胡文兵编著. —北京：科学出版社，2011

(现代化学基础丛书 24 / 朱清时主编)

ISBN 978-7-03-032317-0

Ⅰ. 高…　Ⅱ. 胡…　Ⅲ. 高聚物物理学　Ⅳ. O631

中国版本图书馆 CIP 数据核字(2011)第 184789 号

责任编辑：周巧龙 / 责任校对：李　影
责任印制：吴兆东 / 封面设计：王　浩

科学出版社出版
北京东黄城根北街 16 号
邮政编码：100717
http://www.sciencep.com

北京九州迅驰传媒文化有限公司印刷

科学出版社发行　各地新华书店经销

*

2011 年 9 月第 一 版　开本：B5(720×1000)
2022 年 3 月第五次印刷　印张：13
字数：260 000

定价：65.00 元

(如有印装质量问题，我社负责调换)

《现代化学基础丛书》编委会

《现代化学基础丛书》序

如果把牛顿发表“自然哲学的数学原理”的1687年作为近代科学的诞生日，仅300多年中，知识以正反馈效应快速增长：知识产生更多的知识，力量导致更大的力量。特别是20世纪的科学技术对自然界的改造特别强劲，发展的速度空前迅速。

在科学技术的各个领域中，化学与人类的日常生活关系最为密切，对人类社会的发展产生的影响也特别巨大。从合成DDT开始的化学农药和从合成氨开始的化学肥料，把农业生产推到了前所未有的高度，以致人们把20世纪称为“化学农业时代”。不断发明出的种类繁多的化学材料极大地改善了人类的生活，使材料科学成为了20世纪的一个主流科技领域。化学家们对在分子层次上的物质结构和“态-态化学”、单分子化学等基元化学过程的认识也随着可利用的技术工具的迅速增多而快速深入。

也应看到，化学虽然创造了大量人类需要的新物质，但是在许多场合中却未有效地利用资源，而且产生了大量排放物造成严重的环境污染。以至于目前有不少人把化学化工与环境污染联系在一起。

在21世纪开始之时，化学正在两个方向上迅速发展。一是在20世纪迅速发展的惯性驱动下继续沿各个有强大生命力的方向发展；二是全方位的“绿色化”，即使整个化学从“粗放型”向“集约型”转变，既满足人们的需求，又维持生态平衡和保护环境。

为了在一定程度上帮助读者熟悉现代化学一些重要领域的现状，科学出版社组织编辑出版了这套《现代化学基础丛书》。丛书以无机化学、分析化学、物理化学、有机化学和高分子化学五个二级学科为主，介绍这些学科领域目前发展的重点和热点，并兼顾学科覆盖的全面性。丛书计划为有关的科技人员、教育工作者和高等院校研究生、高年级学生提供一套较高水平的读物，希望能为化学在新世纪的发展起积极的推动作用。

朱清时

前　言

高分子材料作为与钢铁和玻璃陶瓷并列的重要基础材料，与人们的衣食住行有着密切的关系。早期高分子材料的开发以试错法为主，即合成制备一系列不同化学结构和混合组分的高分子化合物体系，以筛选出其性能可资利用的合适范围。现代高分子材料的开发则更多地追求从分子水平出发来设计材料的性能，类似的思路已经在合成药物的开发上初见成效。新材料的分子设计要求我们对高分子的结构和性能从分子水平上加以深入的了解。另一方面，蓬勃发展的分子生物学也要求我们从物理和化学的角度来理解微观生命过程及其表象，生命大分子和生物高分子材料往往在其中起着重要的作用。因此，对大分子行为的深入理解，构成了高分子物理学的首要目标。

高分子物理学是高分子化学与凝聚态物理学的一个交叉学科，也是高分子材料科学的一个重要组成部分，是研究高分子材料各种物理状态、物理过程和物理性质，及其与微观分子结构和运动内在联系的一门子科学。许多凝聚态物理学的基本理论方法，如平均场理论、标度分析、自洽场理论、密度泛函理论、分子动力学模拟和蒙特卡罗模拟等，均在高分子物理学领域中得到了广泛的应用。高分子物理学涵盖高分子材料的所有物理行为，如果分门别类地按照结构和性能展开介绍，教科书会越编越厚，很难适应当前高分子专业基础课教学因课时不断压缩而对内容提出的精简要求。因此，国内外已出版的高分子物理教材往往根据作者的喜好和学生专业特点对教材的内容覆盖面和介绍深度有所选择。另一方面，随着互联网日益发达，知识检索越来越方便，读者不再满足于单纯对高分子物理学作分门别类的知识性了解，而是更希望了解对高分子的物理行为有意义的概念之间的内在联系，并掌握基本的理论分析方法。基于以上这些时代需求，本书作为高分子物理学的一个入门级的简明读本，尽量避免高深的数学处理和具体的实验技术介绍，也不多谈加工和性能应用，而是结合学科发展的现状，从高分子的链结构、链运动和链聚集三个方面力求较全面地介绍高分子物理学的基本原理，讲解统计热力学理论方法（标度分析和平均场理论）及其应用，力图帮助读者建立起较为清晰的高分子物理图像。

在开篇序章之后，本书的第一部分是高分子链结构，介绍了高分子链化学结构的表征、理想链构象的高斯统计处理和橡胶状态方程，以及真实链构象的标度分析（包括高分子溶液、聚电解质溶液以及拉伸和受限等外场作用）。本书的第二部分是高分子链运动，介绍了链动力学的标度分析、高分子变形的松弛行为以及高分子流动行为。本书的第三部分是高分子链聚集，介绍了溶液统计热力学（Flory-Huggins平均场格子理论及其发展）、多组分体系高分子相分离（包括其热力学、动力学和嵌段共聚物微相分离）以及高分子结晶（包括其热力学、动力学和形态学）。最后，本书还介绍了相分离与结晶的相互作用，供有兴趣的读者作为延伸阅读材料。

本书的阅读对象为从事高分子物理化学、高分子材料和高分子工程科学研究和学习的广大科研工作者、教师、研究生和高年级本科生，特别适用于理工科类大学和科研院所高分子专业的读者。希望读者通过系统的阅读理解，较全面地掌握高分子的基本物理行为特点，特别是在各种场合下的微观分子图像，能够使用高分子物理学的基本概念和常规理论分析工具从事物理、化学、生物、材料和工程科学领域中各种与高分子有关的研究和开发工作。

作者在本书的写作过程中得到了江明院士、吴奇院士、薛奇教授、董建华教授和史安昌教授的热情支持和鼓励，科学出版社的周巧龙编辑提供了耐心细致的帮助，本课题组的学生马禹、聂仪晶、江晓明、杨峰、高欢欢、周宇杰和李源作为书稿的第一批读者提供了许多有益的修改建议。作者向所有曾经给予热情指导和帮助的师长和朋友们表示衷心的感谢！

本书限于作者学术背景和教科书风格，不可能覆盖这一领域所有重要的学术思想，也不可能提供现有内容的全部原始文献，错漏之处在所难免，欢迎读者交流指正！

胡文兵

2011年4月于南京大学鼓楼校区

目　　录

第二部分　高分子链运动

第三部分　高分子链聚集

第 1 章　高分子物理的研究对象

1.1　什么是高分子

高分子是我们在对物质世界进行深入探索和开发利用过程中所建立起来的一种分子观。高分子被广泛用于描述合成塑料、合成橡胶、合成纤维、油漆涂料和胶黏剂等合成材料，纤维素、淀粉、天然橡胶、蚕丝、蜘蛛丝、毛发和甲壳素等天然材料，以及构成丰富多彩的生命世界的物质基础 DNA、RNA 和蛋白质等各种生命大分子。

人类认识到高分子的存在有一个漫长的历史过程。让我们从人类关于物质的分子观的演变开始说起。早在公元前五世纪中叶，哲学家勒乌西普斯(Leucippus)和他的门生德谟克利特(Democritus)提出，我们所生活的这个世界是由最小不可分的物质所构成的，描述这种不可再分的物质就被称为原子(atom)。几乎同时，恩培多克勒(Empedocles)提出这个世界是由气、水、土和火四大元素(element)所组成的。柏拉图(Plato)在雅典建立了柏拉图学园，继承了原子说，并基于几何学的形式逻辑系统倡导四大元素说，他的学生亚里士多德(Aristotle)则大力发扬了这些学说(Rebecca Rupp. 水气火土——元素发现史话. 宋俊岭译. 北京：商务印书馆，2008)。在随后的两千多年时间里，越来越多的元素被炼金术士们所发现。直到 1780 年，拉瓦锡(Lavoisier)发现了氧元素，并用实验证明，化学反应存在质量守恒定律。这一里程碑式的工作将化学从炼金术式的经验探索带入到了定量科学的殿堂。1804 年，道尔顿(Dalton)提出每个分子中存在特定元素的原子组成比。这一学说是另一个里程碑，它开启了现代化学的大门。此后，原子学说和分子学说正式成为化学的主流思想。在物理学领域，1880 年，玻尔兹曼(Boltzmann)根据麦克斯韦(Maxwell)的原子运动论创建了统计热力学。1905 年，爱因斯坦(Einstein)证明液体中组分的自扩散是由原子或分子在做随机布朗运动而实现的。这些划时代的思想，包括同一时期量子力学的蓬勃发展，都为物质原子分子观的确立奠定了扎实的基础。现代扫描隧道显微镜技术甚至可以直接看到并操纵单个的原子。现在我们一般定义分子(molecule)为能够保持纯物质化学性质的最小物质结构单元，包括离子和单原子分子；而定义原子为分子中以及化学反应中代表元素性质的最小物质结构单元。作为保持化学性质最小单元的分子，意味着其分子质量不太可能很大。所以当斯托丁格(Staudinger)于 1926 年提出“大分子”这一概念时，得到了学术界普遍的质疑声。斯托丁格坚定不移地收集采用各种学术研究成果证明了手中的化合物分子可以拥有一千个以上的原子，其相对分子质量可以达到一万以上，并终于说服了学术界同行，由此赢得了 1953 年的诺贝尔化学奖。现在我们已经知道，高分子的分子质量可以很大，以至于从中去掉几个重复单元不会显著地影响其化学或物理性质。因此，大分子概念的提出，突破了把分子看作为保持化学性质的最小物质结构单元的传统理念。

到 1996 年，国际纯粹与应用化学联合会（International Union of Pure and Applied Chemistry，IUPAC）推荐学术界对**高分子**（也常常被称为**聚合物**）的定义如下（Jenkins AD，Kratochvíl P，Stepto RFT，Suter UW. Glossary of basic terms in polymer science. Pure Appl Chem，1996，68：2287-2311）：

"大分子；高分子

一种具有较高相对分子质量的分子，其结构主要由某种单元重复组成，这种单元不管从实际上还是名义上均衍生于较低相对分子质量的分子。

注：

(1) 在许多场合，特别是合成高分子，如果加上或去掉一个或几个单元对分子的性质影响轻微，这个分子就可以被看作具有较高的相对分子质量。此描述不能应用于某些大分子，其性质至关重要地依赖于分子的精细结构。

(2) 如果一种分子的部分或整体均有较高的相对分子质量，并且主要由某些单元重复组成，此单元不管从实际上还是名义上都衍生于较低相对分子质量的分子，则该分子就可以被描述成大分子或高分子，或者用高分子作形容词。"

原文："Macromolecule; polymer molecule

A molecule of high relative molecular mass, the structure of which essentially comprises the multiple repetition of units derived, actually or conceptually, from molecules of low relative molecular mass.

Notes:

(1) In many cases, especially for synthetic polymers, a molecule can be regarded as having a high relative molecular mass if the addition or removal of one or a few of the units has a negligible effect on the molecular properties. This statement fails in the case of certain macromolecules for which the properties may be critically dependent on fine details of the molecular structure.

(2) If a part or the whole of the molecule has a high relative molecular mass and essentially comprises the multiple repetition of units derived, actually or conceptually, from molecules of low relative molecular mass, it may be described as either **macromolecular** or **polymeric**, or by **polymer** used adjectivally."

这样的定义显得足够简单灵活，可以囊括化学家手中各种各样千奇百怪的大分子物质。但对物理学家来说，这样的定义却不能令人满意，其不能足够准确地反映决定着高分子基本物理行为的分子结构特点。

1.2　物理学家眼中的高分子

1991 年，诺贝尔物理学奖得主德热纳(de Gennes，也常常译为“德坚涅”)以**“软物质(soft matter)”**为题发表获奖演说，将高分子作为软物质的主要代表之一加以举例说明。这类物质在美国常常被称为**复杂流体(complex fluid)**。物质的软硬程度通常反映在其固态物体的力学模量上，也即每单位体积所包含的内聚能上，$E\approx e/a^3$，这里 e 为粒子间作用能，a 为粒子间距。常见的硬物质如金属、玻璃和陶瓷，其原子之间通过很强的化学键连接，化学键的能量级在 $e\approx10^{-18}$ J，化学键长或原子间距一般在埃数量级，$a\approx10^{-10}$ m，所以硬物质的内聚能可以高达 $E\approx10^{12}$ N/m^2。而软物质如高分子、液晶、胶体、纳米粒子、自组装或杂合材料、泡沫、食物(幸好我们的牙齿是硬物质!)，甚至生命体系(我们的身体不像科幻小说和电影中的超人、变形金刚和钢铁侠那么坚固!)，其组分粒子之间主要是次价键相互作用，能量级比化学键要低得多，$e\approx10^{-20}$ J，粒子的尺寸可以从纳米到微米，$a\approx10^{-8}\sim10^{-6}$ m，于是软物质内聚能的数量级在 $E\approx10^{-2}\sim10^{4}$ N/m^2，比硬物质要低得多！软物质的一个基本特点是“弱刺激，强响应”。粒子之间的联系很容易被接近常温的热涨落或轻微的机械扰动所打破，因而软物质会在常温常压下发生剧烈的结构变化，有时甚至可以发生熵驱动的有序化转变。

现有的化学物质分类系统也还没能很好地体现出高分子化合物的特性。人们通常把物质分为纯物质和混合物，而纯物质又进一步分为元素单质和化合物。高分子化合物作为软物质，可以在一定程度上改变分子的构象形状，并且可以在每个大分子中包含不同的化学组分，从而表现出混合物的特性，比一般的小分子化合物要复杂得多。1990 年，旺德利希(Wunderlich)提出将化合物分成三类(Wunderlich B，Thermal Analysis，New York：Academic Press，1990.)。第一类是通常所谓的**小分子物质(small molecule)**，分子可以不破坏化学键完整地存在于气、液和固三态中，例如氧气、氢气、氮气和甲烷等多达 10^7 种化合物。第二类是**柔性大分子(flexible macromolecule)**，分子可以不破坏化学键完整地存在于液态和固态中，但不能存在于气态中。分子的柔性主要来自于链状分子沿着主链上的碳—碳(C—C)键发生的内旋转。这类物质包括大多数天然和合成高分子，例如纺织纤维尼龙、聚酯(PET)和聚芳酰胺 Kevlar 等；结构材料聚氯乙烯(PVC)和聚碳酸酯(PC)等；胶黏剂聚乙烯醇(PVA)、环氧树脂、502 胶等；弹性体天然橡胶、聚氨酯、三嵌段热塑性弹性体(SBS)、乙丙橡胶(EPDM)等(橡胶可看作液态大分子的交联产物)；甚至生命大分子如 DNA、RNA 和蛋白质等；天然材料如纤维素、淀粉、蚕丝和羊毛等。这类柔性大分子与软物质的定义遥相呼应。第三类是**刚性大分子**(**rigid macromolecule**)，只能存在于固态中，如果要液化或气化则需要破坏化学键。这方面的例子有金属、氧化物、盐、陶瓷、硅玻璃、金刚石、石墨以及一些不溶不熔的共轭导电高分子等。这类刚性大分子与硬物质的定义相对应。在旺德利希的这种分类中，我们通常所研究的高分子作为主要软物质的链状分子结构特征得到了高度的强调。

实际上，我们所关注的高分子物理行为特征主要与**链状**的分子结构有关。这种分子结构表现出各向异性的特点，即沿着分子链的重复单元之间有较强的共价键作用，而在链的横截面方向上则是弱得多的次价键相互作用。在凝聚态分子热涨落和布朗运动中，沿链较强的相关性将主导高分子的物理行为特点。高分子化学主要关注如何利用化学的手段制备链状结构，或者以此为模块构造更为复杂的大分子结构。高分子物理则主要关注各种复杂拓扑结构大分子由链状结构所带来的特殊物理行为。

我们一般按照不同的空间尺度相关性来对高分子链结构进行分类。一级结构(primary structure)，也叫近程结构(short-range structure)，主要是沿链的化学序列微结构(micro-structure)和化学构型(configuration，这里的定义不同于通常统计物理中所谓的 configuration)。只有通过化学反应才能改变高分子链的一级结构。二级结构(secondary structure)，也叫远程结构(long-range structure)，主要反映链构象(conformation)，例如通常高分子的无规线团(random coil)，以及蛋白质的 α-螺旋链(α-helix)和 β-折叠链(β-sheet)。二级结构主要通过热涨落或物理相变来改变。三级结构(tertiary structure)，也叫高级结构，主要指蛋白质分子的立体构象，也泛指高分子链在聚集态中的构象结构，例如无序态(amorphous state)、取向态(oriented state)和结晶态(crystalline state)。单链的三级结构是基于二级结构的进一步组装，通常需要较强的次价键相互作用如氢键或库仑力等来驱动，其自发结合在一起形成空间多层次分级结构的过程有时也被称为自组装(self-assembly)过程。

1.3 高分子物理的学科地位

高分子物理的重要性可以通过高分子科学与高分子工程之间的关系大致勾画出来。我们以高分子合成材料的开发为例来加以说明。高分子合成材料开发的基本路线是从单体制备、聚合工艺、加工成型、结构表征到性能测试，如图 1-1 的中轴线所示。我们以这条材料开发路线图为主线。往上面看，主要对应理科基础研究，高分子合成主要涵盖从单体制备到加工成型这一段；高分子结构主要涵盖从聚合工艺到结构表征这一段;而高分子性能则涵盖从加工成型到性能测试这一段。高分子化学主要关注从合成到结构这一段,高分子物理则主要关注从结构到性能这一段,二者构成上端的高分子科学。往下面看,主要对应工科应用开发,高分子化学工程主要涵盖从单体制备到加工成型这一段,而高分子材料科学则涵盖从加工成型到性能测试这一段,二者构成下端的高分子工程。可以说,高分子物理占据了高分子科学的半壁江山。

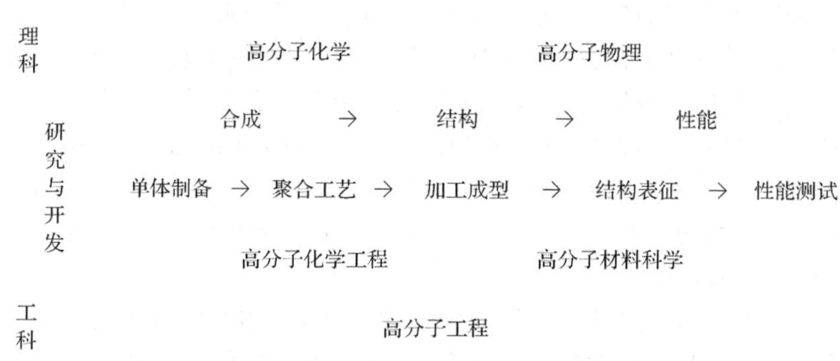

图 1-1　高分子合成材料的开发过程中高分子科学与工程的大致对应关系示意图

塑料、橡胶和纤维这三大合成材料由于合成生产规模大、工艺技术相对比较成熟,从聚合单体上对工艺作进一步的改动比较困难,目前较多的新材料开发研究主要集中在对现有大品种高分子材料的结构和性能通过化学或物理的手段再加以改进。功能高分子、涂料、胶黏剂和功能膜等高分子材料则由于生产规模小,功能要求特殊,多从单体合成角度就开始开发研究。

高分子物理学作为一门诞生于化学与物理之间的交叉学科,也可以看作是连接材料科学与生命科学之间的桥梁。早在高分子科学创立之初,许多基本物理概念都诞生于对天然大分子如纤维素和天然橡胶的研究中。随着 20 世纪中期世界科技的高速发展,这些概念被广泛应用于研究和开发高分子合成材料。进入 21 世纪初叶,材料科学已经蓬勃发展起来,而生命科学正方兴未艾,预计未来高分子物理学的发展将进一步完善现有的知识体系,结合新材料、新能源和新环境的社会需求,并从生命科学领域汲取更多的营养。正如斯托丁格在其 1953 年的诺贝尔奖获奖致辞中所指出的,"从大分子化学的新视角看,生命的奇迹显示出生命物质的构造特征格外地复杂和完美。"(原文:"In the light of new insights in macromolecular chemistry, the miracle of life shows an exceptional multitude and perfection of architectures characteristic of living matter.")高分子物理学未来的发展仍然要以大自然为师。

1.4 高分子物理的研究内容

上节已经提到，高分子物理的主要内容涵盖高分子的物质结构和物理性能，而联系结构与性能之间的桥梁则从最初简单的经验关系逐渐走向成熟的统计热力学和动力学理论。

托马斯·库恩（Thomas Kuhn）在其著名的《科学革命的结构》一书中提出，一门学科按科学发展的循环过程分为四个阶段：前科学阶段、常规科学阶段、反常和危机阶段，以及科学革命阶段。"所谓'常规科学'是指坚实地建立在一种或者多种过去的科学成就基础上的研究，这些科学成就为某个科学共同体在一段时期内公认为是进一步实践的基础。""这些实例就是共同体的**范式（paradigms）**，它们存在于教科书、课堂讲演和实验室的实验中。研究它们并用它们去实践，相应的共同体成员就能学会他们的专业。"（托马斯·库恩. 科学革命的结构. 金吾伦，胡新和译. 北京：北京大学出版社，2003）。

从本书接下来所要展开的介绍内容可以看出，能够归纳成为高分子物理学基本理论范式的统计热力学理论只有两个，一个是单链的高斯链构象统计，用来计算链构象熵，这一理论允许我们采用标度分析方法（原则上还包括自洽场方法）处理链构象，并进一步描述高分子链运动，这构成本书前半部分的主要介绍内容；另一个是多链的弗洛里-哈金斯（Flory-Huggins）格子链构象统计，用来计算溶液混合熵，这一理论允许我们采用平均场理论处理链间相互吸引作用，并进一步研究高分子链聚集，即相分离和结晶行为，这构成本书后半部分的主要介绍内容。两者都是基于高分子链构象类似于随机行走路径的假定，也就是说，两者都服从分子布朗运动的特点，而布朗运动恰恰是所有软物质的基本运动特点。

高分子的结构表征可以大致分为两方面的内容，即单链结构和聚集态结构。一方面，单链结构包括高分子链的化学结构和构象结构。其中，对高分子物理性质有着决定意义的化学结构特征可以划分为两类，一类是属于同一种类高分子样品的共同内在特征，包括链的半柔顺性和复杂的链间相互作用；另一类是属于具体高分子样品的个别外在特征，包括分子质量及其分布、分子拓扑构造和链序列规整性。链构象结构则关注单链在各种条件下的链构象特征。另一方面，高分子链的聚集态结构可以进一步表现出静态结构和动态结构。静态结构对单组分均聚物体系可以有无定形态、取向态、液晶态和结晶态，而对多组分体系则还有溶液、共混、共聚和复合等方式。动态结构分为晶态和非晶态。晶态多为半结晶织态结构，表现出硬弹性体的特点；非晶态则根据可活动分子基元的大小有玻璃态、高弹态和黏流态三种。

随着高分子链的化学结构、构象结构及其聚集态结构的不同，高分子可以表现出许多特殊的物理性能。力学性能方面的表征有抗冲强度、抗张强度、抗弯强度和硬度等。热力学性能的表征则包括耐热性、热变形温度及热分解温度和耐溶剂性等。对光、电、磁、声、微波等响应性能的表征包括透光率、导电性和介电性等。输运性质则应用于渗透膜制备净化水，减阻剂用于三次采油、石油管道运输和消防水减少阻力等。表界面性能有摩擦、黏合和静电等；化学性能有老化、降解和交联等。高分子材料的以上这些性能已经在我们的现实世界中得到了很好的开发和利用。

由于本书立足于所要介绍的内容简明扼要，只能较多地专注于高分子结构和统计理论方法的阐述，许多性能及其应用介绍就不再进一步展开。关于性能方面的具体内容，读者可以参考其他高分子物理教材或以相关物理性能为主题的专著。

思　考　题

1. 为什么说高分子物理的主要研究对象是链状分子结构？
2. 为什么说高分子属于软物质的一种？
3. 试分析布朗运动在高分子物理中的重要性。

第一部分　高分子链结构

第2章 链化学结构的表征

2.1 决定高分子物理性质的主要化学结构因素

高分子链结构包括其基本的化学结构(也就是一级结构)以及构象结构(也就是所谓的二级结构及其在高分子自组装和聚集态结构中的分子构象)。这里,我们首先介绍化学结构的表征,然后介绍理想无定形链构象的高斯模型处理,接着再介绍非理想无定形链构象的标度分析处理。嵌段共聚物微相分离态的自组装构象将在第9章介绍,而高分子结晶态的有序螺旋及其折叠链构象将在第10章介绍。

国际纯粹与应用化学联合会(IUPAC)根据高分子链及其取代基的化学结构提出了一整套详细的命名方案。但是,在实际的日常学术交流活动中,人们还是喜欢根据高分子的基本物理行为特点来对其进行命名,例如高密度聚乙烯、发泡聚苯乙烯、热塑性弹性体、液晶高分子、导电高分子和聚电解质等。这样的命名方式有利于我们直接把握该高分子的基本结构及其性能特点。

实际上,我们手头一拿到高分子样品,首先需要做的一件事就是要对该样品的基本物理性质做大致的判断,判断的依据往往是该样品的主要化学结构信息。也就是说,我们需要对高分子链的化学结构进行必要的描述和表征。那么,对于我们判断该高分子样品的物理行为特点来说,哪些基本的化学结构信息是至关重要的呢?

让我们先来做一个类比,看看我们如何对一块单晶的结构,例如对一颗钻石,进行描述和表征。首先,单晶的结构单元有内在的**对称性**,例如碳原子的 sp^3 杂化轨道决定了其四面体堆砌结构,分子最稳定的几何构象往往决定了分子间最稳定堆砌的方位,即晶胞参数的各个轴向之间的夹角;其次,结构单元的堆砌有内在的**周期性**,例如碳—碳键长、结构单元之间的相互作用决定了晶胞参数的各个轴距。除了这些表征特定种类晶体共性的内在结构因素之外,每块单晶还有其个别的外在特征,主要是**晶体的大小**、**形状**和**内含的缺陷**等。对于一颗钻石来说,这些外在特征与其市场价值密切相关。按照内在和外在这样两个层次来划分表征一块单晶所需要的结构因素,有助于我们准确地把握该单晶的基本结构特点及其所决定的性质。

我们对高分子样品的描述也可以同单晶类似。首先,高分子的内在特征有**链的半柔顺性**,反映分子内寻求最稳定构象的几何结构特点;其次,高分子链有内在的**分子间相互作用的复杂性**。主要由于链状分子各向异性的结构特点,分子间相互作用可以进一步分解为各向同性和各向异性的贡献。正如本书所要展开介绍的，链的半柔顺性和链间相互作用这两方面的内在特征决定了该品种高分子基本的物理行为倾向。相应地，每个具体的高分子样品还有其个别的外在特征，主要是**分子质量及其分布、分子拓扑结构**和**内含的链序列不规整性**等。这些外在特征也与高分子链的物理行为特点密切相关。

把高分子的化学结构特征划分为内外两个层次来进行描述，有助于我们把握各种结构因素在决定高分子物理行为中所起的相应作用及其地位。通常情况下，高分子的内在分子结构特征被选择为分子的相互作用能量参数，用来表征高分子发生物理转变的热力学驱动力，对物理行为的发生起着主要的驱动作用；而代表外在分子结构特征的分子参数则可以用来表征高分子发生物理转变的限制条件，对物理行为的发生起到相对比较次要的约束作用。例如，高分子链的各向异性相互吸引作用通过分子链间的密堆砌驱动高分子链发生结晶。如果高分子链上含有太多的无规分布的不规整化学序列结构单元，则可能抑制分子链间的密堆砌，阻碍结晶行为的发生。于是，这样的无规共聚物主要表现出非晶高分子的特点。

下面，我们将对以上高分子链化学结构主要的五个内外表征因素加以进一步的介绍。

2.2　链的半柔顺性

我们可以从单链的**理想链模型(ideal-chain model)**出发，来理解高分子链的**半柔顺性(semi-flexibility)**。首先，此理想链模型假定单链足够长，以便我们可以作近似的统计计算处理。其次，此模型不考虑沿链的长程链单元间相互作用。因此，这种高分子链也常常被称为**虚幻链(phantom chain)**，或者**无扰链(unperturbed chain)**。我们从最简单的自由连接链理想模型出发，逐步考虑沿链的短程相互作用，首先是键角被固定的自由旋转链，然后是内旋转受到阻碍的受阻旋转链，就这样逐步逼近来描述真实高分子链的半柔顺性。

2.2.1　自由连接链

自由连接链(free-jointed chain)就是只考虑链单元之间的连接，暂不考虑每个连接的角度限制。要表征高分子链的半柔顺性，目前的主要方法是观察高分子无规线团的尺寸。表征线团尺寸的第一种常见量是高分子链的末端距，其反映在从高分子链的一端到另一端的矢量 $\boldsymbol{R}$ 中。假定沿着主链的每个化学键键长为 $\boldsymbol{b}$，这个末端距矢量是沿着高分子链 n 个键矢量加和的结果。

$$\boldsymbol{R} = \boldsymbol{b}_1 + \boldsymbol{b}_2 + \cdots + \boldsymbol{b}_n = \sum_{i=1}^{n} \boldsymbol{b}_i \tag{2-1}$$

如果对足够多的高分子链取平均结果，随机取向的末端距矢量将在结果中相互抵消掉。因此，我们需要摆脱导致结果抵消的矢量方向信息，用一个标量，即末端距的平方，叠加起来表征高分子线团的特征尺寸。

$$\boldsymbol{R}^2 = \sum_{i=1}^{n} \boldsymbol{b}_i \cdot \sum_{j=1}^{n} \boldsymbol{b}_j = nb^2 + 2\sum \sum_{j>i} \boldsymbol{b}_i \cdot \boldsymbol{b}_j \tag{2-2}$$

由于两个矢量的点积结果主要取决于彼此的夹角 γ_{ij}，

$$\boldsymbol{b}_i \cdot \boldsymbol{b}_j = b^2 \cdot \cos\gamma_{ij} \tag{2-3}$$

而自由连接链上的任意两个不同键矢量的夹角可以在 0 到 2π 之间均匀分布，导致其余弦值在 -1 和 1 之间均匀分布，足够多这样独立的点积加和的结果就会正负抵消，即

$$\sum \sum_{j>i} \boldsymbol{b}_i \cdot \boldsymbol{b}_j = 0 \tag{2-4}$$

这样我们就可以得到

$$\langle R^2_{\mathrm{f.j.}} \rangle = nb^2 \tag{2-5}$$

式(2-5)中的〈…〉表示对许多条高分子链系综平均的结果，因而这一结果被称为高分子链的**均方末端距(mean-square end-to-end distance)**。

如果把自由连接链的构象比拟成布朗运动无规行走的轨迹，链长对应于所走的步数，即行走时间的长短，我们就可以看出，以上结果与爱因斯坦早在 1905 年对布朗运动计算的经典结果是一致的，即布朗运动粒子的均方位移与时间成正比(Einstein A. Investigations on the theory of the Brownian movement. Ann Phys (Leipzig)，1905，17：549-560)。这一相似性说明了高分子的无规链构象实际上是所有链单元在做随机布朗运动的松弛结果。

第二种也许是更常用的线团尺寸表征量是所谓的**均方回转半径(mean-square radius of gyration)**。这一尺寸比均方末端距更具可操作性。这是因为其被定义为所有链单元相对于高分子线团质量中心的均方位移之和，并且此结果可以由光散射实验直接测量得到。对 $n+1$ 个质量为 m 的链单元相对于整个高分子链质量中心的矢量 $\boldsymbol{r}$ 平方加和，对质量取平均，就可以定义均方回转半径。

$$\langle R_g^2 \rangle \equiv \frac{\sum_{i=0}^{n} m_i \boldsymbol{r}_i^2}{\sum_{i=0}^{n} m_i} \tag{2-6}$$

可以通过简单的推导证明，当高分子链足够长的时候，有

$$\langle R_g^2 \rangle = \frac{1}{6} \langle R^2_{\mathrm{f.j.}} \rangle \tag{2-7}$$

2.2.2　自由旋转链

高分子材料的主链实际上往往是以碳—碳共价键连接而成的。碳原子的共价

键连接在化合物中采用四面体的 sp^3 杂化轨道，键角接近于 109°28′。也就是说，实际高分子链单元之间的连接要考虑固定键角的限制。但是，我们仍可以看到，沿着主链下一个键绕着前一个键在保持键角不变的情况下可发生内旋转。假定内旋转没有遇到任何阻碍，这就是**自由旋转链(free-rotating chain)**模型。如图 2-1所示，下一个键矢量与前一个键矢量之间的夹角被定义为 θ，对于碳原子构成的主链，$\theta=180°-109°28'$。理论上可以推导出包含固定键角假设的自由旋转链的均方末端距，其对自由连接链的均方末端距有一个固定键角贡献的修正。

$$\langle R^2_{\text{f.r.}} \rangle = nb^2 \cdot \frac{1+\cos\theta}{1-\cos\theta} \tag{2-8}$$

2.2.3 受阻旋转链

实际的高分子主链在发生内旋转时，侧基之间会发生相互作用，给内旋转带来阻碍，这就有必要再进一步考虑**受阻旋转链(hindered-rotating chain)**模型。如图 2-1所示，沿着高分子主链的某一键以固定的键角围绕着前一个键发生内旋转，这样其末端就构成一个旋转面。如果我们把其前面两个主链键构成的面在该旋转面上的交线作为参考方向，就可以把所考察的主链键在其旋转面上的投影与参考方向所成的角度定义为**内旋转角 $\boldsymbol{\phi}$**，如图 2-1 所示。例如，当乙烷($CH_3—CH_3$)分子两个碳原子上的氢原子基团处在内旋转重叠位时，彼此之间的距离为 2.26Å，小于两个氢原子的范德瓦耳斯半径之和 2.40Å，因此，强烈的体积排斥相互作用使内旋转势能升高，对构象的稳定不利。如果这两个碳上的氢原子彼此以内旋转角 60°相互错开，就可以有效地降低内旋转势能 $E(\phi)$，如图 2-2 所示。

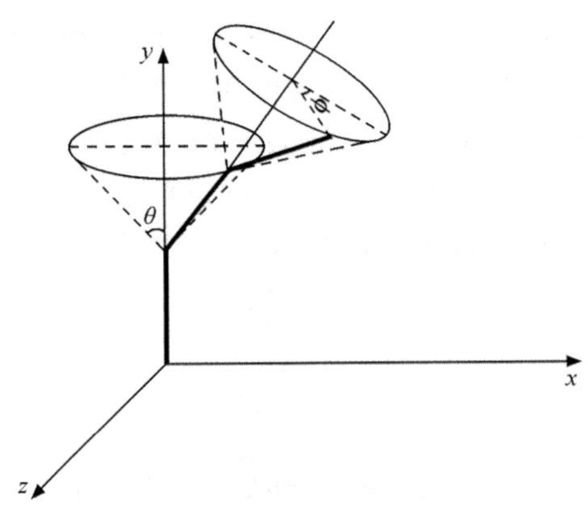

图 2-1 高分子链的内旋转角 ϕ 示意图

如果乙烷的两个碳原子上各有一个氢原子分别被一个很大的基团 R 所取代，例如聚乙烯主链上某个 C—C 键一侧的剩余高分子链，则两侧高分子链之间的相互作用将大大提升重叠位内旋转势能的变化幅度，并拉开其与旁式位的差距。如

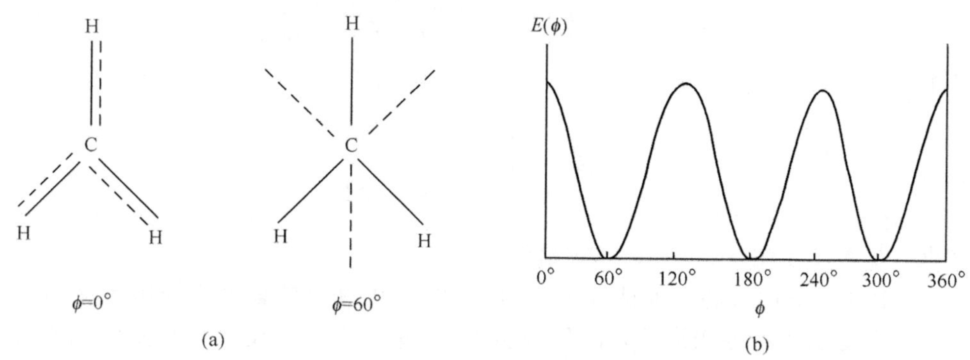

图 2-2　乙烷的内旋转重叠位(ϕ=0°)和交错位(ϕ=60°)示意图(a)及其内旋转势能曲线示意图(b)

图 2-3 所示，重叠位内旋转势能最高，**反式位**(*trans*，标示为 *t*)势能达到最低，而**旁式位**(*gauche*)则处于亚稳态，分别有左旁式(g^+)和右旁式(g^-)。这样，两种旁式位再加上反式位这三种相对较稳定的内旋转构象状态(g^+，g^-，*t*)就可以在简单的链构象统计中被作为代表态参与统计计算，这种理想链模型被称为**旋转异构态模型(rotational-isomerism-state model, RISM)**（Volkenstein MV. Configurational Statistics of Polymer Chains. New York：Interscience，1963；Birshtein TM，Ptitsyn OB. Conformations of Macromolecules. New York：Interscience，1966）。此模型可以很好地表征真实高分子链的半柔顺性。弗洛里(Flory)曾撰写专著介绍了许多基于此模型计算真实高分子链半柔顺性的例子(Flory PJ. Statistical Mechanics of Chain Molecules. New York：Interscience，1969)。

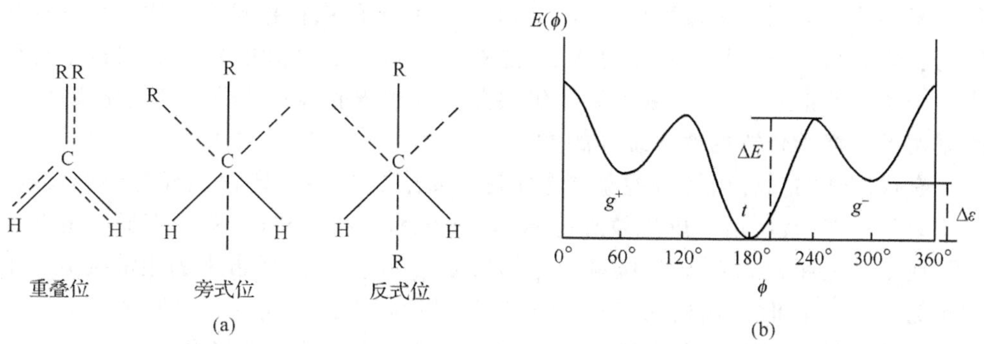

图 2-3　聚乙烯主链 C—C 键内旋转重叠位、旁式位和反式位示意图(a)以及聚乙烯内旋转势能曲线示意图(b)。两侧的分子链其他部分用大基团 R 来表示

内旋转受阻所带来的高分子链半柔顺性反映在均方末端距上，就是再添加基于内旋转角平均贡献的校正项，如式(2-9)所示。

$$\langle R_{\text{h.r.}}^2 \rangle = nb^2 \cdot \frac{1+\cos\theta}{1-\cos\theta} \cdot \frac{1+\langle\cos\phi\rangle}{1-\langle\cos\phi\rangle} \tag{2-9}$$

其中

$$\langle\cos\phi\rangle = \frac{\int_0^{2\pi} \mathrm{e}^{-E(\phi)/kT}\cos\phi \mathrm{d}\phi}{\int_0^{2\pi} \mathrm{e}^{-E(\phi)/kT}\mathrm{d}\phi}$$

这里 k 是玻尔兹曼常量，T 是绝对温度。

从图 2-3 的内旋转势能曲线上，我们可以看到两个具有重要物理意义的势能差。一个是反式和旁式构象之间的势能差 $\Delta\varepsilon$，另一个是从反式转化到旁式所需要克服的势能位垒 ΔE。从热力学平衡的角度看，我们根据 $\Delta\varepsilon$ 的大小来了解高分子链的**静态柔顺性**。我们知道，构象态的平衡分布与局部热涨落的能力有关，分子局部热涨落的能量大约在 $1kT$ 数量级，当 $kT \gg \Delta\varepsilon$ 时，t，g^+，g^- 几乎等概率地出现，高分子链将呈现柔性，其链构象特征则为无规线团；当 $kT \ll \Delta\varepsilon$ 时，反式构象 t 占绝大多数，高分子链将呈现刚性，其链构象特征则为全伸展链构象有序态。可见链的静态半柔顺性将有助于驱动高分子链发生有序化转变。另一方面，从动力学跃迁的角度看，我们根据 ΔE 的大小来了解高分子链的**动态柔顺性**。当 $kT \gg \Delta E$ 时，链构象态容易发生变化，高分子呈现为液态；而当 $kT \ll \Delta E$ 时，链构象态不容易发生变化，高分子链呈现为固态，即结晶态或玻璃态高分子。可见链的动态半柔顺性将有助于驱动高分子链发生冻结转变。链的半柔顺性是高分子发生玻璃化转变时所特有的分子内势能贡献。

对于一条柔顺的高分子链来说，如果沿着主链每一个键的内旋转有三种可能的旋转异构构象状态，而一条链包含有 1000 个这样的主链键，这就意味着这条无规线团链从一端到另一端可以有 $3^{1000} \approx 10^{477}$ 种可能的微构象排布方式。尽管这条链与实际的高分子链相比还不算太长，这样天文数字般庞大的数目我们也不可能去一个个地数出来。所以，我们要了解整条高分子链的构象性质及其变化规律，必须采用下一章所介绍的概率统计的方法。

有代表性的三种内旋转构象状态实际上沿着链也不一定都能任意组合实现。对于聚乙烯链，有所谓的**戊烷效应(pentane effect)**。我们知道，两个碳原子的范德瓦耳斯半径之和为 3.0 Å，连续两个微构象 g^+g^+ 或 g^-g^- 所带来的主链碳原子末端距为 3.6 Å，此时末端相互错开，还可以接受；而 g^+g^- 或 g^-g^+ 则带来 2.5 Å，小于两个碳原子的范德瓦耳斯半径之和，于是戊烷段末端碳原子将发生相互重叠，由于彼此的体积排斥作用，此时的戊烷链构象就不能被接受。

2.2.4 高分子静态柔顺性的状态表征

我们在前面已经看到，半柔顺高分子链的静态柔顺性不仅与 $\Delta\varepsilon$ 有关，也与温

度 T 有关。常用的表征半柔顺高分子链构象状态的量有以下几个。

1. 持续长度

持续长度(**persistence length**)理论上被定义为沿第一个键方向上链末端的投影,

$$b_p \equiv b_0 \exp\left(\frac{\Delta\varepsilon}{kT}\right) \tag{2-10}$$

这里 b_0 为每个主链键在链伸展方向上的投影贡献,持续长度反映了主链键沿着高分子链的取向相关长度。

2. 库恩链段的长度

库恩链段(**Kuhn segment**)被定义为沿链发生自由连接的最小的独立运动单元,其序列长度为 b_K,

$$b_K \equiv \frac{\langle R^2 \rangle}{L} \tag{2-11}$$

这里 $\langle R^2 \rangle$ 为实际的均方末端距。假定某条链有 n 个主链键,每个键贡献投影长度为 b_0,则伸展链的投影长度

$$L = nb_0 = n_K b_K \tag{2-12}$$

n_K 和 b_K 满足均方末端距

$$\langle R^2 \rangle = n_K b_K^2 \tag{2-13}$$

由 n_K 和 b_K 构成的高分子链也被称为等效的自由连接链。

3. 刚性因子或空间位阻参数

刚性因子(**stiffness parameter**)或**空间位阻**(**steric hindrance**)参数被定义为

$$\sigma \equiv \left(\frac{\langle R^2 \rangle}{\langle R^2_{\mathrm{f.j.}} \rangle}\right)^{1/2} \tag{2-14}$$

其反映了内旋转受阻的程度。

4. 分子无扰尺寸

分子的**无扰尺寸**(**unperturbed dimension**)被定义为

$$A \equiv \left(\frac{\langle R^2 \rangle}{M}\right)^{1/2} \tag{2-15}$$

M 为分子质量,无扰尺寸反映了线团相对自由连接链的膨胀程度。

5. 特征比

特征比(**characteristic ratio**)C_n 被定义为

$$C_n \equiv \frac{\langle R^2 \rangle}{nb^2} \tag{2-16}$$

当链单元数 n 趋向无穷大时，就成为极限特征比 C_∞。

2.3 链间相互作用的复杂性

高分子链上的每一个重复单元都可以携带特定的化学基团，从而带来各种各样的链间相互作用，既可以是普通的范德瓦耳斯相互作用，也可以是氢键、库仑力、分子间复合作用、与金属原子的配位作用等特殊的超分子相互作用。在合适的环境下，其中某一种作用会对高分子的物理行为起着决定性的推动作用。因此，表征每一种作用都需要引入相应的分子能量参数来描述。这些作用可以多重并存，在高分子自组装的不同层次上驱动相应的相转变，从而对不同环境下的结构响应起到调节作用。最典型的一个例子就是在生命环境下的蛋白质分子，其同时包含有多种特殊的分子间相互作用，因此可以随局部环境的变化，通过改变其复杂的自组装构象来调节其功能，这样既能保持一定的功能稳定性，也能拥有一定的环境响应性。

每一种链间相互作用可以对高分子的物理行为表现出多重功效。典型的特征是高分子链结构的局部各向异性所带来的。沿着高分子链看，每个链单元与两侧的链单元以较强的化学键相连接，而沿着垂直方向看，其只能与其他链单元以较弱的次价键力发生链间相互作用。例如完全伸展链聚乙烯晶体沿着链方向的理论抗张强度来自于共价键，高达 350GPa，而垂直方向上则来自于范德瓦耳斯力，理论抗张强度只有大约 10GPa。这种各向异性导致高分子晶体沿着链方向的热导率也比垂直链方向要大得多。因此，我们如果把高分子链间普通的范德瓦耳斯相互作用大致区分为两种作用的叠加，即近程的硬核体积排斥作用加上远程的弱相互吸引作用，每种作用还可以再细分出各向同性和各向异性两个部分的贡献。

范德瓦耳斯作用是高分子聚集态物理行为的重要驱动力之一。正如本书后面各章所要展开介绍的，一方面，高分子链间各向同性的体积排斥相互作用决定了液体的基本分子排列结构，特别是液态混合物的组合熵。格子模型可以很好地表现分子间的这种排列组合，这就是为什么格子模型可以成功地描述包含高分子的多组分混合物体系的统计热力学。各向异性的体积排斥相互作用则可以作为分子间的流体力学相互作用，以熵的变化驱动溶致液晶高分子的有序化转变。另外，各向异性的分子键取向在链单元近邻位置的排列熵变化，也被用来解释高分子链的相互穿插对链单元之间体积排斥相互作用的屏蔽效应，其使得高分子链在熔体中呈现出无扰链构象的标度特点。另一方面，各向同性的相互吸引作用对高分子多组分体系发生混合或相分离起到决定性的驱动作用。各向异性的相互吸引作用则可以作为焓驱动力导致热致液晶高分子本体发生有序化转变。另外,各向异性的链间局部相互吸引作用也可以用来描述高分子自发结晶的分子驱动力。

2.4　高分子的分子质量及其分布

2.4.1　分子质量效应

从小分子开始,随着链长增大,分子的摩尔质量增加,分子的一些常见性能,例如机械力学性能,也会相应地逐步增强。但是这种效应很快会随着分子质量继续增加而达到饱和,如图 2-4 所示。实际的高分子加工过程中,分子质量也不是越大越好。分子质量越大,熔体的黏度会急剧上升,于是流动加工成型变得越来越困难,更高的分子质量对性能的贡献却不再明显,所以在实际加工过程中,高分子的分子质量要控制在一个合理的范围内。

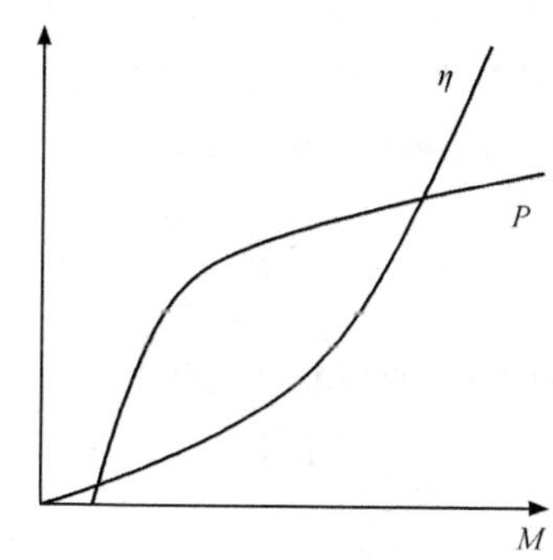

图 2-4　高分子的一些常见性质 P 随分子质量 M 增加而增强,但黏度 η 也随之增大的示意图

分子质量的高低也表现为本体中链端基的浓度变化。链端基往往表现出不同于中间链单元的独特性质,这种所谓的"链端基效应"包括:

(1) 高活动性。短链易于解缠结,增塑剂的添加在某种程度上是引入更多的高活动性端基,降低体系的玻璃化转变温度。

(2) 晶格缺陷。短链高分子的平衡熔点较低,也可以看作是大尺寸的晶体由于含有较多的链端基晶格缺陷,导致熔点的下降。

(3) 化学活性。聚甲醛(polyoxymethylene,POM)和聚碳酸酯(polycarbonate,PC)受热容易从链端基开始化学降解,其塑料制品如果含有较多的短链成分,在加热后颜色就容易泛黄色。

(4) 特殊相互作用。聚氧化乙烯(polyoxyethylene,也叫聚环氧乙烷,polyethylene oxide,PEO)的端羟基彼此容易相互缔合,使得高分子的表观分子质量增加。

(5) 端基被固定。硫化橡胶就是把柔顺链的两端固定下来,形成一个三维网络,这样避免应力松弛,有利于展现出高分子链的熵弹性。端基固定也有利于较短柔顺链的熔点和玻璃化转变温度升高。

高分子链在制备时,聚合反应的引发、生长和终止经常会不同步,导致高分子产物的分子质量有一定的分布,这种性质被称为**多分散性(polydispersity)**。

高分子材料在成型加工时经常需要注意分子质量分布在高分子质量和低分子质量两侧尾端的变化,其对加工工艺和产品性能有着重要的影响。例如聚氯乙烯中如果混有低分子质量尾端,可以起到部分增塑作用,而聚碳酸酯中的低分子质量尾端则容易引起化学分解,使产品带有气泡且颜色变深。聚丙烯中如果加入微量超高分子质量级分,有时可显著改善制品的结晶成核性能。线形低密度聚乙烯的支化单元由于催化反应的特征,倾向于较集中地分布在低分子质量级分上,使后者不容易结晶,对塑料薄膜制品的加工工艺和产品性能影响很大。

2.4.2 分子质量的平均化表征

在一定宽度分子质量分布的多分散高分子体系中,我们假设拥有第 i 种分子质量的分子数为 N_i,分子质量为 M_i,则该级分所贡献的总分子质量 $W_i=N_i\times M_i$,于是定义有**数均分子量(number-averaged molecular weight)**

$$M_{\mathrm{N}}\equiv\frac{\sum N_iM_i}{\sum N_i} \tag{2-17}$$

和**重均分子量(weight-averaged molecular weight)**

$$M_{\mathrm{W}}\equiv\frac{\sum W_iM_i}{\sum W_i}=\frac{\sum N_iM_i^2}{\sum N_iM_i} \tag{2-18}$$

这里的分子质量是高分子的摩尔质量的简称,其单位为 g/mol,实际上也用以 C^{12} 的分子质量为参考的相对分子质量。

多分散系数(index of polydispersity)d 可用来初步表征聚合物分子质量分布的分散程度,其被定义为

$$d\equiv\frac{M_{\mathrm{W}}}{M_{\mathrm{N}}} \tag{2-19}$$

当分子质量均一分布时,$d=1$。一般 d 值根据聚合反应机制的不同而有不同的特征结果,活性聚合(阴离子、阳离子、活性自由基等)为 1.01～1.05,缩聚或偶联终止为 1.5,歧化反应为 2.0,高转化率烯烃类为 2～5,自动加速(普通自由基聚合)为 5～10,配位聚合为 8～30,支化反应则为 20～50。

还有一个常用的分子质量表征量是**黏均分子量**

$$M_\eta\equiv\left(\frac{\sum W_iM_i^\alpha}{\sum W_i}\right)^{1/\alpha} \tag{2-20}$$

由稀溶液黏度法[根据 Mark-Houwink 方程,特性黏数$[\eta]=KM_\eta^\alpha$,K 为常数,详见

本书 5.1 节公式(5-18)]。当 $\alpha=-1$ 时，

$$M_\eta=\left(\frac{\sum N_i}{\sum N_iM_i}\right)^{-1}=M_\mathrm{N} \tag{2-21}$$

当 $\alpha=1$ 时，

$$M_\eta=\frac{\sum W_iM_i}{\sum W_i}=M_\mathrm{W} \tag{2-22}$$

一般 α 值为 0.5～1，故

$$M_\mathrm{N}<M_\eta\leqslant M_\mathrm{W} \tag{2-23}$$

在高分子科学诞生初期，分子质量的测定曾经是证明大分子存在的一项关键实验证据。几十年来，人们发明了许许多多测定聚合物分子质量的方法。由于凝胶色谱技术的商业化普及，大多数方法已经不再被经常使用。这些测定方法有根据计量学原理的，如端基滴定法；有根据热力学原理的，特别是根据稀溶液依数性，如溶剂沸点升高、熔点降低、气相渗透法、等温蒸馏等方法，也可根据稀溶液渗透压；有根据光学原理的，包括可见光和激光小角光散射法、X 射线和中子束散射以及电镜法等；还有根据流体力学原理的，如溶液黏度、熔体黏度[工业界通常采用熔融指数法，其可方便快速地作为产品的分子质量指标来测定。熔融指数(melting index，简称 MI，或 melt flow rate，简称 MFR)是指在恒定的温度 T 和压力 P 下，测量 10min 内流过微孔的熔体质量，单位为 g/10min，近年来也有用流过微孔的熔体体积来衡量熔体黏度，也称 melt volume flow rate，简称 MVR，单位为 $\mathrm{cm^3/10min}$]、沉降平衡、沉降扩散以及凝胶渗透色谱(gel permeation chromatography，GPC)法。分子质量分布的测定也根据不同的测定原理，主要有根据溶解度原理的，如逐步沉淀法、柱上溶解法和梯度淋洗法；有根据体积原理的，如 GPC、电镜法等；还有根据运动原理的，如超速离心沉降、动态光散射等。

凝胶渗透色谱是目前在实验室使用最为广泛的分子质量及其分布的表征方法，相应的商业仪器设备技术也比较成熟。凝胶渗透色谱从其原理来看是一种体积排除色谱，色谱柱中填充多孔硅凝胶，对于每个微孔，低分子质量组分钻得深，滞留时间长，高分子质量组分钻得浅，先被冲洗出来，如图 2-5(a)所示。经紫外光谱检测例如聚苯乙烯样品的苯环特征吸收，可得到吸收强度对流出时间或流出体积的曲线，吸收强度 H_i 正比于分离洗脱级分 i 的总质量 W_i，其所对应的分子质量 M_i 可从标样分子质量对流出体积 V_e 的标准曲线得到，于是

$$M_\mathrm{W}=\frac{\sum H_iM_i}{\sum H_i} \tag{2-24}$$

$$M_\mathrm{N}=\frac{\sum H_i}{\sum H_i/M_i} \tag{2-25}$$

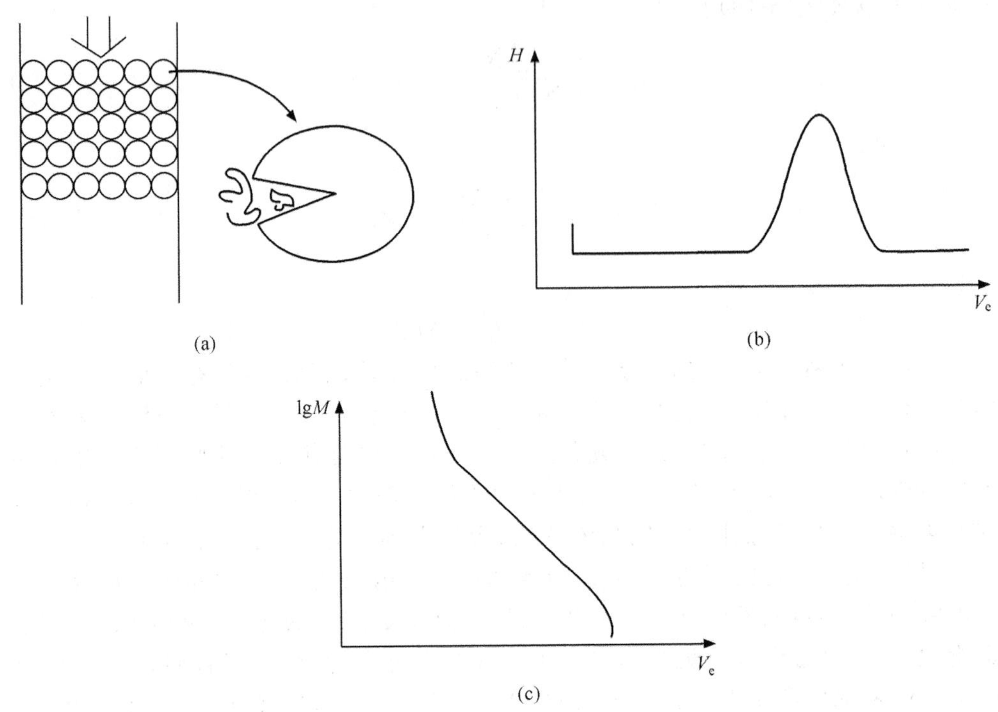

图 2-5 凝胶渗透色谱原理(a)及其分子质量表征测量结果(b)和标准曲线(c)示意图

近年来,质谱技术得到了很大的发展,特别是基质辅助激光解吸离子化飞行时间质谱技术(matrix-assisted laser desorption/ionization time-of-flight mass spectrometry,简称 MALDI-TOF MS),其更高的灵敏度和更宽的响应范围已经能够被用来测量大分子的分子质量(近百万道尔顿),尤其是结合碎片分子质量的分布特征,可被用来表征那些具有复杂分子拓扑构造的生命和合成大分子。

2.5 分子拓扑构造

高分子链不仅可以构造出基本的线形结构和消除链端基的环状结构,也可以把一定长度的分子链作为结构基元,来构筑更为复杂的大分子三维立体结构,包括以下几种典型的情形:

(1) **线形高分子(linear polymer)**,线形是最基本的高分子链拓扑形状,其聚集体有特定的链长及其分布,如图 2-6(a)所示。

(2) **环状高分子(ring polymer)**,不含链端的线形高分子,如图 2-6(b)所示。消除链端将使得环状高分子在熔体中不容易相互缠结,其运动扩散速率要比线形高分子大得多。

图 2-6　线形高分子(a)和环状高分子(b)示意图

(3) **支化高分子(branched polymer)**,线形高分子链上发生多次分支,采用支化度来表征。如果所有支链都从一条主链分支出来,则被称为梳形支化(comb-like branching);如果支链与主链化学成分不同,也被称为接支共聚物(graft-copolymer),如图 2-7(a)所示;如果无规地发生分支,则被称为无规支化(random branching),例如支链淀粉(amylopectin)就是一种无规支化高分子;如果连续地发生多级分支,则生成树枝状支化结构(dendrimer),每个分支形如凯利(Cayley)树,如图 2-7(b)所示,也称超支化高分子(hyper-branched polymer)。支化链破坏了高分子链序列结构的规整性,导致结晶度的下降和力学性能的降低。长支化链和树枝状高分子则表现出有别于线形高分子的流动特点,其作为添加剂加入到线形高分子本体中有利于改善其加工流变行为。

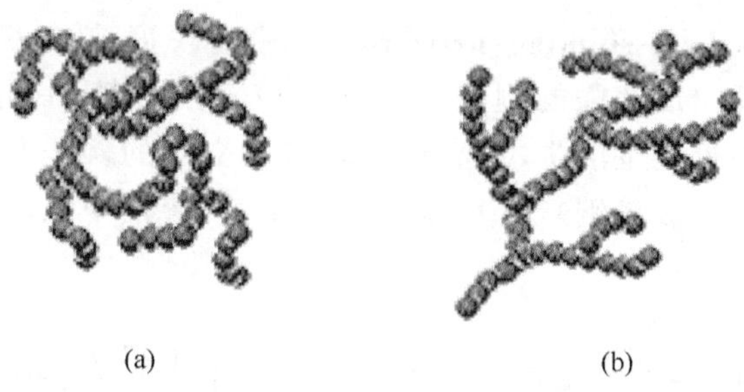

图 2-7　梳形支化(a)和树形支化(b)高分子示意图

(4) **嵌段共聚物(block copolymer)**。多组分体系每个组分沿着高分子链构成特定长度的规整序列结构,如图 2-8(a)所示。可以是两嵌段、三嵌段或多嵌段共聚物。

两嵌段共聚物不同组分之间发生微相分离,随组分之间的摩尔比的不同可以产生各种纳米尺度的规整堆砌的微畴图案。

(5) **星形高分子(star polymer)**。从同一个中心出发,各个星形臂既可以是同一种组分,也可以是不同种组分,如图 2-8(b)所示。星形高分子的不同组分臂也可以自组装成有序的纳米微畴图案。

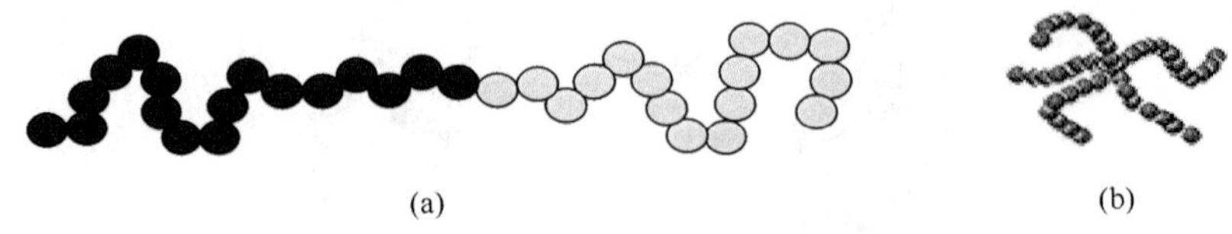

图 2-8　嵌段(a)和星形(b)高分子示意图

(6) **高分子刷(polymer brush)**。所有的高分子链的一端均锚定在棒状或平板状的固体表面上,接枝密度比较高时,高分子链会因为相互拥挤而伸展开来,如图 2-9所示。高分子刷可赋予固体界面响应型的功能,从而改变固体界面的性质。

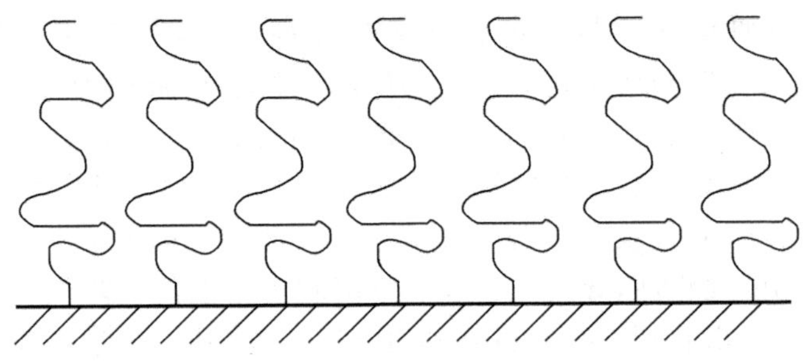

图 2-9　高分子刷的分子结构示意图

(7) **交联网状(crosslinking network)**。用交联度来表征交联的密度,如图 2-10(a)所示。低密度交联的例子有硫化橡胶和胶姆糖,其释放出高分子链的熵弹性,可在溶剂中只发生溶胀,不溶解。高密度交联的例子有酚醛树脂、环氧树脂和不饱和聚酯树脂(玻璃钢)等,其加热不软化,在溶剂中也不溶解,具有较好的热稳定性。

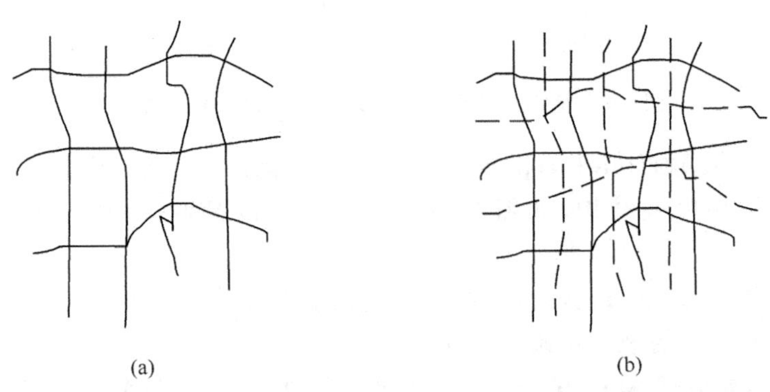

图 2-10　交联网状高分子(a)和互穿网络高分子(b)结构示意图

(8) **互穿网络(interpenetrated network,IPN)**。将交联聚合物网络在另一种聚

合物的单体中溶胀，然后迅速引发单体的聚合或交联，这样的工艺方法能使通常不相容的两种高分子实现分子水平上的混合，从而达到有利性能叠加的效果，如图 2-10(b)所示。仅仅聚合而不交联的情形，也被称为半互穿网络(semi-interpenetrated network)。

2.6　链序列规整性

高分子链发生结晶时，分子链之间能够实现密堆砌。此时密堆砌能力与沿高分子链的重复单元几何结构一致性密切相关。因此，链序列规整性所能达到的程度往往决定了可结晶高分子的实际结晶能力。链序列的不规整性主要有三类，即化学不规整性、几何不规整性和空间不规整性。

2.6.1　化学不规整性(chemical irregularity)

共聚高分子沿着高分子链可同时含有其他化学结构单元(如 ABAABBB…)。例如聚乙烯随着主链所含短链支化程度的不同，可以有高密度聚乙烯(high density polyethylene，HDPE，每 1000 个骨架碳原子含 2～3 个短支链，结晶度可达 90%)，低密度聚乙烯(low density polyethylene，LDPE，每 1000 个骨架碳原子含约30 个短支链，结晶度达 50%)，以及线形低密度聚乙烯[linear low density polyethylene，LLDPE，$CH_2=CH_2$ 与 $CH_2=CHR$ 低压无规共聚形成，如乙丙橡胶(ethylene-propylene rubber，EPR)]。最常见的包含化学序列不规整性的高分子是**统计性共聚物(statistical copolymer)**。

目前工业界大量生产的是线形低密度聚乙烯，其采用齐格勒-纳塔(Ziegler-Natta)配位反应催化剂所引发的配位聚合反应来无规共聚合乙烯单体和 1-取代烯烃单体。理想的共聚合反应产物取决于**单体竞聚率(monomer reactivity ratio)** r_1 和 r_2，以及**投料比(feed composition)** F，如图 2-11 所示。

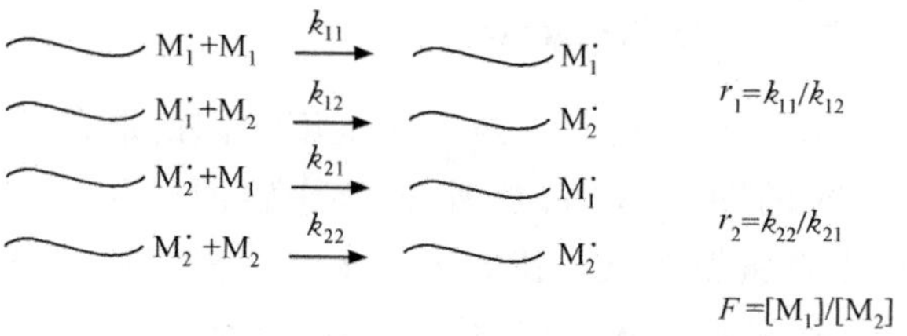

$$\sim\sim M_1^{\cdot} + M_1 \xrightarrow{k_{11}} \sim\sim M_1^{\cdot}$$
$$\sim\sim M_1^{\cdot} + M_2 \xrightarrow{k_{12}} \sim\sim M_2^{\cdot} \qquad r_1 = k_{11}/k_{12}$$
$$\sim\sim M_2^{\cdot} + M_1 \xrightarrow{k_{21}} \sim\sim M_1^{\cdot}$$
$$\sim\sim M_2^{\cdot} + M_2 \xrightarrow{k_{22}} \sim\sim M_2^{\cdot} \qquad r_2 = k_{22}/k_{21}$$
$$F = [M_1]/[M_2]$$

图 2-11　两种单体 M_1 和 M_2 发生共聚合自由基链增长反应示意图。图中 k 为反应常数，r 为竞聚率，F 为投料比

这样共聚合得到的共聚单元序列分布特征取决于反应速率常数，主要是单体竞聚率之积($r_1 \cdot r_2$)的值。当这个值等于零时，链增长反应将总是选另一种单体，

共聚合产物将是交替共聚物(alternating copolymer)。当这个值接近无穷大时,共聚合链增长反应将总是选同一种单体,产物将是两嵌段共聚物(diblock copolymer)。当这个值等于1时,特别是当两种单体的竞聚率都分别等于1时,共聚合产物才是严格统计学意义上的无规共聚物。

对于单活性点Ziegler-Natta催化剂反应模型,r_1 和 r_2 值分别被确定在某个值,不同的投料方式如弯管式和间歇釜式,得到的共聚物序列分布特点也会有所不同。连续投料方式能够保持投料比 F 不变,共聚单元在所有的高分子上均匀分布,共聚产物可以被称为**均匀型共聚物(homogeneous copolymer)**;而间歇釜式共聚合反应过程中,竞聚率较大的单体会优先聚合,导致产物的一部分高分子所含的共聚单元含量显著地不同于另外一部分高分子,这种共聚物表现得更像共混物体系,可以被称为**非均匀型共聚物(heterogeneous copolymer)**。

2.6.2 几何不规整性(geometrical irregularity)

聚烯烃链上如果重复结构单元左右不对称[如—(CH_2—CHR)—],沿链可有头-头和头-尾两种不同的键接方式。在很长序列的头-尾键接中掺杂有少量头-头键接,这种几何的序列不规整性被称为**序列异构(sequence isomerism)**。另一种情况是结构单元带双键,可有顺式(*cis-*)和反式(*trans-*)序列异构,如图2-12所示,这种几何的序列不规整性也被称为**结构异构(structural isomerism)**。

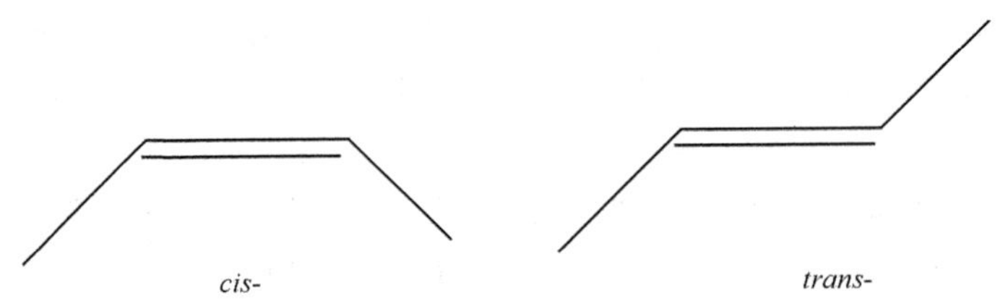

图2-12 高分子主链双键顺式和反式构型示意图

2.6.3 空间不规整性(spatial irregularity)

主链上的每个中间碳原子可以有四个完全不相同的取代基,包括两侧不同长短的链代表大小不同的两个基团,这种不对称碳原子 C^* 可以产生旋光手性(chirality)不对称,根据偏振面被旋转的方向定义为**左旋异构体**[逆时针,levoisomer,标示为(—)]和**右旋异构体**[顺时针,dextroisomer,标示为(+)]。沿着链可以产生不同旋光特点的不规整序列结构,又称**光学或立体异构(optical- or stereo-isomerism)**。从有机分子构型的角度,我们规定围绕不对称碳取代,取最小的基团为远离的方向,剩下的三个基团从大到小沿着顺时针方向,则标记为 R 型;反时针方向,则标记为 S 型。一般的单侧基取代聚烯烃由于有中心对称面(两侧长短链分

布中心对称，可表示为 RRRRRRRR……|……SSSSSSSSSSS)，产生内消旋(meso-form)，所以一般高分子不具有旋光性。以聚丙烯为例，如果将主链碳—碳键骨架按照全反式铺展开来，看取代基 R 的排列，可以有**全同或等规序列(isotactic)**、**间同或间规序列(syndiotactic)**以及**无规序列(atactic)**，如图 2-13 所示。一般等规或间规序列高分子如等规聚苯乙烯(iPS)、等规聚丙烯(iPP)、等规聚甲基丙烯酸甲酯(iPMMA)和间规聚苯乙烯(sPP)等都能结晶，而无规序列高分子如无规聚苯乙烯(aPS)、无规聚丙烯(aPP)、无规聚甲基丙烯酸甲酯(aPMMA)、无规聚乙酸乙烯酯(aPVAC)和无规聚氯乙烯(aPVC)则不易结晶。一些杂链高分子，如聚环氧丙烷和聚乳酸等，每个单体携带有旋光性基团，有 D 型和 L 型(具有与 L-甘油醛类似的结构)之分，每种类型可以有左旋或右旋，左右旋物二者对半混合可得**外消旋物(racemate)**。

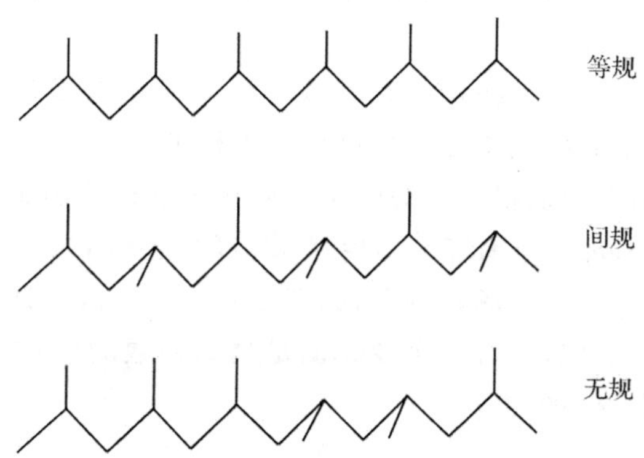

图 2-13　聚丙烯主链碳—碳键全反式伸展开来时，取代基的取向排列可以有等规、间规和无规序列示意图

思　考　题

1. 为什么在主链键角固定的情况下高分子仍然可以保持其柔顺性？
2. 对高分子的玻璃化冻结转变来说，静态柔顺性和动态柔顺性哪个更重要？
3. 试从高分子链的局部各向异性特点出发分析高分子取向态可资利用之处。
4. 为什么说高分子的分子质量表征很重要？
5. 如何使两种不相容的高分子达到分子水平混合？
6. 为什么非晶高分子的链序列结构都不规整？

第3章 链构象统计和熵弹性

3.1 单链尺寸的高斯分布

在上一章介绍半柔顺性高分子链构象的时候，我们已经提到，如果每个主链键的内旋转有三种可能的代表性选择，那么对于一条足够长的高分子链，例如 1000 个主链键发生内旋转，从一端到另一端就有可能产生 $3^{1000} \approx 10^{477}$ 种可能的链构象。如此天文数字般庞大的构象数，我们不可能一个个地去数出来，只能采用链构象统计的方法来简化处理。

我们知道，实际的高分子链可以采用基于自由连接链模型的库恩链段连接来简化处理，而自由连接链类似于无规（自由）行走模型。因此，链的末端距围绕某个平均值的分布具有相当的随机性。数学上对随机分布的事件有所谓的**中心极限定律（central-limit theorem）**，即围绕平均值足够多的独立结果的分布总是呈**高斯函数（Gaussian function）**的分布形式特点，如图 3-1 所示。自由连接链的末端距大小也应当围绕其平均值变化，并且这个变化满足高斯函数的形式，由归一化条件可以推导得到一维末端距分布的概率，

$$W(x) = \left(\frac{\beta^2}{\pi}\right)^{1/2} e^{-\beta^2 x^2} \tag{3-1}$$

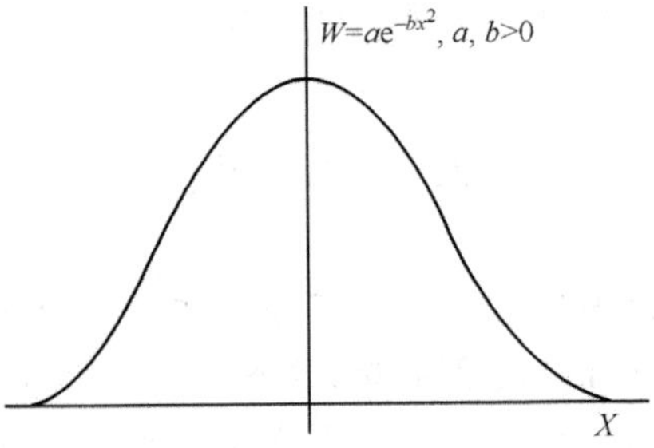

图 3-1 高斯函数分布曲线示意图

这里定义

$$\beta^2 \equiv \frac{3}{2nb^2} \tag{3-2}$$

同上一章，n 还是为总键数，b 为每个键长。三维各轴相互独立，

$$W(x,y,z)=W(x)W(y)W(z)=\left(\frac{\beta^2}{\pi}\right)^{3/2}\mathrm{e}^{-\beta^2(x^2+y^2+z^2)} \tag{3-3}$$

如图 3-2 所示，所有相同末端距的点组成一个球面，末端距的分布概率应当表现为径向分布概率，即

$$W(R)=W(x,y,z)\cdot 4\pi R^2 \tag{3-4}$$

这里令 $R^2=x^2+y^2+z^2$，故

$$W(R)=\left(\frac{\beta^2}{\pi}\right)^{\frac{3}{2}}\mathrm{e}^{-\beta^2R^2}\cdot 4\pi R^2 \tag{3-5}$$

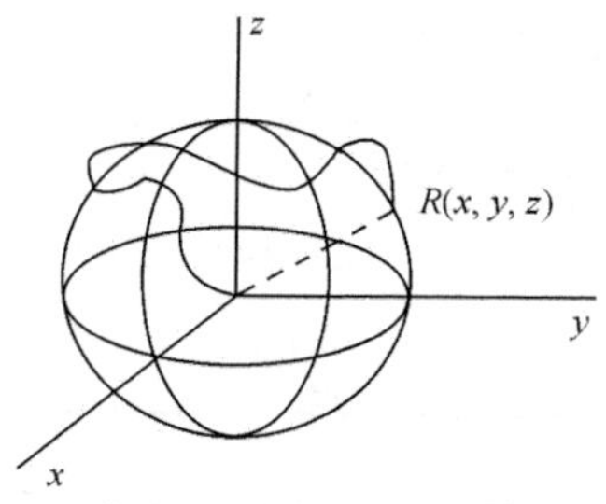

图 3-2　点坐标(x,y,z)到原点的距离 R 不变的点分布在三维空间呈球面形

如图 3-3 所示，随着 R 增加，$W(R)$有一极大值，该值处的末端距被称为最可几末端距 R^*，由

$$\frac{\partial W(R)}{\partial R}=0 \tag{3-6}$$

可得

$$R^*=\beta^{-1} \tag{3-7}$$

平均末端距则为

$$\langle R\rangle=\int_0^\infty RW(R)\mathrm{d}R=\frac{2}{\sqrt{\pi}\beta} \tag{3-8}$$

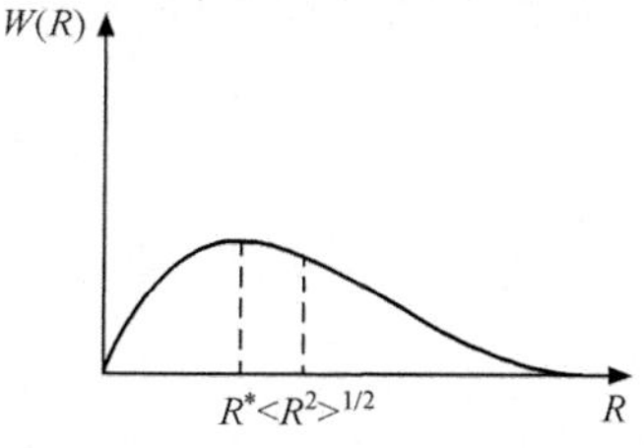

图 3-3　末端距的分布概率示意图。其中 R^* 为最可几末端距

接下来，我们应用这一高斯统计分布结果来解释橡胶高弹性的来源。

3.2 橡胶弹性体的统计力学

3.2.1 弹性体的力学

一体积 $V=A\cdot l$ 的长条形弹性固体，受到单轴拉伸力 f 的作用，如图 3-4 所示。从原始未受力时 $V=A_0l_0$ 出发，拉伸状态可以被表征为受到应力 $\sigma=f/A_0$ 的作用，产生相应的应变

$$\varepsilon=\frac{l-l_0}{l_0}=\frac{l}{l_0}-1=\lambda-1 \tag{3-9}$$

对理想弹性体，存在胡克(Hooke)定律，

$$\sigma=E\varepsilon \tag{3-10}$$

其中 E 被称为弹性模量。

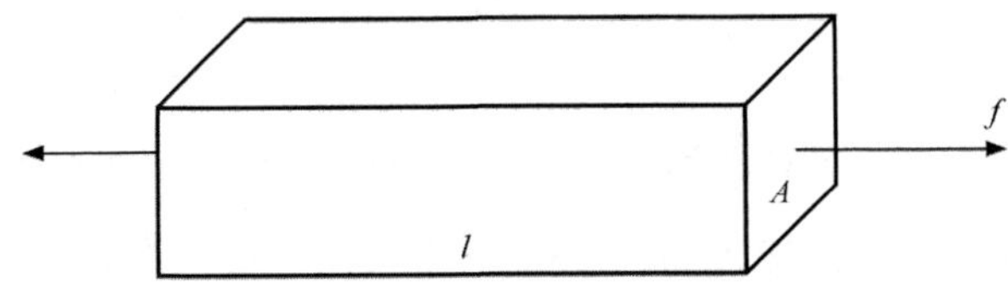

图 3-4　截面积为 A 并且长度为 l 的弹性固体受到单轴拉伸示意图

3.2.2 弹性体的热力学

根据热力学第一定律，体系的内能变化来自于热流和外界做功两部分的贡献，

$$\delta U=\delta Q+\delta W \tag{3-11}$$

当样品的总体积保持恒定不变，即 $\delta V=0$ 时，

$$\delta W=-P\delta V+f\delta l=f\delta l \tag{3-12}$$

而根据热力学第二定律，在恒定温度和体积条件下，可逆热流与熵的变化成正比，

$$\delta Q=T\delta S \tag{3-13}$$

则

$$\delta U=T\delta S+f\delta l \tag{3-14}$$

于是

$$f=\left(\frac{\partial U}{\partial l}\right)_{T,V}-T\left(\frac{\partial S}{\partial l}\right)_{T,V}=f_U+f_S \tag{3-15}$$

其中

$$f_U=\left(\frac{\partial U}{\partial l}\right)_{T,V}$$

$$f_S = -T\left(\frac{\partial S}{\partial l}\right)_{T,V}$$

这里，f_U 被称为**能弹性**，例如钢片的弹性主要是由于原子间势能的贡献；而 f_S 被称为**熵弹性**，例如橡胶的高弹性主要是由于分子链构象熵的贡献，常见的橡胶 $f_S/f>0.8$。

3.2.3　单链的构象熵变化

对于橡胶三维弹性网络，我们关心的是固定在其中两个相邻交联点之间，即(0,0,0)点到(x,y,z)点之间，高分子链所有可能的构象数 Ω，其应当正比于此末端距出现的概率 $W(x,y,z)$。由玻尔兹曼定律 $S=k\ln\Omega$（这里 k 是玻尔兹曼常数）以及公式(3-3)，我们可以得到

$$S = B - k\beta^2(x^2 + y^2 + z^2) \tag{3-16}$$

其中 B 为常数。

两交联点之间的单链受力变形后，假如 $x^*=\lambda_1 x$，$y^*=\lambda_2 y$，$z^*=\lambda_3 z$，则

$$S^* = B - k\beta^2(\lambda_1^2 x^2 + \lambda_2^2 y^2 + \lambda_3^2 z^2) \tag{3-17}$$

于是构象熵的变化

$$\Delta S = S^* - S = -k\beta^2[(\lambda_1^2 - 1)x^2 + (\lambda_2^2 - 1)y^2 + (\lambda_3^2 - 1)z^2] \tag{3-18}$$

3.2.4　理想交联网的统计热力学

我们来建立一个三维的理想交联网络模型，该模型是基于以下几点基本假定：

(1) 各向同性假定：内部的交联点无规分布；

(2) 高斯链假定：处于网中每两个相邻交联点之间是一条高斯链，即末端距分布概率为高斯型函数；

(3) 独立性假定：交联体系的总熵变化是每一条网链的构象熵变化的线性叠加；

(4) 仿射形变假定：体系的变形比例等同于每一条网链的变形比例。

假定体系中共含有 N 条网链，则体系总熵变由假定(2)和(3)可知，

$$\Delta S_0 = -k\beta^2\left[(\lambda_1^2 - 1)\sum_1^N x_i^2 + (\lambda_2^2 - 1)\sum_1^N y_i^2 + (\lambda_3^2 - 1)\sum_1^N z_i^2\right] \tag{3-19}$$

由假定(1)知

$$\frac{\sum x_i^2}{N} = \frac{\sum y_i^2}{N} = \frac{\sum z_i^2}{N} = \frac{\langle R_0^2\rangle}{3} \tag{3-20}$$

这是因为在本体中链的均方末端距为 $\langle R_0^2\rangle$，所以

$$\Delta S_0 = -\frac{1}{3}Nk\beta^2\langle R_0^2\rangle(\lambda_1^2 + \lambda_2^2 + \lambda_3^2 - 3) \tag{3-21}$$

由系数 $\beta^2=\dfrac{3}{2nb^2}$ 和特征比 $C=\dfrac{\langle R_0^2\rangle}{nb^2}$，得

$$\Delta S_0=-\frac{1}{2}CNk(\lambda_1^2+\lambda_2^2+\lambda_3^2-3) \tag{3-22}$$

对于单轴拉伸的情况，$\lambda_1=\lambda$，由 $\Delta V=0$，得到 $\lambda_1\lambda_2\lambda_3=1$，于是由假定(4)知，

$$\lambda_2=\lambda_3=\frac{1}{\sqrt{\lambda}} \tag{3-23}$$

因此式(3-22)可进一步简化为

$$\Delta S_0=-\frac{1}{2}CNk\left(\lambda^2+\frac{2}{\lambda}-3\right) \tag{3-24}$$

$$f_S=-T\frac{\partial S}{\partial l}=-T\frac{\partial S}{\partial \lambda}\cdot\frac{\partial \lambda}{\partial l}=-\frac{T}{l_0}\cdot\frac{\partial S}{\partial \lambda}=\frac{CNkT}{l_0}\left(\lambda-\frac{1}{\lambda^2}\right) \tag{3-25}$$

若单位体积中的网链数

$$N_0=\frac{N}{V}=\frac{N}{Al_0} \tag{3-26}$$

则

$$\sigma=CN_0kT\left[\varepsilon+1-\frac{1}{(\varepsilon+1)^2}\right] \tag{3-27}$$

当 $\varepsilon\ll 1$ 时，

$$\frac{1}{(\varepsilon+1)^2}\approx 1-2\varepsilon \tag{3-28}$$

则

$$\sigma=3CN_0kT\varepsilon \tag{3-29}$$

交联体系拉伸变形近似服从胡克定律，模量

$$E=3CN_0kT \tag{3-30}$$

在形变尺度较大时，更多的情形符合

$$\sigma=CN_0kT\left[\lambda-\frac{1}{\lambda^2}\right] \tag{3-31}$$

式(3-31)被称为交联橡胶的状态方程，一般取理想链近似，特征比 $C=1$。

拉伸实验的测量结果往往用经验的穆尼-里夫林（Mooney-Rivlin）方程来处理，

$$\sigma=2C_1\left[\varepsilon+1-\frac{1}{(\varepsilon+1)^2}\right]+2C_2\left[1-\frac{1}{(\varepsilon+1)^3}\right] \tag{3-32}$$

方程中 C_1 和 C_2 分别是实验结果的拟合系数。一般来说，C_1 代表橡胶交联点所构成的理想网络熵弹性的贡献，C_2 则可以理解为伴随弹性形变的其他非理想因素的影响。

1805 年，盲人哲学家古夫(Gough)发表了两个实验观测结果，在第一个实验中他凭嘴唇感受发现，快速拉伸的天然橡胶温度会升高；在第二个实验中他发现处于拉伸应力下的弹性橡胶受热后长度会减小，而其冷却后长度会增大(Gough J. A description of a property of caoutchouc. Proc Lit Phil Soc Manchester, 2nd Ser, 1805, 1: 288-295)。50 年后，焦耳(Joule)验证了古夫所发现的实验现象(Joule JP. On some thermo-dynamic properties of solids. Phil Trans Roy Soc London, 1859, A149: 91-131)，所以这些现象被称为古夫-焦耳(Gough-Joule)效应。第一个实验现象与快速拉伸诱导的高分子结晶放热有关，而第二个实验现象可以由式(3-30)所描述的橡胶弹性模量 E 正比于温度 T 而得到解释，这里反映出了橡胶熵弹性的特点。橡胶所表现出来的这一热缩冷胀现象显然不同于通常金属条的热胀冷缩现象。在慕尼黑的德意志博物馆内，曾放置有这一效应的演示实验，如图 3-5所示，演示窗口底部的按钮一揿下去，红外加热灯亮，下面吊有砝码的橡皮条被加热，温度升高，橡胶弹性模量增大，砝码下方的电子分析天平会显示质量降低；十秒钟后，灯灭，温度降低，质量显示将逐渐回复。古夫-焦耳效应会导致传动轴上的 O 形密封橡胶圈在高温下给轴的转动带来较大的阻力。

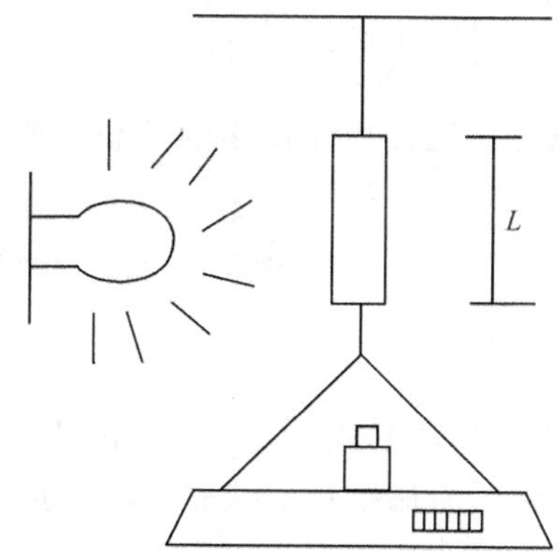

图 3-5　Gough-Joule 效应实验演示图。红外灯开启加热橡皮条，使其弹性增大，底部天平显示数字将变小。灯灭后，天平显示的质量数字将逐渐恢复

思　考　题

1. 为什么我们需要用统计近似的方法来处理高分子链构象？
2. 为什么高斯函数在统计高分子链构象时会取得成功？
3. 为什么说橡胶的高弹性主要来源于熵的变化？
4. 为什么受力拉伸的橡胶会有热缩冷胀现象？

第 4 章　真实链构象的标度分析

4.1　什么是标度分析

我们在第 2 章介绍了理想链模型。我们从自由连接链模型出发，只考虑沿着链的近程相互作用，先考虑主链有固定键角 θ 限制的情况，得到自由旋转链模型，接下来我们进一步考虑内旋转角 ϕ 受阻的情况，于是得到受阻旋转链模型。对于这些逐步逼近真实半柔顺性链的理想链模型，我们得到的线团尺寸，即高分子链的均方末端距，分别如下：

自由连接链 $\langle R^2_{\mathrm{f.j}} \rangle = nb^2$

自由旋转链 $\langle R^2_{\mathrm{f.r.}} \rangle = nb^2 \cdot \dfrac{1+\cos\theta}{1-\cos\theta}$

受阻旋转链 $\langle R^2_{\mathrm{h.r}} \rangle = nb^2 \cdot \dfrac{1+\cos\theta}{1-\cos\theta} \cdot \dfrac{1+\langle \cos\phi \rangle}{1-\langle \cos\phi \rangle}$

从中我们可以看出，对于只考虑近程相互作用的理想链模型，均存在线团尺寸

$$\langle R_0^2 \rangle \propto nb^2 \tag{4-1}$$

在第 3 章中，我们基于理想链模型所进行的高斯分布构象统计也得到同样的结果。用标度律可以表示为

$$R \sim n^{\nu} \tag{4-2}$$

我们在本书中统一用符号“～”来表示量纲不守恒的正比关系。这样的指数规律就被称为**标度律(scaling law)**，希腊字母 ν 被称为**标度指数**，对理想链模型所描述的高分子单链线团而言，$\nu=0.5$。

更形象地说，当我们拿着边长为 r 和相应面积为 p 的小正方形标尺去量一个更大的正方形的边长和面积时(图 4-1)，分别得到边长结果等于 $L\times r$，面积结果等于 $S\times p$。已知小正方形有 $p=r^2$ 的关系，则必然会有 $S=L^2$。不管 r 和 p 具体值是多少，测得的 S 和 L 值均有这样保持不变的平方比例关系。我们知道这种平方比例关系只与测量的空间维数有关，后者被定义为 $\lg S/\lg L$。这种指数关系保持不变的规律就被定义为标度律。

标度律的存在反映了体系内部结构的自相似性。据此人们可以测量一些不规则几何外形的尺寸，例如计算英国海岸线的长度，以及根据云团的尺寸估算降雨量等。计算得到的这些不规则几何外形的空间维数往往是分数，这门学问被称为**分形几何学(fractal geometry)**。

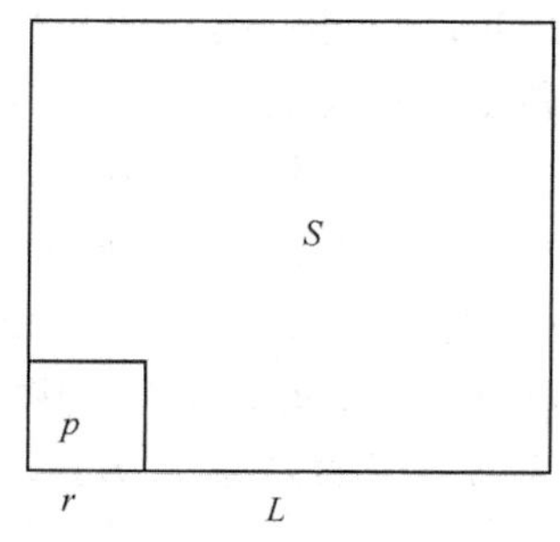

图 4-1　对正方形进行测量所得到的面积数值大小依赖于线性标尺单位，但不改变其与边长的平方标度关系

上面提到的高分子无规线团尺寸与链单元数目之间所表现出来的标度律关系，也反映了高分子无规链构象局部与整体之间的自相似性特点，即局部的亚分子大单元仍然保持着与整条大分子链相似的无规链构象，其末端距分布仍然近似服从高斯分布的特点。对于真实的准理想状态下的无规线团构象，不管 n 代表库恩链段数甚至更大的亚分子单元数，都能看到这样的标度关系。对高分子线团尺寸进行这样的标度分析，有利于我们抓住真实高分子体系链构象统计问题的主要矛盾！

接下来，我们将介绍如何采用标度分析的方法，抓住问题的主要矛盾，来研究真实高分子链所包含的基本分子间(包括沿链长程)相互作用所带来的链构象变化。我们将从高分子链的理想模型出发，先考虑在无热的高分子溶液体系中，由于链单元间的体积排斥相互作用所带来的从稀溶液到浓溶液的链构象变化，再进一步考虑链单元间的吸引相互作用以及聚电解质链单元间的电荷相互作用所带来的链构象变化，最后简单介绍一下在外力作用下高分子链发生变形时的链构象统计问题。

4.2　高分子溶液中的单链构象

4.2.1　高分子溶液的特点

高分子溶液一般是指高分子溶质与小分子溶剂的均匀混合物。可以想像，当溶液中高分子的数目非常少的时候，一个个高分子线团将飘浮在小分子溶剂中，形成相对独立的单链线团体系。进一步添加溶剂来稀释这样的溶液，只可能改变高分子线团彼此之间的平均距离，而不再能够改变每个线团内部的性质，这样的溶液体系通常就被称为高分子**稀溶液(dilute solution)**。由于蓬松的高分子线团所占据的空间尺寸要远远大于高分子链单元叠加起来的实占体积，线团之间发生碰撞的概率得到了很大程度的放大。当这种蓬松的线团发生运动时，彼此之间发生的摩擦阻力导致高分子稀溶液的黏度仍然很高，这种黏滞的溶液特点使得高分子溶液在高分子科学发展的早期曾被误解为胶体。实际上，高分子溶液是在分子水平上长链与溶剂混合的真溶液，而非分子缔合起来形成的胶体。随着稀溶液中高分子浓度的增加，高分子线团将发生彼此相互重叠穿插，我们可以假设存在一个虚拟的**临界交叠浓度(critical overlap concentration)**C^*，如图 4-2 所示。高于这个临界交叠浓度的高分子溶液就被称为高分子的**浓溶液(concentrated solution)**。

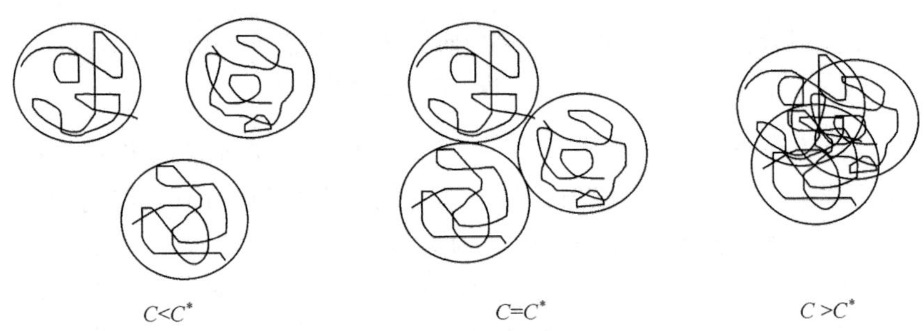

图 4-2　高分子溶液从稀溶液($C<C^*$)到浓溶液($C>C^*$)转变时存在临界交叠浓度 C^* 示意图

从分子运动的动态角度来考虑，在每个瞬间高分子线团往往具有各向异性的形状(与链的半柔顺性有关)。因此，高分子线团之间发生相互作用的动态体积(流体力学相互作用体积)要比每个线团所占有的平均静态体积(通常被表征为线团的回转半径或均方根末端距)还要大一些，如图 4-3 所示。于是，存在一个比临界交叠浓度稍微小一些的**动态临界交叠浓度(dynamic critical overlap concentration)** $C'\leqslant C^*$，它对稀溶液高分子的流体动力学性质会带来重要的影响。我国高分子科学界的前辈钱人元先生和程镕时先生曾强调过其客观重要性。

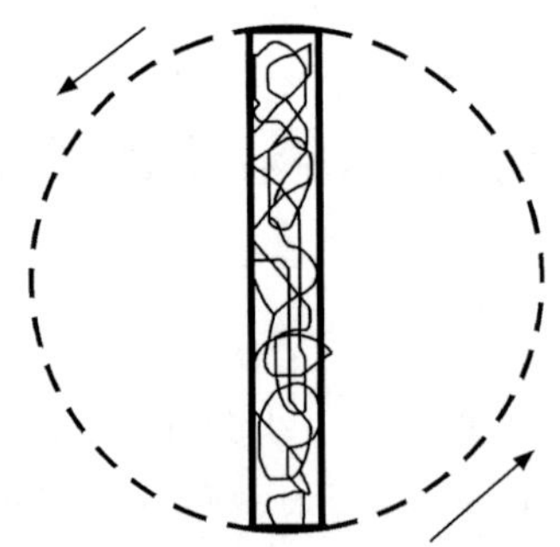

图 4-3　各向异性的高分子线团示意图。其动态旋转的作用范围要比其静态线团的实占体积大得多

高分子固体溶解到溶剂中的过程往往比较缓慢。随着溶剂小分子的不断渗

透，线形高分子固体首先会出现溶胀态，然后才进一步形成溶液。一般的晶态高分子固体则需要加热到其中的晶体发生融化，才能快速溶解成为溶液。这一过程正如大米需要煮熟后才能成为米饭，米饭状态是大米中的结晶淀粉发生了溶胀，加更多的水则可进一步煮成稀饭或熬成米汤，形成较均匀的淀粉水溶液。从溶胀态加热可以成为高分子溶液，反之冷却则可恢复到胶体状态，这种溶胀态常常被称为**冻胶**，也称为**热可逆凝胶(thermoreversible gel)**，正如稀饭表面遇冷凝结起来的一层膜。聚氯乙烯(PVC)塑料掺有含量高达 30%的增塑剂，而其力学性能却能够得以保持，就是依靠其冻胶结构的形成。如果高分子链之间发生轻度交联，则其只溶胀，不溶解，这种状态被称为**凝胶(gel)**。蛋白质分子很容易形成水凝胶，人的皮肤就是这样的凝胶体系。凝胶不可能随溶剂的加入而无限膨胀，这是由于交联点之间的无规高分子链不能充分伸展所致，溶解的热力学倾向被链构象熵的减少所平衡，这就是所谓的**平衡溶胀(equilibrium swelling)**。本书 8.3.1 节将介绍关于平衡溶胀进一步的理论描述。高度交联的高分子固体由于网链分子较短，所能释放的构象熵很少，因而不能被溶剂小分子所渗透，不会发生溶胀。

高分子与溶剂混合时，只有当混合自由能

$$\Delta G_{\text{mix}} = \Delta H_{\text{mix}} - T\Delta S_{\text{mix}} < 0 \tag{4-3}$$

才有可能发生自发的溶解。当然，实际上是否发生溶解，还要看第 9 章所介绍的化学势平衡临界条件。一般混合熵 $\Delta S_{\text{mix}} > 0$，由式(4-3)可以看出，高分子溶解主要取决于温度和混合焓 ΔH_{mix}，而后者在微观上主要来自于分子间相互作用的变化。

分子间相互作用可以有原子间重叠排斥能、离子-离子作用[例如聚电解质$\text{-}\!\!\left[CH_2—CH(COONa)\right]\!\!\text{-}_n$]、离子-诱导偶极、极性-极性(包括氢键)作用[例如极性高分子$\text{-}\!\!\left[CH_2—CHR\right]\!\!\text{-}_n$，R=—CN、—X 或含 C=O 的基团]、极性-非极性作用、非极性-非极性作用(例如多数常见的非极性高分子)。对于非极性高分子之间的范德瓦耳斯相互作用而言，约 70%的分子间相互吸引贡献来自于色散力，其本质上是分子基团的振动产生的瞬间偶极彼此之间发生的相互作用，振动频率影响折光率的变化，故称**色散力(dispersion force)**。近邻配对基团[1-2]之间的色散作用能

$$B_{12} = -\frac{3}{2}\left(\frac{I_1 I_2}{I_1 + I_2}\right)\cdot\left(\frac{\alpha_1 \alpha_2}{R^6}\right) \tag{4-4}$$

其中 I_1 和 I_2 为电离能，R 为作用间距，α_1 和 α_2 为极化率。一般 I_1 与 I_2 差不多大，R 变化不大，都可合并进入常数 k，则式(4-4)可简化为

$$B_{12} = -k\alpha_1\alpha_2 \tag{4-5}$$

对于高分子溶液来说，我们可以将高分子链分解为与溶剂小分子尺寸相当的链单元。如果我们只考虑最近邻单元间的接触配对，溶解过程如式(4-6)所示。这里 1 代表溶剂小分子，2 代表链单元。链单元相互作用对[2-2]与小分子相互作用对[1-1]彼此拆开，形成链单元与小分子相互作用交换对[1-2]，类似于每个氢气分

子可与氯气分子发生化学反应生成两个氯化氢分子，每一个交换对所带来的能量变化就定义了混合能。这样处理混合相互作用的方式在溶液热力学理论中被称为**准化学近似(quasi-chemical approximation)**，即

$$[1\text{-}1]+[2\text{-}2]\longrightarrow 2[1\text{-}2] \tag{4-6}$$

于是，在溶解过程中高分子链单元与小分子溶剂之间的混合相互作用参数

$$B\equiv B_{12}-\frac{B_{11}+B_{22}}{2} \tag{4-7}$$

主要考虑色散力的贡献，则

$$B=-k\left(\alpha_1\alpha_2-\frac{\alpha_1^2+\alpha_2^2}{2}\right)=\frac{k}{2}(\alpha_1-\alpha_2)^2=\frac{1}{2}(B_{11}^{1/2}-B_{22}^{1/2})^2\geqslant 0 \tag{4-8}$$

对应式(4-8)有宏观混合内能变化

$$\frac{\Delta U_{\text{mix}}}{V_{\text{mix}}}=\phi_1\phi_2\left[\left(\frac{\Delta E_1}{V_1}\right)^{1/2}-\left(\frac{\Delta E_2}{V_2}\right)^{1/2}\right]^2 \tag{4-9}$$

这里 V_1，V_2，V_{mix} 为溶剂、溶质及其混合物的摩尔体积，ϕ_1，ϕ_2 为溶剂或溶质的体积分数，ΔE_1，ΔE_2 为相应的摩尔蒸发热，假定总体积保持不变，即 $\Delta V_{\text{m}}=0$，此式被称为希尔德布兰德(Hildebrand)公式，$\Delta E_2/V_2$ 表示单位体积液体的蒸发热，被定义为高分子的**内聚能密度(cohesive energy density，CED)**，单位为 cal/cm^3 或 J/cm^3，进一步可定义**溶度参数(solubility parameter)**

$$\delta\equiv\left(\frac{\Delta E}{V}\right)^{1/2} \tag{4-10}$$

则

$$\frac{\Delta U_{\text{mix}}}{V_{\text{mix}}}=\phi_1\phi_2(\delta_1-\delta_2)^2 \tag{4-11}$$

此内能变化值只有比 $T\Delta S_{\text{mix}}/V_{\text{mix}}$ 小的时候高分子在溶剂中才能发生自发的溶解。对于某种高分子而言，其合适溶剂的选择存在以下经验规则：

(1) 较大极性的体系，极性相近可溶；

(2) 非极性体系，δ 相近可溶。

总结为一个词，就是**相似相溶(Like likes like)**。

溶剂的溶度参数可在一般的物理化学手册中查到，高分子的溶度参数也可查高分子手册，或可采用摩尔引力常数法进行近似计算，

$$\delta_2=\rho\cdot\frac{\sum F_i}{M} \tag{4-12}$$

其中 ρ 为密度，M 为重复单元的摩尔质量，不同基团引力常数 F_i 可查所谓的霍伊(Hoy)表得到。实际操作中，为了溶解高分子样品，比较方便的方法是选用混合溶剂，其溶度参数可通过配比来调控，

$$\delta_1\approx\delta_{\text{A}}\phi_{\text{A}}+\delta_{\text{B}}\phi_{\text{B}} \tag{4-13}$$

对于更普遍的包含极性分子的溶液体系，汉森(Hansen)提出了三维溶度参数的概念，

$$\delta^2 = \delta_d^2 + \delta_p^2 + \delta_h^2 \tag{4-14}$$

其包含色散力贡献 δ_d、极性相互作用贡献 δ_p 和氢键相互作用贡献 δ_h (Hansen CM. Three Dimensional Solubility Parameters and Solvent Diffusion Coefficients. Copenhagen: Danish Technology Press, 1967)。

我们以高分子的体积分数 ϕ_2 为变量，如果 $B>0$，由于 B_{12},B_{11} 和 B_{22} 均为负值，这意味着链单元与链单元、溶剂小分子与小分子的相互作用绝对值之和要大于混合后的相互作用的绝对值，这显然不利于均匀混合，所以正值的溶液混合相互作用倾向于要造成相分离，我们把发生相分离的热力学边界条件称为高分子溶液的相图，我们称此时的溶剂为**不良溶剂(poor solvent)**；如果 $B=0$，此时的溶剂则被称为**无热溶剂(athermal solvent)**；而如果 $B<0$，有利于互溶，相应的溶剂则可被称为**良溶剂(good solvent)**。如图 4-4 所示，另一种常用的良溶剂和不良溶剂的定义则是以 Theta 溶剂(见 4.2.4 节介绍)为分界点，与上面介绍的传统定义不符，但有利于对非极性高分子溶液作进一步的理论分析。传统的定义更适用于极性高分子，特别是对水溶液体系，以无热溶剂为界，来区分高分子的亲水性和疏水性。

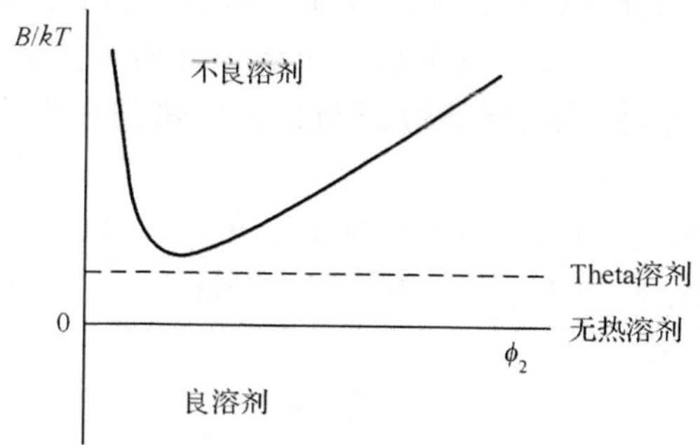

图 4-4　高分子溶液相分离的相图示意图，上侧为不良溶剂，下侧为良溶剂，中间的分界线存在两种定义，可以是无热溶剂，也可以是 Theta 溶剂

4.2.2　无热稀溶液中的单链构象

在高分子稀溶液中，由于高分子链彼此远离，我们可以近似地把每一条链看作为一个孤立的线团体系来处理。也就是说，如果我们把链单元间的相互作用分成链内和链间两部分贡献的话，单链体系可看作是只剩下链内相互作用的贡献。这种相互作用再进一步区分为链单元间的体积排斥相互作用和吸引相互作用。在无热溶剂中，链单元与溶剂分子的吸引相互作用彼此抵消，只剩下体积排斥相互作用。这样，在无热稀溶液中，单链的构象可类比于一个**自避行走(self-avoiding**

walk)的轨迹问题,此轨迹不允许自身相互交错或者重叠。

如果我们把理想单链模型的链构象类比为在格子空间中发生无规行走的轨迹,由于可以随意改变方向,每一步行走有 q 种可能性(q 为格子空间的配位数),这样,总共 n 步的可能方法数就为 q^n。而对于真实的无热溶剂中的单链体系,我们要考虑长程的链单元间的排斥体积相互作用,这种自避行走问题要求对走过的路线具有记忆效应,以免发生交错或重叠,这就使得数学上的统计处理大为复杂。

在超高性能计算机的帮助下,人们通过标度分析已经总结发现,自避行走总的可能方法数约为$(q-1)^n n^\nu/n$,其中 $q-1$ 被称为**连接常数(connective constant)**,与具体的格子结构有关,ν 为只与空间维数有关的**临界指数(critical exponent)**,即标度指数。对于一维体系,$\nu=1$;对于二维体系,$\nu=4/3$;而对于三维体系,$\nu=7/6$。自避行走的均方末端距与行走步数 n 的关系,也证明存在以下的标度关系:

$$\langle R_{\text{saw}}^2 \rangle \sim n^{2\nu} \tag{4-15}$$

对于一维体系,$\nu=1$;对于二维体系,$\nu=3/4$;而对于三维体系,$\nu=3/5$(Madras N, Slade G. The Self-Avoiding Walk. Basel: Birkhaeuser, 1993)。

从以上标度关系我们可以看到,自避行走的三维体系,临界指数是 3/5,比理想链所类比的无规行走的临界指数 1/2 要大,表明无热溶剂中的单链高分子线团由于链单元之间的体积排斥相互作用而发生了膨胀。但是这种膨胀偏离了高斯链最可几链构象,对构象熵不利,导致出现一个熵弹性回复力。所以,高分子线团不可能无限制地膨胀下去,体积排斥能应当与链构象熵的损失之间存在一个热力学平衡。

弗洛里提出了一个平均场近似的处理方法来计算这个平衡线团尺寸。他假设导致线团膨胀的体积排斥能 E_{rep} 主要来自于二体相互作用的贡献,而线团内链单元均匀分布,其平均浓度

$$C_{\text{int}} \sim \frac{n}{R^d} \tag{4-16}$$

这里 R 为线团尺寸,d 代表空间维数,每对链单元之间的排斥作用能则与热涨落能 kT 相当,于是平均每个链单元感受到的排斥作用为 kTn/R^d,单链体系内共有 n 个链单元,则单链总的排斥能

$$E_{\text{rep}} \sim kT\,\frac{n^2}{R^d} \tag{4-17}$$

另一方面,由最可几链构象的高斯分布特点以及玻尔兹曼关系可知,线团膨胀的构象熵变化所产生的弹性能 E_{el} 正比于 $kT(R/R_0)^2$,则单链总的弹性能

$$E_{\text{el}} \sim kT\,\frac{R^2}{n} \tag{4-18}$$

当处于热力学平衡状态时,单链体系总的自由能

$$F = E_{\text{rep}} + E_{\text{el}} \tag{4-19}$$

对 R 取极小值，即

$$\frac{\partial F}{\partial R} = 0 \tag{4-20}$$

则可解得

$$R \sim n^{3/(d+2)} \tag{4-21}$$

这里对无热溶剂中平衡高分子线团尺寸进行标度分析的结果也被称为弗洛里-费希尔(Flory-Fisher)定律。当 $d=1$ 时，$\nu=1$；当 $d=2$ 时，$\nu=3/4$；当 $d=3$ 时，$\nu=3/5$；而当 $d=4$ 时，$\nu=1/2$。这一系列理论推导的结果与计算机模拟的结果高度一致，而只有在四维空间中，发生膨胀的高分子单链线团才表现出理想线团的标度律。对于三维的单链体系，重整化群理论计算也得到 $\nu=0.588\pm0.001$，和计算机模拟实验结果相当一致(Le Guillou JC, Zinn-Justin J. Critical exponents for the n-vector model in three dimensions from field theory. Phys Rev Lett, 1977, 39: 95-98)。

为什么弗洛里相当粗略的平均场近似处理会给出合理的结果？德热纳(de Gennes PG. Scaling Concepts in Polymer Physics. Ithaca: Cornell University Press, 1979)给出的解释是：链单元浓度采用了平均场分布的假定，低估了沿链连接的链单元局部浓度，而构象熵弹性能的计算则采用了高斯理想链的结果，又低估了弹性能，两者产生的偏差正好相互抵消，所以才得到比较合理的结果。

4.2.3　无热浓溶液中的单链构象

在浓溶液中，虽然高分子线团相互穿插重叠，链单元能均匀分布在溶剂中，但属于同一条链的链单元仍分布在一定的区域内，呈线团状，如果我们用荧光基团标记链的一个末端，然后测量在其周围找到另一条链也被标记的末端的概率 P_{11}，其沿着径向 r 分布存在所谓的**关联空穴(correlation hole)**，即这个线团状的空间中主要被同一条链上的链单元所占据，如图 4-5 所示，这个结果表明每个链单元的近邻优先分布的是属于同一条链的链单元。

浓溶液中的高分子线团也不再如稀溶液中的单链线团那样发生膨胀。这不是由于受周围线团的排挤所致，而是由于其他线团的穿入，属于同一条链的局部各向异性的链单元间发生堆砌时，对彼此的空间体积排斥相互作用产生所谓的**屏蔽效应(screening effect)**。爱德华兹(Edwards)首先发现这一效应，并给出定量化的描述(Edwards SF. The theory of polymer solutions at intermediate concentration. Proc Phys Soc London, 1966, 88: 265-280)。

为进一步理解屏蔽效应，我们来看无热高分子浓溶液体系。在两维平方格子空间中，假定存在相距为 r_{ij} 的 i 和 j 两个溶剂分子，周围被链单元数 $n=2$ 的分子链

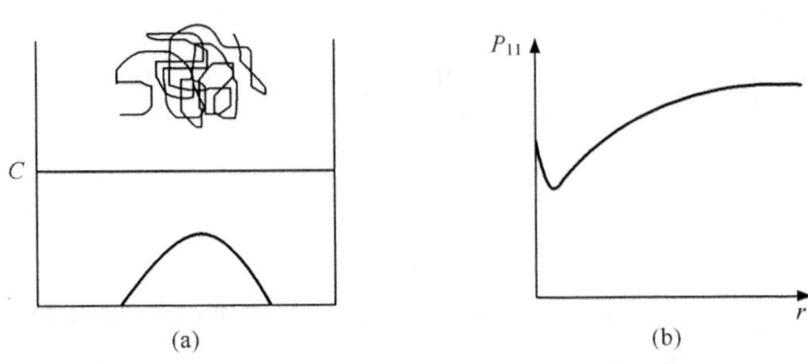

图 4-5　属于同一条高分子单链的链单元浓度 C 在浓溶液中的空间分布特点示意图(a)，横坐标表示空间分布距离，上面的水平横线表示浓溶液中的平均浓度。链端基与其他链的端基之间的相关性 P_{11} 在近距离 r 相对较低，表现出关联空穴的特点示意图(b)

所占据，对单个分子链而言，在格子空间中可以有 4 种自由链取向，但其一旦处于溶剂分子近邻，只能有三种链取向，发生取向熵的损失，如图 4-6 左侧图所示。若 i 和 j 分别孤立存在，在两溶剂分子周围发生熵损失的链共有 8 条；若 i 和 j 近邻，则在两溶剂分子周围发生熵损失的链可以减少到 6 条，如图 4-6 右侧图所示，即 i 和 j 近邻相处可以有效地减少周围分子链取向熵的损失。由热力学第二定律可以知道，体系的总熵倾向于保持比较大的结果。所以，溶剂周围所堆砌的各向异性分子链倾向于使 i 和 j 邻近，从而抵消了由于后者彼此之间体积排斥相互作用所导致的长程远离的效果。接下来，我们把这两个溶剂分子替换成属于同一条链的任意两个链单元，从总体上看，i 和 j 关于 r_{ij} 的空间分布概率 P_{ij} 在近程才有稀溶液单链体系那样较明显的体积排斥作用，而在远程就像理想链那样，彼此没有体积排斥相互作用。这种长程的抵消导致线团膨胀的体积排斥相互作用的效果就是屏蔽效应，其由高分子链间局部各向异性的体积排斥相互作用所致，有效距离范围可用 ξ 来表示，如图 4-7 所示。

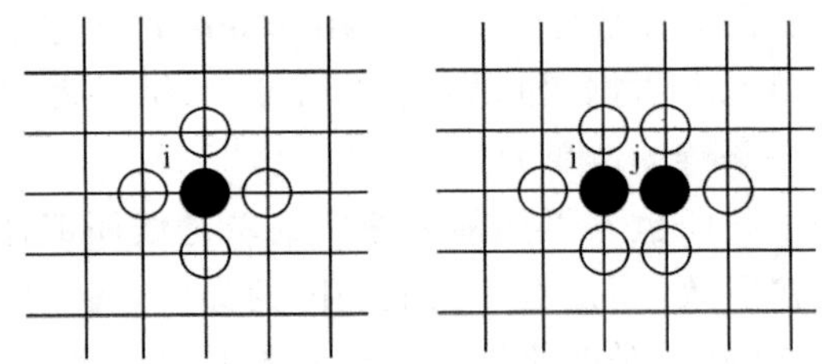

图 4-6　溶剂分子(实心点)被短链(中空点)包围的孤立(左)和近邻(右)情形示意图

由于体积排斥的屏蔽效应，高分子链在浓溶液中将表现出理想链的标度特征，即

$$R \sim n^{1/2} \tag{4-22}$$

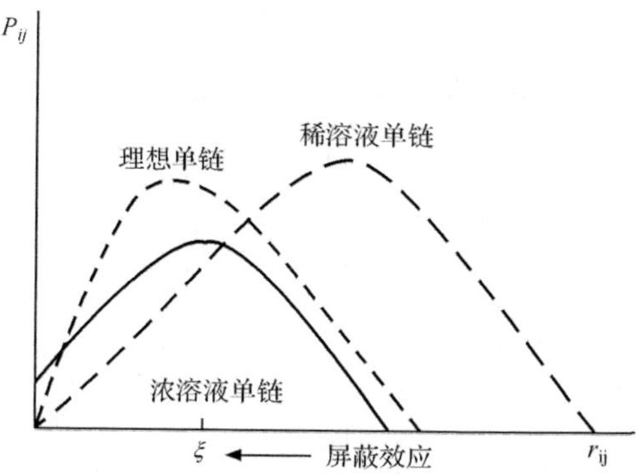

图 4-7　浓溶液或本体中的单链由于体积排斥的屏蔽效应而在大尺度表现为类似理想单链的分布特征示意图

实际上，在浓溶液中接近临界交叠浓度的区域，高分子的线团尺寸还与其浓度有关。

我们知道，当高分子的体积分数 $C<C^*$ 时，在稀溶液中的线团尺寸

$$R \sim n^{3/5} \tag{4-23}$$

在临界交叠点附近，假定链单元在每个线团内均匀分布，

$$C^* = C_{\text{int}} \propto \frac{n}{R^3} \sim n^{1-3\nu} \tag{4-24}$$

此时对于膨胀的单链线团，$\nu=3/5$，则

$$C^* \sim n^{-4/5} \tag{4-25}$$

当 $C>C^*$ 时，达乌德（Daoud）和德热纳（de Gennes）等提出了所谓的**串滴模型（blob model）**来处理高分子链在浓溶液中的单链构象（Daoud M, Cotton JP, Farnoux B, Jannink G, Sarma G, Benoit H, Duplessix R, Picot C, de Gennes PG. Solutions of flexible polymers: Neutron experiments and interpretation. Macromolecules, 1975, 8: 804-818）。如图 4-8 所示，他们把浓溶液中的高分子链分解为一串像珍珠项链般的小液滴，定义每个串滴的尺寸为 ξ，g 为串滴内包含的链单元数，在 ξ 范围以内（$r<\xi$），链单元间以体积排斥相互作用为主，

$$\xi \sim g^{3/5} \tag{4-26}$$

暂时还没有表现出体积排斥的屏蔽效应；在 ξ 范围以外（$r>\xi$），链单元间体积排斥相互作用被完全屏蔽掉，此时线团可看作是由尺寸为 ξ 的串滴构成的无扰线团，则

$$R \sim \xi\left(\frac{n}{g}\right)^{1/2} \tag{4-27}$$

实际上，ξ 反映了链单元间体积排斥相互作用的相关长度。

将 $g\sim\xi^{5/3}$ 代入式(4-27)，我们得到

$$R \sim \xi n^{1/2}\xi^{-5/6} = n^{1/2}\xi^{1/6} \tag{4-28}$$

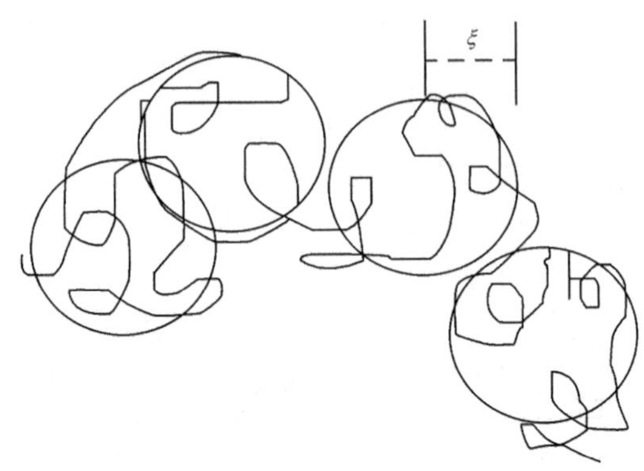

图 4-8　高分子链构象的串滴模型示意图

我们知道，ξ 与 C 有依赖关系，即随着浓度增大，链互相穿透的程度增大，ξ 将减小。我们需要试着导出它们之间的定量关系。以 C^* 时的临界线团尺寸 R^* 作为参考态，假定某个负指数 $\alpha<0$，

$$\frac{\xi}{R^*} \sim \left(\frac{C}{C^*}\right)^{\alpha} \tag{4-29}$$

将 $R^* \sim n^{3/5}$ 和 $C^* \sim n^{-4/5}$ 代入式(4-29)，可得：

$$\xi \sim C^{\alpha} n^{(3/5+4/5\alpha)} \tag{4-30}$$

由于 ξ 是局部链的性质，其应当与链长 n 无关，所以

$$\frac{3}{5}+\frac{4}{5}\alpha=0 \tag{4-31}$$

即 $\alpha=-3/4$，于是

$$\xi \sim C^{-3/4} \tag{4-32}$$

也即

$$R \sim n^{1/2}\xi^{1/6} \sim n^{1/2}C^{-1/8} \tag{4-33}$$

我们通常把线团尺寸随浓度而变化的高分子溶液称为**亚浓溶液**(英文实际上是**亚稀溶液，semi-dilute solution**)。

随着 C 增大，ξ 减小，因为在短距离范围内，链单元之间的体积排斥相互作用总是存在的，当 $C>C^{**}$ 时，ξ 接近于链单元尺寸，不可能再下降了，这时，线团尺寸就表现得与浓度无关了，所以：

$$R \sim n^{1/2} \tag{4-34}$$

我们可以把此时的高分子溶液称为**高浓溶液(highly-concentrated solution)**。

总结以上结果，我们得到全浓度区间的标度律如下：

稀溶液，$C<C^*$，$R\sim n^{3/5}$；

亚浓溶液，$C^*<C<C^{**}$，$R\sim n^{1/2}C^{-1/8}$；

高浓溶液，$C > C^{**}$，$R \sim n^{1/2}$。

4.2.4　有热稀溶液中的单链构象

在高分子稀溶液中，我们已经讨论了无热溶剂中的单链线团由于链单元之间的体积排斥相互作用，会发生一定程度的膨胀。在良溶剂中，可以想像，线团将进一步膨胀；而反过来，在不良溶剂中，线团则会发生塌缩。剧烈的**单链塌缩转变(single-chain collapse transition)**会出现在链单元与溶剂小分子发生相分离的时候。最终，高分子线团将塌缩成密实的硬球，此时，

$$C_{\text{int}} \propto \frac{n}{R^3} \sim 1 \tag{4-35}$$

则

$$R \sim n^{1/3} \tag{4-36}$$

即 $\nu = 0.33$。

一般随着温度的变化或者滴入不良溶剂，溶剂的性质可从无热溶剂逐渐变为不良溶剂，在稀溶液中的高分子链也从膨胀的线团向塌缩线团转变，这时，线团尺寸标度律 ν 也将从 0.6 逐渐变为 0.33，在这一转变过程中，$\nu = 0.5$ 这一时刻的高分子线团表现出理想链无扰线团尺寸的特点，我们根据标度律的变化可以定义此时的高分子链处于 **Theta 状态**。

单链的塌缩转变行为也与链长有关。如图 4-9(a)所示是高分子链在三维立方格子空间中发生塌缩转变的蒙特卡洛分子模拟结果。图中显示的是对于不同链长的单链体系，线团的均方回转半径 $\langle R_g^2 \rangle/(n-1)$ 随约化温度的倒数 $B/(kT)$ 而变化的曲线。可以看到，Theta 状态是所有塌缩转变的起点，由于链长的增大，随溶剂性质变差而发生的塌缩转变表现得越来越快，逐渐趋向一级相转变的行为特点。吴奇教授课题组最先在实验上观察到单链塌缩存在一个中间**熔球态(molten globule state)**(Wu C, Zhou S. First observation at the molten globule state of a single homopolymer chain. Phys Rev Lett, 1996, 77: 3053-3055)。如果我们考察在塌缩转变区有限链长的单链体系内部结构，会发现链单元的平均局部浓度 $\langle q \rangle$ 沿着径向分布的曲线存在所谓的**核-壳结构(core-shell structure)**，如图 4-9(b)所示，在 $B/(\text{k}T) = 0.04 \sim 0.06$，出现一个两相共存的中间态，线团中心密度高，边缘密度低，即单链线团在塌缩过程中存在表面预溶现象，线团表面释放一部分溶解链的构象熵，将有利于两相界面的稳定。显然，链越短，线团越小，表面预溶现象就越显著，塌缩转变也就表现得越平缓。有趣的是，许多蛋白质分子在折叠过程中由于疏水作用也会出现相类似的中间态，被同样称为熔球态，表现出同样的核-壳结构特点，被认为在蛋白质快速折叠的路径(folding path)上起着重要的加速作用。本书 11.5 节将有更具体的介绍。

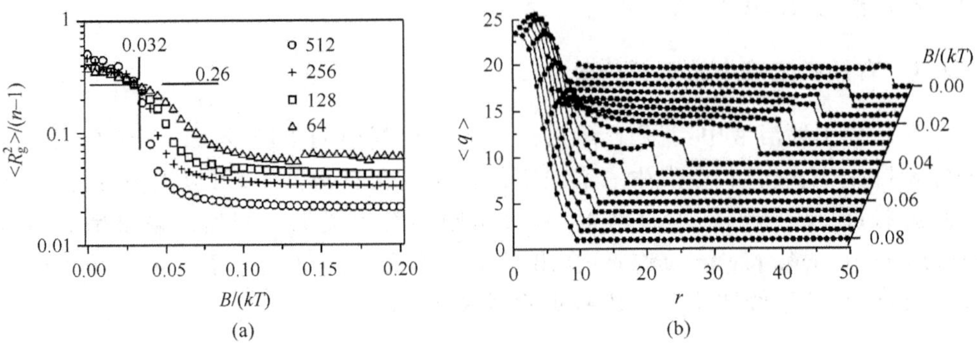

图 4-9　单链塌缩转变在立方格子空间中的动态蒙特卡洛模拟结果。(a)不同链长的单链线团均方回转半径与链长之比随 $B/(kT)$ 而变化的曲线。图中不同符号对应链单元数 n，(0.032，0.26)为 Theta 点。(b)512 链长的单链每个链单元周围的平均链单元数 $\langle q\rangle$ 沿从线团质量中心出发的半径 r 方向上的分布(Hu WB. Structural transformation in the collapse transition of the single flexible homopolymer model. J Chem Phys，1998，109：3686-3690)

在 Theta 状态，单链高分子线团的分子内相互吸引作用对线团尺寸减小的贡献，与链单元间体积排斥相互作用所带来的线团膨胀的贡献正好抵消。弗洛里最早从溶液热力学角度定义了 Theta 温度(Flory PJ. Principles of Polymer Chemistry. Ithaca：Cornell University Press，1953)。他假定溶剂分子摩尔数为 N_1，由化学势的定义 $\Delta\mu_1=\partial\Delta F_m/\partial N_1$ 可知，高分子均匀溶液体系中溶剂的剩余化学势可以分为焓和熵两部分的贡献，即

$$\Delta\mu_1^e=\frac{\partial\Delta H_{mix}^e}{\partial N_1}-T\frac{\partial\Delta S_{mix}^e}{\partial N_1} \tag{4-37}$$

若令剩余偏摩尔混合焓

$$\frac{\partial\Delta H_{mix}^e}{\partial N_1}=kTK_1\phi_2^2 \tag{4-38}$$

K_1 被称为热参数，同时令剩余偏摩尔混合熵

$$\frac{\partial\Delta S_{mix}^e}{\partial N_1}=k\Psi_1\phi_2^2 \tag{4-39}$$

Ψ_1 被称为熵参数，则当

$$\Delta\mu_1^e=kT\phi_2^2(K_1-\Psi_1)=0 \tag{4-40}$$

时，K_1，Ψ_1 二者效应相互抵消，体系处于**准理想状态(pseudo-ideal state)**。弗洛里定义温度 $\theta\equiv K_1/\Psi_1\times T$，即

$$K_1-\Psi_1=\Psi_1\left(\frac{\theta}{T}-1\right) \tag{4-41}$$

要得到准理想溶液，可调节温度至 **Theta 温度**；也可以固定温度 T，选择合适的溶剂改变 K_1/Ψ_1 值并使其等于 1，我们称该溶剂为 **Theta 溶剂**。

以上弗洛里的热力学分析是针对均匀分布的溶液中链单元与溶剂小分子之间的热力学相互作用而言的。如果考虑稀溶液中高分子线团之间的相互作用，我们可以把高分子稀溶液的渗透压以位力(virial)系数展开，

$$\Pi = kT(A_1C + A_2C^2 + A_3C^3 + \cdots) \tag{4-42}$$

其中的第一位力系数

$$A_1 = \frac{1}{M_N} \tag{4-43}$$

M_N 为数均分子量，式(4-43)反映理想溶液的依数性；第二位力系数

$$A_2 = \Psi_1\left(1 - \frac{\theta}{T}\right)F(x)\,\frac{v^2}{v_1} \tag{4-44}$$

可由高分子稀溶液的弗洛里-柯瑞鲍(Flory-Krigbaum)理论计算得到(详见本书8.3.3节)，其中 v 为高分子偏微比容，即密度的倒数 ρ^{-1}，v_1 为溶剂的摩尔体积，$F(x)$为与链长 x 有关的函数。当 $T=\theta$ 时，$A_2=0$，意味着第二位力系数所代表的二体间排斥作用与吸引作用的贡献正好抵消(与溶剂分子间作用无差别)，这样忽略掉高阶项之后，在 Theta 状态不仅高分子单链体系自身处于**无扰状态(unperturbed state)**，高分子线团之间也呈理想溶液状态。由 Flory-Huggins 溶液格子理论(详见本书8.2节)外推到稀溶液(注意这不符合该理论的基本假定!)，也得到

$$\Delta\mu_1^e = kT\left(\chi - \frac{1}{2}\right)\phi_2^2 \tag{4-45}$$

其中 χ 为相互作用参数，在 Theta 温度，$\chi=1/2$，这与无限长链时，由 Flory-Huggins理论得到的相分离临界点 $\chi_c=1/2$(详见本书9.1节)正好一致，说明此时链单元浓度涨落的相关长度变得无穷大，链单元处于相分离的临界状态，此时的高分子线团尺寸标度律对应于自由度为零的临界标度现象。这就是 Theta 点的热力学解释。Theta 点对应于真实气体的玻意耳(Boyle)温度，在此温度真实气体将表现出理想气体的状态方程特点。

由于我们所研究的高分子链构象大多处在浓溶液或本体所拥有的 Theta 点附近，即在相分离塌缩的临界点附近，此时热涨落的相关长度将发散，表现出一些长程相关的物理行为，并且链单元之间的长程相关将主要由沿着高分子链的较强化学键连接来传导，于是高分子的许多物理行为表现出依赖链长的标度特征。这是德热纳将标度分析方法从临界现象研究引入到高分子物理研究获得巨大成功的根本原因。

在 Theta 状态附近，稀溶液的渗透压由于第一位力系数的关系，与分子质量密切相关。在亚浓溶液中，溶液渗透压与高分子链相互穿透的程度相关，而不再与链长相关，可以用串滴模型来描述，即

$$\xi \sim C^{-3/4} \tag{4-46}$$

串滴之间的体积排斥作用能与热涨落的能量 kT 相当，可以认为亚浓的 Theta 溶液的渗透压

$$\Pi \sim \frac{kT}{\xi^3} \sim kTC^{9/4} \tag{4-47}$$

实际上,从稀溶液到浓溶液,渗透压随浓度变化的标度关系逐渐过渡,可以大致描述为

$$\frac{\Pi}{kTC} \sim \frac{1}{M_N} + C^{5/4} \tag{4-48}$$

这一结果得到了实验观测较好的验证(Rubinstein M, Colby RH. Polymer Physics. Oxford:Oxford University Press,2003)。

弗洛里早就意识到在高浓的高分子本体中高分子链可以取无扰链构象,由弗洛里-柯瑞鲍稀溶液理论导出的结果式(4-44)可知,当溶剂被换成无限长的高分子时,溶剂摩尔体积 v_1 也趋向无穷大,则 $A_2 \rightarrow 0$,这意味着在高分子本体中,高分子是其自身的 Theta 溶剂。

可以想像,当一条高分子链与中等分子链长的溶剂混合时,在一定尺度范围内,高分子链的体积排斥相互作用被相互穿插的中等分子链长的溶剂屏蔽掉,表现出理想链的标度特点,在这个尺度范围之外,高分子链才表现出在小分子溶剂中膨胀线团的特点。理论计算可以得到,沿着高分子链的这个尺度范围相当于中等分子链长的平方值。也就是说,高分子链自身的链长尺度如果不能超过中等分子链长的平方值,其排斥体积相互作用将被溶剂分子链完全屏蔽,而呈现理想链的特点。

在热浓溶液中,高分子链在良溶剂中的行为和在无热溶剂中非常相似,而在不良溶剂中则会出现浓相和稀相共存的相分离现象,我们将在第 9 章再对相分离加以进一步的介绍。

4.3 聚电解质溶液中的单链构象

在极性溶剂中,**聚电解质(polyelectrolyte)**可解离出离子侧基,如图 4-10 所示,成为大离子或带电聚合物(macro-ion or charged polymer),周围抗衡有较小的带相反电荷的所谓**抗衡离子(counter-ion)**。如果抗衡离子的电荷价数高于 1,则可以将大离子交联起来,生成聚电解质凝胶。

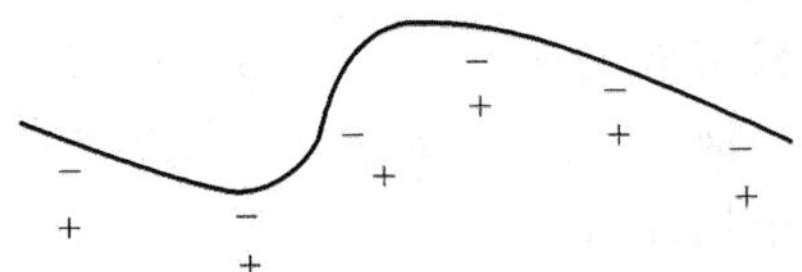

图 4-10 聚电解质溶液的大离子及其周围的抗衡离子示意图

DNA、RNA 和蛋白质等生命大分子在水溶液中都表现出聚电解质的性质。

生命大分子的碎片在加弱电场的水凝胶介质中可发生定向移动，长链慢而短链快，于是形成特征的谱带。这种**凝胶电泳分析方法（gel electrophoresis）**是基因工程最基本的技术，被广泛运用于生物遗传因子和蛋白质序列结构的鉴定和分析。

聚合物链主干上带电荷的链单元所占的分数 p 与温度、电场强度、离子浓度和 pH 等因素相关。在聚电解质溶液中，聚合物链上的**库仑力（Coulomb force）**对单链构象起着重要的作用。两个单位电荷之间库仑相互作用的能量

$$E_{co} \sim \frac{e^2}{4\pi\varepsilon_0 \varepsilon l} \tag{4-49}$$

这里 ε_0 为真空的介电系数，ε 为溶剂的相对介电系数，l 是两个电荷之间的距离。在两个电荷特定的距离处，当库仑相互作用能与热涨落的能量级 kT 相当时，我们可以定义**卜耶隆屏蔽长度（Bjerrum screening length）**

$$l_B = \frac{e^2}{4\pi\varepsilon_0 \varepsilon kT} \tag{4-50}$$

这一长度反映了热涨落所能允许的同种电荷之间的距离。也就是说，当聚合物链上的电荷密度 ρ 太高，例如当 $\rho > e/l_B$ 时，抗衡离子将富集在链周围，以维持有效电荷密度在 e/l_B 值不增加。这种现象就被称为**抗衡离子的曼宁（Manning）凝聚**（Manning GS. Limiting laws and counterion condensation in polyelectrolyte solutions. I. Colligative properties. J Chem Phys，1969，51：924-933）。

聚合物主链上带电荷的链单元所占的分数 p 决定了单链的库仑相互作用能

$$E_{co} \sim kT \frac{l_B (np)^2}{R} \tag{4-51}$$

这里 n 是链长，R 为线团的平均尺寸。链单元上所携带的同种离子之间的静电排斥力使线团膨胀，这种导致膨胀的能量要与线团构象熵的损失 $E_{el} \sim R^2/(nb^2)$ 保持平衡，于是线团总自由能

$$F = E_{co} + E_{el} = kT\left[\frac{l_B (np)^2}{R} + \frac{R^2}{nb^2}\right] \tag{4-52}$$

这里 b 为链单元尺寸。该自由能对 R 取最小，即对 R 的一阶导数等于零，可以得到聚电解质链构象平衡尺寸的标度律，

$$R \sim np^{2/3} (l_B b^2)^{1/3} \tag{4-53}$$

更精确考虑链长对数修正的表达式由库恩等得到，

$$R \sim np^{2/3} (l_B b^2 \ln n)^{1/3} \tag{4-54}$$

（Kuhn W，Kunzle O，Katchalsky A. Verhalten polyvalenter fadenmolekelionen in losung. Halvetica Chemica Acta，1948，31：1994-2037）

我们假定链周围的静电势 u 近似服从泊松方程，

$$\frac{\partial u(r)}{\partial r} = -4\pi l_B c(r) \tag{4-55}$$

其中 $c(r)$ 为抗衡离子在距离链的径向 r 处的浓度。我们再进一步假定抗衡离子局部地服从玻尔兹曼分布

$$c(r) = c_0 \exp[-u(r)] \tag{4-56}$$

则可以得到**泊松-玻尔兹曼(Poisson-Boltzmann)方程**

$$\frac{\partial u(r)}{\partial r} = -\lambda_{\mathrm{DH}}^{-2} \exp[-u(r)] \tag{4-57}$$

这里定义了**德拜-休克尔 (Debye-Hückel)屏蔽长度**

$$\lambda_{\mathrm{DH}}^{-2} = 4\pi l_{\mathrm{B}} c_0 \tag{4-58}$$

方程(4-57)在特定的几何条件下可解。

如果在聚电解质溶液中加盐,离子对之间的有效相互作用势成为

$$U(R) = kT \frac{l_{\mathrm{B}}}{R} \mathrm{e}^{-R/\lambda_{\mathrm{DH}}} \tag{4-59}$$

此时德拜-休克尔屏蔽长度成为

$$\lambda_{\mathrm{DH}} = (4\pi l_{\mathrm{B}} I)^{-1/2} \tag{4-60}$$

盐在溶液中的离子强度

$$I = \sum z_i^2 \rho_i \tag{4-61}$$

其中 i 代表离子种类,z_i 代表数密度,ρ_i 代表电荷价数。溶液中大量离子很强的屏蔽作用可使聚电解质链在加盐溶液中表现得与中性聚合物在普通非极性溶剂中一样。

由于沿链的静电排斥作用,聚电解质链比中性高分子链有额外的非柔顺性,

$$l = l_0 + l_{\mathrm{elec}} \tag{4-62}$$

表现在额外的持续长度 l_{elec} 上,后者被称为**奥代克-斯科尔尼克-菲克斯曼(Odijk-Skolnick-Fixman)持续长度**,

$$l_{\mathrm{elec}} = l_{\mathrm{B}} \left(\frac{\lambda_{\mathrm{DH}}}{2d} \right)^2 \tag{4-63}$$

这里 d 是沿链的电荷之间的平均距离。从数值上看,l_{elec} 比德拜-休克尔屏蔽长度常常要大得多,所以聚电解质线团在溶液中多表现为刚棒状。聚丙烯酸在弱酸性溶液中表现为柔顺的中性高分子链,一旦 pH 增大,例如加入氢氧化钠,聚合物成为聚丙烯酸钠,就表现出聚电解质刚性链的特点。这种对 pH 的功能性响应可以应用来模仿生物开关或肌肉屈伸等功能。

聚电解质链周围的抗衡离子浓度会发生涨落,导致链间出现有效的相互吸引作用,而链间发生平行排列有利于实现这种吸引作用,如图 4-11 所示,这样会导致自发的聚合物液晶有序结构。聚电解质溶液中的这种液晶有序化倾向使得 DNA 长链可以形成平行排列结构,从而能被卷绕起来收纳到微小的细胞核中。

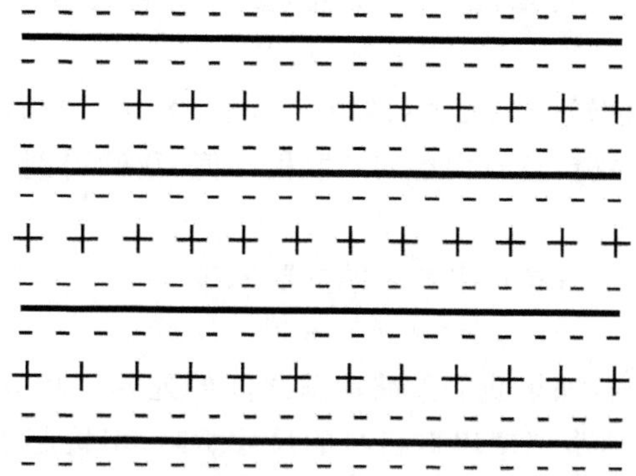

图 4-11 聚电解质链(表现为实线带负电荷)平行排列有利于共享彼此之间的抗衡离子(表现为正电荷),从而形成液晶有序结构

在不良溶剂中,聚电解质链也会塌缩成球。但是由于电荷作用的存在,塌缩过程要稍微复杂一些。如图 4-12 所示,带高密度电荷的聚电解质链首先塌缩成项链串珠状。随着温度的进一步降低,l_B 值会增大,表观电荷密度会逐渐减小,串珠的数目也会依次下降,线团尺寸将经过几步阶跃式塌缩最终成为单个小球的尺寸(Dobrynin AV, Rubinstein M, Obukhov SP. Cascade of transitions of polyelectrolytes in poor solvents. Macromolecules, 1996, 29: 2974-2979)。这种分步塌缩的现象是由于存在带电液滴的**瑞利(Rayleigh)不稳定性**,即线团塌缩使得液滴的表面电荷密度过高,表面带高电荷密度的大液滴会分裂成几个小液滴以增加表面积,从而在一定程度上分散相互排斥的表面电荷分布,降低其密度(Rayleigh L. On the equilibrium of liquid conducting masses charged with electricity. Philos Mag, 1882,14:184-186)。假定每个塌缩的串珠包含 m 个链单元,尺寸 $R \sim m^{1/3}$,每个链单元带一个电荷,高分子链上带电荷的链单元分数为 p,小球表面自由能 γR^2 将与球内的电荷排斥能 $(epm)^2/(\varepsilon R)$ 二者之间保持平衡,总自由能对 R 取极小值,我们得到

$$R^3 \sim (pm)^2 \tag{4-64}$$

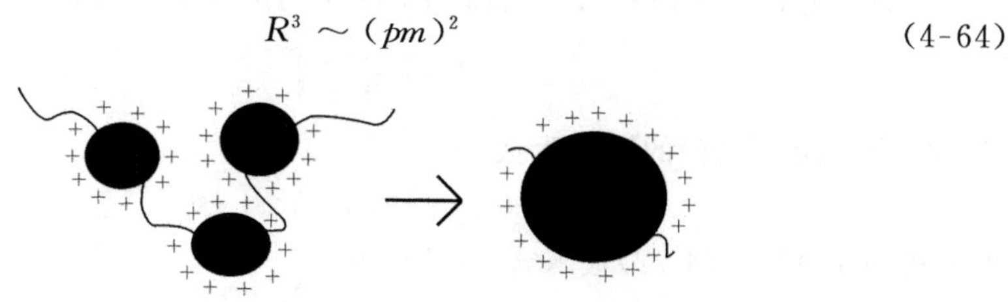

图 4-12 聚电解质在塌缩转变时先形成串珠状结构,再随着温度继续降低逐步形成单个球示意图

将 $R \sim m^{1/3}$ 代入式(4-64)可知，聚电解质链上的临界稳定电荷密度

$$p_c \sim m^{-1/2} \tag{4-65}$$

而连接彼此串珠之间的链的表面能(链单元尺寸 b)$\gamma l b^2$ 也与串珠之间的电荷排斥能$(ep_c m)^2/(\varepsilon l)$相互平衡，总自由能对 l 取极小值，我们得到

$$l \sim p_c m \tag{4-66}$$

于是将式(4-65)代入式(4-66)，串珠之间的联系链长

$$l \sim m^{1/2} \tag{4-67}$$

这里总链单元数约为 n，如果我们忽略串珠之间的连接链单元数，则串珠的数目大致为 n/m。如果再进一步忽略串珠自身的尺寸贡献，串接起来的项链总长度

$$L \sim \frac{n}{m} l \sim p_c n \tag{4-68}$$

疏水聚电解质由于串珠之间的静电排斥作用而呈刚性，于是由式(4-68)可知，其从稀溶液到亚浓溶液的临界交叠浓度

$$C^* \sim \frac{n}{L^3} \sim p_c^{-3} n^{-2} \tag{4-69}$$

当 $C > C^*$ 时，类似于处理中性高分子的亚浓溶液，我们同样可以利用串滴模型来描述聚电解质的亚浓溶液。串滴的尺寸为能够保持刚性特征的沿链的相关长度 ξ。我们以临界交叠浓度 C^* 为参考，可导出相关长度 ξ 与浓度 C 的定量变化关系，即

$$\frac{\xi}{L} \sim \left(\frac{C}{C^*}\right)^a \tag{4-70}$$

将式(4-68)和式(4-69)代入式(4-70)，得

$$\xi \sim n^{1+2a} \tag{4-71}$$

由于 ξ 为链的局部性质，应与 n 无关，所以 $1+2a=0$，即 $a=-1/2$，于是将式(4-68)和式(4-69)再代入式(4-70)，我们得到

$$\xi \sim L\left(\frac{C^*}{C}\right)^{1/2} \sim (p_c C)^{-1/2} \tag{4-72}$$

大于 ξ 的聚电解质链段将表现出体积排斥作用被屏蔽的无扰链构象，即

$$R \sim \xi\left(\frac{n}{g}\right)^{1/2} \tag{4-73}$$

这里每个串滴所包含的链单元数

$$g \sim C\xi^3 \tag{4-74}$$

则将式(4-74)和式(4-72)代入式(4-73)，可得

$$R \sim n^{1/2}\left(\frac{p_c}{C}\right)^{1/4} \tag{4-75}$$

随着浓度的增加，由于 $R \sim C^{-1/4}$，体积排斥作用逐渐被屏蔽，相关长度将衰减到联系长度 l 以下，串珠间的静电作用开始被屏蔽，此时体积 ξ^3 内只能容纳一个

串珠。对应于 $\xi \sim l$，由式(4-67)可知，$l \sim p_c^{-1}$，于是由式(4-72)可得临界浓度

$$C_b \sim p_c^{-1} l^{-2} \sim p_c \tag{4-76}$$

$C > C_b$ 时，串珠间的静电作用完全被屏蔽，联系链长将消失，由式(4-74)可知

$$m \sim C\xi^3 \sim g \tag{4-77}$$

由串珠表面的电荷平衡我们已经得到公式(4-65)，即 $m \sim p_c^{-2}$，由式(4-77)进一步得

$$\xi \sim (p_c^2 C)^{-1/3} \tag{4-78}$$

此时聚电解质链将以串珠直接串接起来构成无扰链构象，在式(4-73)中代入式(4-65)和式(4-78)，我们有

$$R \sim \xi \left(\frac{n}{m}\right)^{1/2} \sim n^{1/2} \left(\frac{p_c}{C}\right)^{1/3} \tag{4-79}$$

由于线团表现出无扰链构象，尺寸不再依赖于浓度变化。随着浓度的进一步增大，$C \to 1$，$\xi \sim m^{1/3}$，串珠之间的静电排斥将彻底被屏蔽掉，聚电解质链表现为中性聚合物的高浓溶液特点，线团尺寸会突然变大，特征松弛时间和溶液黏度也突然变大，类似于一个凝胶化转变，如图 4-13 所示(Dobrynin AV. Theory of polyelectrolytes in solutions and at surfaces. Prog Polym Sci，2005，30：1049-1118)。

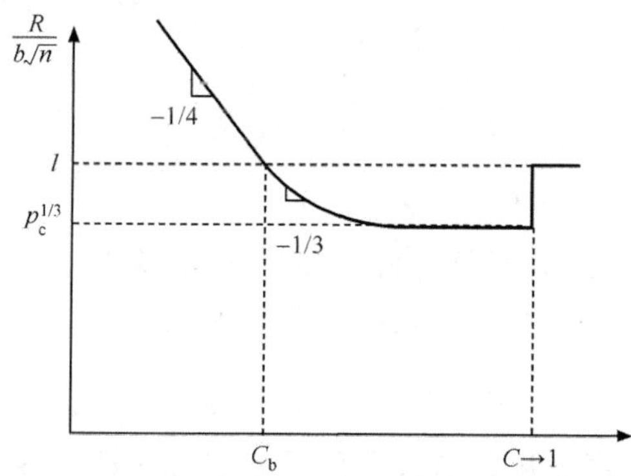

图 4-13　聚电解质单链在不良溶剂中塌缩成串珠后随着浓度的增加而发生的线团尺寸标度变化示意图

4.4　外力作用下的单链构象

4.4.1　拉伸变形

良溶剂中的高分子链如果在两端受到一个拉伸张力 f，线团将沿着拉伸方向发生延展变形。沿链的局部热涨落总是试图恢复无拉伸时的线团尺度，因此存在

局部链的串滴模型，假设串滴数目为 n/g，串滴尺寸 r 满足 $r=bg^{3/5}$，总的末端距 R_f 均匀分布在铺展的各个串滴中，如图 4-14 所示，我们知道没有受到张力时，高分子链的线团尺寸 $R=n^{3/5}b$，则

$$R_f = r \cdot \frac{n}{g} \sim \frac{R^{5/3}}{r^{2/3}} \tag{4-80}$$

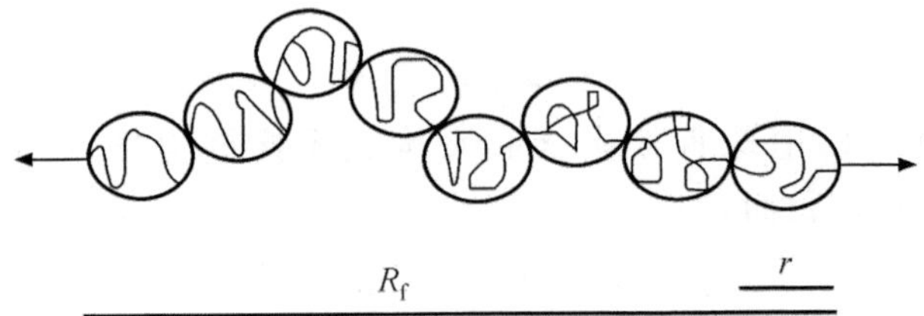

图 4-14　两端受到张力时高分子链发生变形的构象特点示意图

于是得到

$$r \sim \frac{R^{5/2}}{R_f^{3/2}} \tag{4-81}$$

拉伸线团的总自由能

$$F = kT \cdot \frac{n}{g} = kT\left(\frac{R_f}{R}\right)^{5/2} \tag{4-82}$$

受到的拉伸力

$$f = \frac{\partial F}{\partial R_f} = \frac{5}{2}bkT\left(\frac{R_f}{nb}\right)^{3/2} \tag{4-83}$$

显然由于考虑了链单元之间的体积排斥相互作用，高分子单链线团不再满足理想链的拉伸弹性特点，即近似的胡克定律。此时末端距分布

$$P(x) \sim \exp\left[-\left(\frac{x}{R}\right)^{5/2}\right] \tag{4-84}$$

这里距离 $x>R$，也不再服从高斯分布的特点(Pincus P. Excluded volume effects and stretched polymer chains. Macromolecules，1976，9：386-388)。

4.4.2　压缩变形

如果高分子单链受限于两块平行排列的平板之间，板间距离为 d，假设沿着高分子链存在尺寸为 d 的串滴，其数目为 n/g 且满足 $d=bg^{3/5}$，如图 4-15(a)所示，每个串滴的截面积为 d^2，类似于弗洛里的平均场标度分析，每个串滴受到的体积排斥能为 $kTd^2(n/g)/R_{//}^2$，这里高分子线团在平板面上的投影尺寸为 $R_{//}$，于是高分子链总的体积排斥能 $E_{rep} \sim kTd^2(n/g)^2/R_{//}^2$；另一方面，假定反映熵弹性的线团仍服从高斯分布律，弹性能 $E_{el} \sim kTR_{//}^2/(d^2n/g)$，总自由能 $F = E_{rep} + E_{el}$ 对 $R_{//}$ 取最小，即 $\partial F/\partial R_{//} = 0$，得

$$R_{//} \sim d\left(\frac{n}{g}\right)^{3/4} = n^{3/4} b\left(\frac{b}{d}\right)^{1/4} \tag{4-85}$$

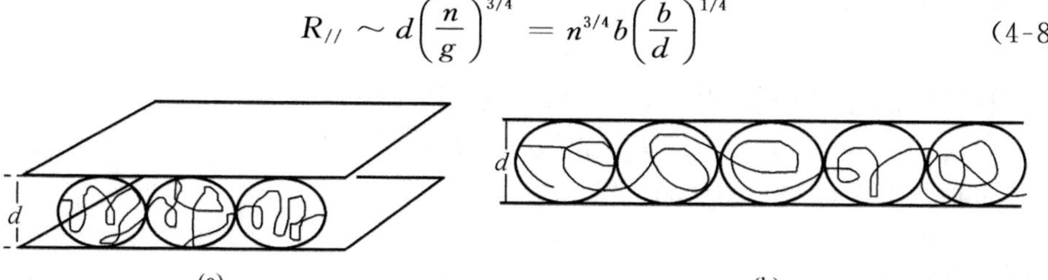

图 4-15　高分子单链受限于平板(a)和管道(b)中的串滴模型示意图

当 $d \to b$ 时，即平板间距接近于链单元尺寸时，有

$$R_{//} \sim n^{3/4} b \tag{4-86}$$

此时，受限的高分子链就达到二维真实链的尺寸特征，服从二维自避行走的末端距标度关系。

如果高分子单链受限于一条管道之中，管道直径为 d，如图 4-15(b)所示，则类似的标度分析更为简单，

$$R_{//} \sim d\left(\frac{n}{g}\right) = nb\left(\frac{b}{d}\right)^{2/3} \tag{4-87}$$

当 $d \to b$ 时，

$$R_{//} \sim nb \tag{4-88}$$

高分子链受管道的二维近距离约束将取全伸展构象。

以上是单链体系，对高分子熔体受限于平板之间的情形，链内平均浓度

$$C_{\text{int}} \sim \frac{nb^3}{dR_{//}^2} \tag{4-89}$$

若在熔体中能保持无扰链构象 $R_{//} = n^{1/2} b$，代入上式，得

$$C_{\text{int}} \sim \frac{b}{d} \tag{4-90}$$

与链长无关，当 $d \to b$ 时，$C_{\text{int}} \to 1$。这意味着高分子链将逐步减少彼此互穿的程度。在 b 极限值附近，线团实际上发生了膨胀，由三维链变为二维真实链。

高分子熔体受限于管道之中，

$$C_{\text{int}} \sim \frac{nb^3}{d^2 R_{//}} \tag{4-91}$$

已知无扰链构象 $R_{//} \sim n^{1/2} b$，代入上式，得

$$C_{\text{int}} \sim n^{1/2}\left(\frac{b}{d}\right)^2 \tag{4-92}$$

当 $C_{\text{int}} \sim 1$ 时，

$$R_{//} \sim \frac{nb^3}{d^2} \tag{4-93}$$

当 d 减少到 b 时，

$$R_{//} \sim nb \tag{4-94}$$

受限单链将发生全伸展。由于 $C_{\text{int}}<1$，于是当管道直径

$$d > n^{1/4}b = (R_0 b)^{1/2} \tag{4-95}$$

时，才可使高分子链保持其无扰链构象。

4.4.3 表面吸附

当高分子线团靠近一个平板状的固体界面时，界面的阻挡作用将为线团链构象带来构象熵的损失，线团的质量中心倾向于不要太靠近固体界面，这种倾向称为**"排空效应"(depletion effect)**，如图 4-16 所示；另一方面，表面吸附将拉拢链靠近表面，吸附能为 ε，于是构象熵的损失与界面吸附能二者之间存在一个平衡，决定吸附层厚度 d。吸附的单根高分子链可以用串滴模型来描述，每个串滴的尺寸为 d，包含 g 个链单元，

$$d \sim bg^{3/5} \tag{4-96}$$

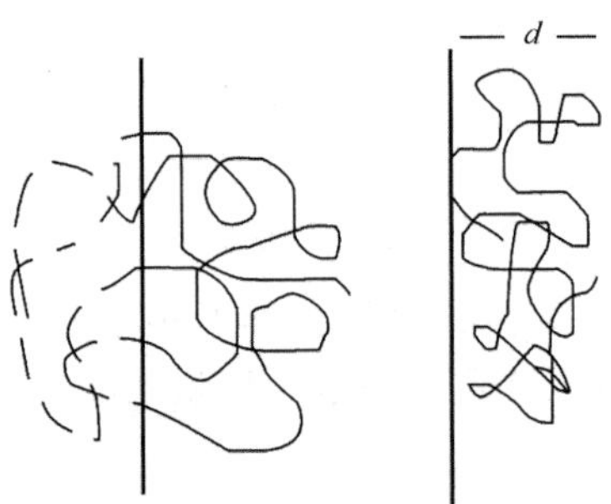

图 4-16 高分子链在固体平板附近的排空效应以及吸附构象示意图

变形的熵损失在每个串滴上与热涨落能 kT 相当，于是总的熵弹性能

$$E_{\text{el}} \sim kT\,\frac{n}{g} \sim kTn\left(\frac{b}{d}\right)^{5/3} \tag{4-97}$$

另一方面，只有最靠近固体表面的链单元才有吸附能，表面发生接触的链单元分数为 b/d，则总的吸附能

$$E_{\text{ads}} \sim -kT\varepsilon \cdot n\left(\frac{b}{d}\right) \tag{4-98}$$

于是总自由能

$$F = E_{\text{el}} + E_{\text{ads}} = kTn\left(\frac{b}{d}\right)^{5/3} - kT\varepsilon n\,\frac{b}{d} \tag{4-99}$$

对 d 取最小，$\partial F/\partial d=0$，我们有

$$d \sim b\varepsilon^{-3/2} \tag{4-100}$$

与链长 n 无关,温度降低或吸附增强,d 减少。

这里的自由能计算忽略了界面吸附所带来的平行方向上的构象熵损失。实际上,不仅吸附会导致高分子链接近二维链构象,而且平板界面上会产生很多平行贴附的链段(被称为 train),在特定的条件下,平行变形链在界面附近会诱导高分子结晶成核,并产生链平躺取向(edge-on)占优势的晶体。

思考题

1. 生米煮成熟饭大致是怎样的一个高分子物理过程?
2. 为什么标度分析在高分子体系中容易取得成功?
3. 为什么说高分子是其自身的 Theta 溶剂?
4. 聚丙烯酸钠在水溶液中为什么可以随着 pH 变化而改变其柔顺性?
5. DNA 长链为什么能被收纳到微小的细胞核中?
6. 聚电解质塌缩时为什么会出现稳定的串珠状构象?

第二部分　高分子链运动

第 5 章　链动力学的标度分析

5.1　简单流体

从这一章开始，我们从简单流体的基本规律开始，来了解高分子链的运动规律，接着了解高分子固体的变形松弛特征和液体的流动变形特征。

刚性球状粒子的布朗运动类似于无规行走。我们已经知道，等步长无规行走的均方末端距正比于步数，$\langle R^2 \rangle \sim n$，同样，布朗运动的三维均方位移与时间成正比，

$$\langle [r(t) - r(0)]^2 \rangle = 6Dt \tag{5-1}$$

这里的比例系数中的 D 被称为粒子运动的**扩散系数(diffusion coefficient)**；t 是时间。这一规律的发现实际上是爱因斯坦于 1905 年作出的划时代的五大贡献之一［Einstein A. Investigations on the theory of the brownian movement. Ann Phys (Leipzig)，1905，17：549-560］。我们因此可以定义刚性粒子扩散经过自身尺寸所需要的时间为其运动的**特征时间(characteristic time)**，即

$$\tau \equiv \frac{R^2}{D} \tag{5-2}$$

恒定的外力作用与刚性球状粒子在简单流体中受到的粒子周边流体的摩擦力相互平衡，粒子在克服摩擦力之后，以一个恒定的相对周边环境的激发速率 v 运动，即简单流体的线性响应关系

$$f = \zeta v \tag{5-3}$$

这里我们定义比例系数 ζ 为在流体中粒子运动的**摩擦系数(friction coefficient)**。球状粒子的流体运动规律类似于基本的牛顿第二运动定律 $f=ma$，这里 m 为惯性质量；a 为加速度。

我们由**涨落耗散原理(fluctuation-dissipation theorem)**知道，热涨落的能量 kT 既用于推动布朗运动，又耗散于黏滞阻力做功，这里有爱因斯坦关系式

$$kT = D\zeta \tag{5-4}$$

另一方面，摩擦阻力决定了流体的黏度，ζ 与流体的黏度 η 之间符合**斯托克斯(Stokes)**定律

$$\zeta = 6\pi\eta R \tag{5-5}$$

所以我们能够得到斯托克斯-爱因斯坦关系式

$$D = \frac{kT}{6\pi\eta R} \tag{5-6}$$

通过实验测量流体的黏度 η 和运动粒子的扩散系数 D，由此可定义出运动粒子实际有效的**流体力学半径(hydrodynamic radius)**，

$$R_h \equiv \frac{kT}{6\pi\eta D} \tag{5-7}$$

此半径反映了运动的粒子与周围其他粒子发生体积排斥相互作用的有效范围。我们在介绍高分子溶液时已经提到，各向异性形状的分子其流体力学半径要大于其静态实占尺寸，所以高分子线团的实际动态临界交叠浓度会比理论预期的静态临界交叠浓度更低一些。

在刚性球状粒子的稀溶液中，爱因斯坦发现溶液的黏度

$$\eta = \eta_s(1 + 2.5\psi) \tag{5-8}$$

这里 η_s 是溶剂黏度，ψ 是刚性球状粒子在溶液中所占的体积分数[Einstein A. Eine neue Bestimmung der Molekuldimensionen. Ann Phys (Leipzig)，1911，34：591-592]。

我们可以把稀溶液中的高分子线团看成是**非穿流(non-draining)**的刚性球状粒子，意思是整个线团挟裹着溶剂分子一起运动，线团内部没有相对流速差，如图 5-1(a)所示。高分子线团在溶液中所占的体积分数

$$\psi = \frac{V_p}{V} = \frac{c}{c_{\text{int}}} \sim \frac{cR^3}{n} \tag{5-9}$$

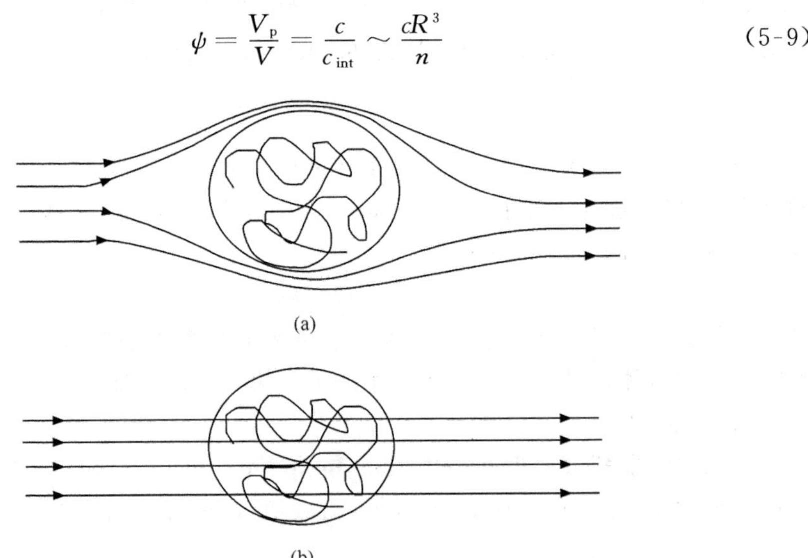

图 5-1 高分子线团运动的非穿流模式(a)和全穿流模式(b)流场流线示意图

这里 V_p 为高分子线团所占的体积，V 为溶液总体积，c 为平均浓度，C_{int} 为线团内部浓度，$C_{\text{int}} \sim n/R^3$，$n$ 为每条链的链单元数。我们定义**比黏度(specific viscosity)**

$$\eta_{sp} \equiv \frac{\eta - \eta_s}{\eta_s} \tag{5-10}$$

再进一步定义**特性黏度(intrinsic viscosity)**

$$[\eta] \equiv \frac{\eta_{sp}}{c}\Big|_{c \to 0} \tag{5-11}$$

则由爱因斯坦黏度公式(5-8)可以得到

$$[\eta] \sim \frac{R^3}{n} \tag{5-12}$$

此方程被称为**福克斯-弗洛里(Fox-Flory)方程**。

根据福克斯-弗洛里方程(5-12),在 Theta 溶剂中,

$$R \sim n^{1/2} \tag{5-13}$$

我们得到爱因斯坦-库恩黏度方程

$$[\eta] \sim n^{1/2} \tag{5-14}$$

而在良溶剂中,

$$R \sim n^{3/5} \tag{5-15}$$

我们得到柯克伍德-赖斯曼(Kirkwood-Risemann)方程

$$[\eta] \sim n^{4/5} \tag{5-16}$$

另外,斯托丁格和诺祖(Nodzu)则考虑了**全穿流模式(free-draining mode)**,如图 5-1(b)所示,此时每个链单元均受到流体的摩擦力作用,这一情形适用于特别刚性的高分子链,于是

$$[\eta] \sim n \tag{5-17}$$

更具有普适意义的是**马克-豪温克(Mark-Houwink)方程**,

$$[\eta] = KM_\eta^\alpha \tag{5-18}$$

其中 $\alpha = 0.5 \sim 1$。由此方程出发,我们可表征黏均分子量 M_η。

5.2　短链体系

链状分子有一个基本的运动规律,就是分子整体的布朗运动由所有链单元的布朗运动叠加而成。由于每个链单元受到链上相邻链单元的牵制,高分子链整体的布朗运动会比小分子慢一些,也就是说扩散系数与链长有关。

劳斯(Rouse)把一条理想高斯链假想成为一条由珠(bead)-簧(spring)交替连接而成的链,暂不考虑链单元之间的体积排斥相互作用,即采用全穿流模式,如图 5-2所示(Rouse PE. A theory of the linear viscoelastic properties of dilute solution of coiling polymers. J Chem Phys, 1953, 21: 1273-1280)。

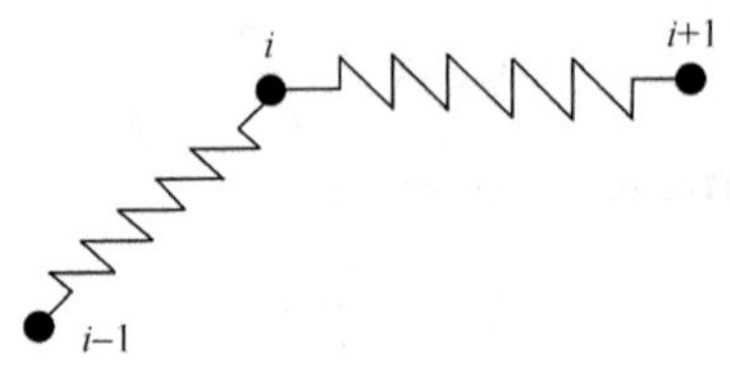

图 5-2 Rouse 链珠-簧模型示意图

由理想链高斯分布特点出发，Rouse 链总的熵弹性能可表示为

$$E_{el} = \sum E_{i,i+1} \sim \frac{\sum (r_{i+1} - r_i)^2}{\langle (r_{i+1} - r_i)^2 \rangle} \tag{5-19}$$

对链中间的每个珠子来说，均有来自其两侧的熵弹性力

$$f_i = -\frac{\partial E_{el}}{\partial r_i} \sim (r_{i+1} - r_i) - (r_i - r_{i-1}) = \frac{\partial^2 r_i}{\partial i^2} \tag{5-20}$$

假设该力使链单元在流体中产生恒定的运动速率

$$f_i = \zeta \frac{\partial r_i}{\partial t} \tag{5-21}$$

则

$$\frac{\partial r_i}{\partial t} \sim \frac{\partial^2 r_i}{\partial i^2} \tag{5-22}$$

此方程被称为 Rouse 方程。在边界条件 $\frac{\partial r_i}{\partial i}|_0 = \frac{\partial r_i}{\partial i}|_n = 0$ 下，我们可以得到其本征的模分析解：

$$r_{ip}(t) = \alpha_p \cos\left(\frac{\pi p i}{n}\right) \exp\left(-\frac{t}{\tau_p}\right) \tag{5-23}$$

模数 $p=1,2,3,\cdots,n$，n 还是为总的链单元数，这样的解实际上是将无规的分子链构象想像成为一条发生随机振动的波，可被分解成 p 个均分的亚分子单元的特征波的叠加，类似于一个复杂函数的傅里叶级数展开；α_p 为振幅；τ_p 为每个亚分子单元所包含的 n/p 个链单元运动经过其末端距 R_p 所需要的特征时间，即

$$\tau_p \sim \frac{R_p^2}{D_p} \tag{5-24}$$

而对于理想链，

$$R_p^2 \sim \frac{nb^2}{p} \tag{5-25}$$

我们知道爱因斯坦关系式

$$D_p = \frac{kT}{\zeta_p} \tag{5-26}$$

取全穿流模式，我们有

$$\zeta_p = \frac{\zeta n}{p} \tag{5-27}$$

将以上三式全部代入公式(5-24),于是我们可得到

$$\tau_p \sim \left(\frac{n}{p}\right)^2 \tag{5-28}$$

$p=1$ 时,高分子链自扩散经过整链尺寸的特征时间常常被称为**劳斯松弛时间(Rouse relaxation time)**,即

$$\tau_R \sim n^2 \tag{5-29}$$

于是我们得到整条 Rouse 链的扩散系数与分子链长的关系,

$$D \sim \frac{R_1^2}{\tau_R} \sim n^{-1} \tag{5-30}$$

在 τ_p 时间段,链单元自扩散发生的均方位移与其均方尺寸相一致,由式(5-25)和式(5-28)得

$$\langle [r(\tau_p) - r(0)]^2 \rangle \sim R_p^2 \sim \frac{nb^2}{p} \sim \tau_p^{1/2} \tag{5-31}$$

我们可以认为在链单元特征时间 τ_0 和整链特征时间 τ_R 之间,存在以下标度关系,

$$\langle [r(t) - r(0)]^2 \rangle \sim t^{1/2} \tag{5-32}$$

这是由于每个链单元的运动均受到高分子链对其的约束而变慢,这就好比绑在同一条线上的自由受限制的蚂蚱。在此时间段尺度之下和之上,链单元和链整体都分别表现为简单流体中粒子的布朗运动特点,服从标度律

$$\langle [r(t) - r(0)]^2 \rangle \sim t \tag{5-33}$$

如图 5-3 所示。Rouse 链的时间标度律特征在高分子短链熔体中通过了实验和计算机模拟的双重检验。

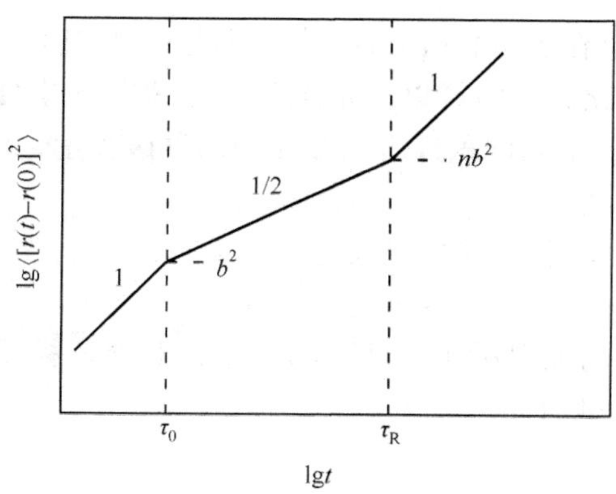

图 5-3 理想 Rouse 链动力学的链单元均方位移-时间标度律示意图

在高分子熔体中,由于高分子链之间发生了高度的相互穿插,链单元之间的体

积排斥相互作用被很好地屏蔽，流体力学相互作用也被很好地屏蔽，于是 Rouse 模型所考虑的全穿流模式可以近似地成立。然而，在高分子稀溶液中，链单元之间的流体力学体积排斥相互作用不再被完全屏蔽。齐姆(Zimm)基于 Rouse 链模型进一步考虑了稀溶液中高分子线团运动的这一流体力学特点(Zimm BH. Dynamics of polymer molecules in dilute solution：viscoelasticity. J Chem Phys，1956，24：269-278)，由特征时间的定义 $\tau=R^2/D$ 出发，代入爱因斯坦关系式 $D=kT/\zeta$，采用非穿流模式，线团的摩擦系数满足斯托克斯定律 $\zeta_Z\sim\eta_s R$，我们可以得到

$$\tau_Z \sim R^3 \tag{5-34}$$

在良溶剂中，高分子链的膨胀线团尺寸 $R=bn^{3/5}$，于是我们得到 **Zimm 特征松弛时间**

$$\tau_Z \sim n^{9/5} \tag{5-35}$$

这一结果小于 Rouse 链的特征松弛时间($\tau_R\sim n^2$)，说明采用非穿流模式的高分子线团运动所受的摩擦阻力较小，相对于全穿流模式的高分子线团运动会快一些。Zimm 链的扩散系数

$$D_Z \sim \frac{R^2}{\tau_Z} \sim n^{-3/5} \tag{5-36}$$

与 Rouse 链动力学标度律推导过程类似，在 p 段亚分子的特征松弛时间 τ_{pZ} 时间段内，

$$\langle[r(\tau_p)-r(0)]^2\rangle_Z \sim R_{pZ}^2 \sim \tau_{pZ}^{2/3} \tag{5-37}$$

于是我们可以得到，当 $\tau_0<t<\tau_Z$ 时，相当于不超过单链线团的空间尺度 $n^{6/5}b^2$，

$$\langle[r(t)-r(0)]^2\rangle_Z \sim t^{2/3} \tag{5-38}$$

比 Rouse 链的 1/2 指数略大。此时间标度律很好地适用于高分子在稀溶液中的自扩散运动。

在亚浓溶液中，随着浓度的增大，高分子链之间的穿插所导致的体积排斥作用的屏蔽效应也发生变化。我们可以假定**流体力学屏蔽长度(hydrodynamic screening length)**ξ_h 相当于链单元体积排斥相互作用的屏蔽长度 ξ，

$$\xi_h \approx \xi \tag{5-39}$$

运用亚浓溶液的串滴模型，定义串滴尺寸

$$\xi \sim g^{3/5} \sim C^{-3/4} \tag{5-40}$$

每个串滴内链单元运动范围小于 ξ_h 尺度时，存在非穿流模式运动，适用 Zimm 链模型，Zimm 链特征松弛时间

$$\tau_\xi \sim \xi^3 \sim C^{-9/4} \tag{5-41}$$

链单元运动范围大于 ξ_h 尺度时，由于高分子链之间的穿插，存在全穿流模式运动，适用 Rouse 链模型，整链 Rouse 链特征松弛时间

$$\tau_R \sim \tau_\xi\left(\frac{n}{g}\right)^2 \sim n^2 C^{1/4} \tag{5-42}$$

串滴尺寸介于链单元和整链尺寸之间，于是短链亚浓溶液的链动力学标度规律就是将 τ_ξ 插入到 τ_0 和 τ_R 之间，1/2 标度段之前会出现一个 2/3 标度段，如图 5-4 所示。

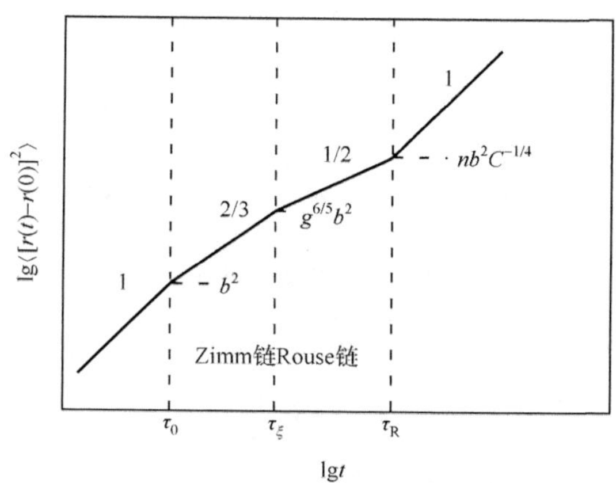

图 5-4 短链亚浓溶液链动力学的链单元均方位移-时间标度律示意图

5.3 长链体系

当长链在熔体中运动时，由于局部体积排斥相互作用的存在，互相穿插的高分子线团缠绕在一起，将阻碍链的横向运动，线团彼此分开需要格外长的时间，这种拓扑学意义上的阻挡作用，就是所谓的**链缠结(chain entanglement)**效应。许许多多高分子长链缠绕在某一条长链周围，迫使该高分子链更多地像一条蛇那样沿着自身的初始形状向前蠕动，如图 5-5 所示。爱德华兹最早提出管道模型(tube model)，他假设围绕长链的原始轨迹(primitive path)周围有许许多多链缠结，从效果看构成一个弹性网络，将长链自身陷于所处的管道之中，如图 5-5 所示。(Edwards SF. The statistical mechanics of polymerized material, Proc Phys Soc, 1967, 92: 9-13)德热纳随后提出了**蛇行链模型(reptation model)**(De Gennes PG. Reptation of a polymer chain in a presence of fixed obstacles. J Chem Phys, 1971, 55: 572-579)。他假定管道的直径为 a(大约 10nm)，管道由尺寸为 a 的 n/n_e 个串滴(blob)构成，长度为 $Z\sim an/n_e$，n_e 为发生缠结作用的临界分子链长，

$$a^2 \sim n_e b^2 \tag{5-43}$$

高分子链跑出管道所需要的特征松弛时间

$$\tau_t = \frac{Z^2}{D_t} \tag{5-44}$$

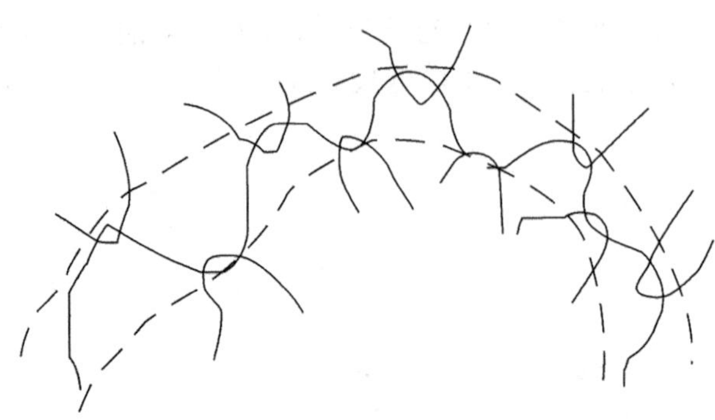

图 5-5 长链高分子运动的管道模型示意图

想像每个串滴受到的摩擦阻力将累积起来贡献于整条链的运动，

$$\zeta_t = \zeta \frac{n}{n_e} \tag{5-45}$$

由爱因斯坦关系 $D = kT/\zeta$，我们得到

$$D_t = \frac{kT}{\zeta_t} = \frac{kTn_e}{\zeta n} = \frac{Dn_e}{n} \tag{5-46}$$

于是蛇行链的特征运动时间

$$\tau_t \sim \frac{n^2}{D_t} \sim n^3 \tag{5-47}$$

大于 Rouse 链特征时间（$\tau_R \sim n^2$）。扩散系数

$$D_{rep} = \frac{R^2}{\tau_t} = \frac{nb^2}{\tau_t} \sim n^{-2} \tag{5-48}$$

比 Rouse 链（$D_R \sim n^{-1}$）小，反映了管道对高分子链的自扩散有约束作用，使得自扩散变慢，扩散速度对高分子的链长变得更敏感。

在蛇行链模型中，链的初始轨迹保持理想链构象的特点，由于 $\tau_R < \tau_t$，高分子链在跑出管道之前应当是以 Rouse 链的运动模式沿着管道发生滑移。于是，在缠结链长松弛时间 τ_e 和管道运动特征松弛时间 τ_t 之间的时间段，链单元通过 Rouse 链运动滑移经过一定的管道长度。同时，该管道长度又可看作是一段理想链的链长，管道长度应正比于该理想链的均方末端距，后者相当于链单元总的均方位移，而管道长度又是 Rouse 链的滑行距离，于是

$$\langle [r(t) - r(0)]^2 \rangle_{rep} \sim \text{管道长度} = \langle r(t) - r(0) \rangle_R \sim \langle [r(t) - r(0)]^2 \rangle_R^{1/2} \tag{5-49}$$

也就是说，在时间段 τ_e 到 τ_t 之间，高分子链以 Rouse 链模式沿着管道运动，原先 Rouse 链动力学的时间标度指数将减半，这是由于管道对 Rouse 链自扩散的约束作用，使得高分子链运动变得比 Rouse 链更慢一些。蛇行链模型的链动力学标度律如图 5-6 所示，可以总结如下：

$\langle [r(t)-r(0)]^2 \rangle_{rep} \sim t$,　if　$t < \tau_0$（在链单元 b^2 尺度内）

$\langle [r(t)-r(0)]^2 \rangle_{rep} \sim t^{1/2}$,　if　$\tau_0 < t < \tau_e$（在缠结长度 a^2 以内）

$\langle [r(t)-r(0)]^2 \rangle_{rep} \sim t^{1/4}$,　if　$\tau_e < t < \tau_R$（在 Rouse 链运动范围 $n^{1/2}ab$ 以内）

$\langle [r(t)-r(0)]^2 \rangle_{rep} \sim t^{1/2}$,　if　$\tau_R < t < \tau_t$（在蛇行链运动范围 nb^2 以内）

$\langle [r(t)-r(0)]^2 \rangle_{rep} \sim t$,　if　$\tau_t < t$

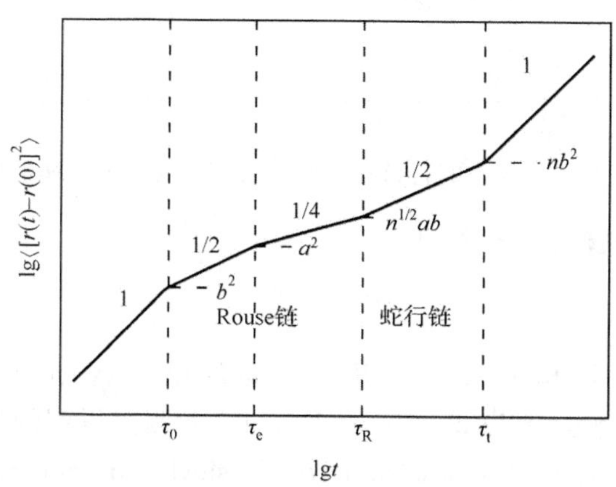

图 5-6　长链蛇行链模型链动力学的链单元均方位移-时间标度律示意图

在长链的亚浓溶液中，与短链体系相类似，假定流体力学屏蔽长度相当于链单元体积排斥相互作用的屏蔽长度，

$$\xi_h \approx \xi \tag{5-50}$$

运用串滴模型

$$\xi \sim g^{3/5} \sim C^{-3/4} \tag{5-51}$$

当长链运动范围小于 ξ_h 尺度时，适用 Zimm 链模型；当长链运动范围大于 ξ_h 尺度时，如果小于缠结长度 n_e 范围，适用 Rouse 链模型，而如果大于缠结长度 n_e 范围，则适用蛇行链模型。结果同短链亚浓溶液体系一样，还是在蛇行链模型链动力学的时间标度律中，将 τ_ξ 插入到 τ_0 和 τ_e 之间，在第一个 1/2 标度段前部插入一个 2/3 标度段。

接下来我们举两个例子来说明标度分析的结果如何有利于我们理解高分子链的变形和流动行为。

很小的应力 σ 作用在黏滞的高分子熔体上，高分子熔体将发生变形，其应变

$$\varepsilon(t) = \sigma \cdot J(t) \tag{5-52}$$

这里 $J(t)$ 称为**蠕变柔量(creep compliance)**。当 $t < \tau_t$ 时，高分子链运动束缚在弹性缠结网中，应变会出现一个高弹态平台，这是长链高分子熔体所特有的现象，

$$J(t) \to J_0 \tag{5-53}$$

称为稳态柔量，如图 5-7 所示，对应的**平台模量(plateau modulus)**

$$E_0 = \frac{1}{J_0} \tag{5-54}$$

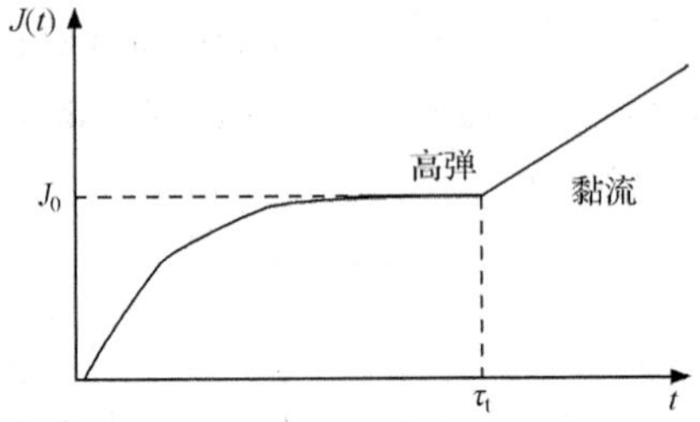

图 5-7　高分子熔体在蛇行链松弛时间之下出现一个高弹平台示意图

此时，高弹态对应的橡胶状态方程

$$E_0 = \frac{ckT}{N_e} \tag{5-55}$$

其中 $c = 1/a^3$，a 为链单元尺寸。聚苯乙烯的临界缠结分子质量为 1.13×10^4 g/mol，对应平台模量值为 2.24×10^5 Pa，与实验测量得到的平台模量 2×10^5 Pa 相当一致（Sperling LH. Introduction to Physical Polymer Science. 4th edition. Hoboken：John Wiley & Sons，2006，526）。

当 $t>\tau_t$ 时，高分子链已经跑出管道，高分子熔体可以在应力作用下发生稳态流动，产生持续的永久形变，

$$J(t) = J_0\frac{t}{\tau_t} \tag{5-56}$$

由牛顿流体定律[详见式(7-3)]

$$\sigma = \eta\frac{\mathrm{d}\varepsilon(t)}{\mathrm{d}t} \tag{5-57}$$

可以得到熔体的黏度

$$\eta = \frac{\mathrm{d}t}{\mathrm{d}J(t)} = \frac{\tau_t}{J_0} = E_0\tau_t \tag{5-58}$$

对于 Rouse 链模型，在 Rouse 特征松弛时间尺度内由于整个链长来不及松弛，构成一个动态网络对外来应力产生弹性响应，于是由式(5-55)知

$$E_0 = \frac{ckT}{n} \tag{5-59}$$

则

$$\eta_R \sim E_0\tau_R \sim \frac{1}{n}\cdot n^2 = n \tag{5-60}$$

对于蛇行链模型，

$$E_0 = \frac{ckT}{n_e} \tag{5-61}$$

则

$$\eta_{rep} \sim E_0 \tau_t \sim n^3 \tag{5-62}$$

实验观测到熔体的零剪切黏度在大约 $2n_e$ 以下满足短链的 Rouse 链模型所预测的分子质量标度关系，而在 $2n_e$ 以上则表现出 3.4 次方的分子质量标度关系，接近长链的蛇行链模型预测结果 3.0，如图 5-8 所示。多伊提出进一步考虑**管道长度的热涨落(contour length fluctuations, CLF)**，理论上可将长链指数修正到 3.5(Doi M. Explanation for the 3.4 power-law for viscosity of polymeric liquids on the basis of the tube model. J Polym Sci, Polym Phys, 1983, 21: 667-684)。自扩散系数的分子质量标度指数也可以进一步修正到 −2.25，接近实验观测到的 −2.3 (Frischknecht AL, Milner ST. Diffusion with contour length fluctuations in linear polymer melts. Macromolecules, 2000, 33: 5273-5277)。对柔顺链而言，实验发现当分子质量足够高(高于某个临界分子质量)时，管道足够长，其长度涨落将变得不再重要，这时标度指数能够回归到 3.0 (Colby R, Fetters LJ, Graessley WW. Melt viscosity-molecular weight relationship for linear polymers. Macromolecules, 1987, 20: 2226-2237)。最近刘琛阳等的实验研究表明，高出 3.0 部分的标度指数可能来自于多链的协同运动(Liu CY, Keunings R, Bailly C. Do deviations from reptation scaling of entangled polymer melts result from single or many chain effects? Phys Rev Lett, 2006, 97: 246001)。

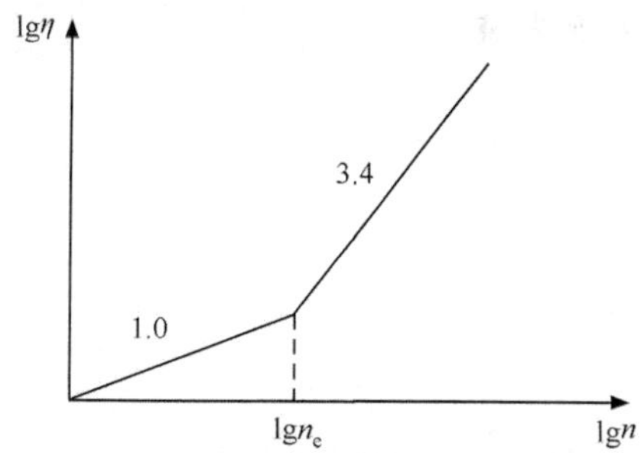

图 5-8　高分子熔体零剪切黏度与分子质量的标度关系示意图。这里的 n_e 值更确切地应当为 $2n_e$

当前已经能够通过理论修正，来描述含有分子质量多分散性和分子链支化的高分子体系的链动力学。长链聚合物在短链中的蛇行会因为短链在局部热涨落中运动较快而加速解缠解，由此释放对长链管道形状的限制，称为**约束热致释放(thermal constraint release, TCR)**，这使得多分散体系中长链的扩散系数依赖于短链链长，于是多分散性影响高分子的链运动(Graessley WW. Entangled linear, branched and network polymer systems—molecular theories. Adv Polym Sci, 1982, 47: 67-117)。发生热解缠结后相邻的两个缠结点之间距离变大，对应的局部管道半径也变大，这被称为**动态管道胀大(dynamic tube dilation，DTD)**（Milner ST，McLeish TCB. Parameter-free theory for stress relaxation in star polymer melts. Macromolecules，1997，30：2159-2166）。DTD模型可应用于长支化聚合物包括星形聚合物的链动力学，可以基于Rouse链模型加上考虑**支化臂回缩(arm retraction，AR**，这是支化点相对运动较慢所致)来进行理论处理。支化链的特征松弛时间将变得很长，黏度与支化的臂数无关，而依赖于臂长，整链一旦伸展开来就特别不容易回复，这一现象被称为**伸展硬化(extensional hardening)**(McLeish TCB. Tube theory of entangled polymer dynamics. Adv Phys，2002，51：1379-1527)。详细的描述可进一步参阅相关的参考文献。更多的理论挑战还存在于链的非柔顺性对分子运动的影响，以及电荷相互作用对聚电解质分子运动的影响。这些问题与生物大分子体系密切相关，并在各种生命过程中发挥着重要的作用。

思　考　题

1. 为什么说Rouse链基于理想链模型？
2. 为什么Zimm链比Rouse链跑得快？
3. 为什么蛇行链模型能够描述高分子链的布朗运动？
4. 为什么高分子在玻璃态和简单液体之间会出现一个高弹平台？
5. 支化高分子运动有何特点？

第6章 高分子的变形

6.1 高分子的变形特点

在上一章我们已经介绍过，与小分子以分子整体发生运动不同，高分子链的自扩散布朗运动是由链单元的运动逐步叠加而实现的。因此，在外力作用下，无规线团的高分子链构象会发生一定程度的变化，通过分子线团的变形产生熵弹性回复力，来抵御驱动其发生变形和流动的应力，表现出**高弹态**的特点。

在不同的温度区间，非晶态的线形高分子本体在一个较小的外来应力作用下会表现出不同的变形特点。如图6-1所示，在同样强度的外力下，玻璃态的固体在玻璃化转变温度 T_g 以下，能够抵御外力而不发生显著变形；而在该温度之上，高分子线团会发生大尺度的变形，并能维持该形变相当长一段时间，表现出橡胶高弹性的特点；在更高的温度区间，会在 T_f 出现高弹-黏流转变，高分子本体随即成为黏滞的流体，发生显著的永久形变。大多数高分子合成塑料和合成纤维的加工成型都在黏流态中进行，以保证易于加工并得到足够的永久形变。一般实现高分子黏流态的温度如高弹-黏流转变或晶体熔化温度不像常用金属的上千度加工温度那么高，只要上百度即可，比较容易在生产中实现，这也是“塑料(plastic)”这一名称的由来。

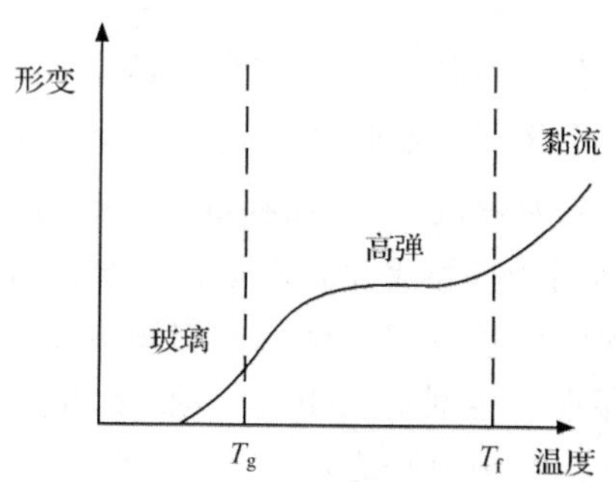

图6-1 非晶态线形高分子在恒定外力下的形变随温度升高而发生变化，经过玻璃-高弹转变和高弹-黏流转变，依次出现玻璃态(glassy state)、高弹态(elastic state)和黏流态(viscous state)

小分子通常直接在玻璃态和流动态之间转变，不会出现高弹态。高弹态是非晶高分子所特有的中间温度状态，反映了链构象在分子线团尺度以下可发生大尺度弹性形变的结构特点。从黏流态开始，随着温度的下降，对应不同尺度的高分子运动模式(**动态结构**)将逐步被冻结：首先发生的黏流-高弹转变使熔体高分子进入高弹态，整链的运动被冻结下来，永久形变能力大幅度减少，高弹形变开始发挥主导作用；接着发生的高弹-玻璃转变使高分子进入玻璃态，链段运动被冻结，链构象不再能发生大尺度弹性形变；进一步降温还会出现链节和侧基运动被冻结的**次级转变**。

高分子变形所表现出来的不同尺度上的分子运动依次被冻结或解冻的动态结构与其分子质量、结晶度和交联度都有关系。分子质量是高弹态出现的必要条件，而结晶度和交联度将抑制高弹态的出现。如图 6-2 所示，只有分子质量达到足够高的非晶或半晶高分子才会有明显的高弹态出现。半结晶高分子在熔点以上转变为黏流态。低密度交联的非晶高分子则不会进入黏流态。高密度交联和高结晶度的效果一样，高弹态不会被释放出来。高结晶度的高分子在熔点附近直接由晶态固体进入到黏流态熔体。

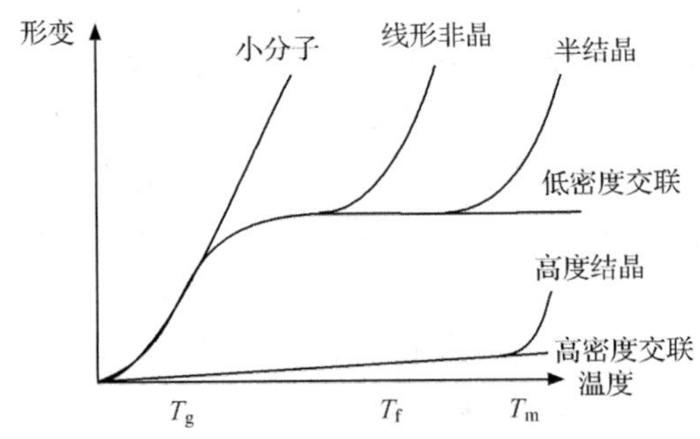

图 6-2 高分子的变形特点与分子质量、结晶度和交联度的依赖关系

由于高弹态是非晶高分子所特有的动态力学响应性质，高弹态的是否出现可作为表征高分子存在的一个手段。我们可以定义一个临界缠结分子质量 M_e，对应于缠结链长 n_e。在 M_e 之下为短链分子，而在 M_e 之上则为长链分子。如图 6-3 所示，这样在较低的分子质量范围，黏流化转变温度与玻璃化转变温度就会合并到一起。这种分子质量范围的区分意味着高弹态的出现需要高分子链之间有类似橡胶交联点的相互作用机制存在。这种作用机制一般被阐释为**高分子链缠结(entanglement of polymer chains)**，其构成动态的三维“瞬变网络”。缠结的微观机制主要是几何拓扑缠结的贡献，如图 6-4 所示，分子间相互吸引作用的物理缠结贡献并不显著(对于半晶高分子来说则不同，并且高度的拉伸取向会诱发可结晶高分子之间发生结晶，从而影响整体的弹性响应)。费特斯(Fetters)等对一系列非晶高分子的临界分子质量 M_e 进行总结时发现，

$$M_e = \frac{\rho RT}{E_0} = n_t^2 N_a \rho p^3 \tag{6-1}$$

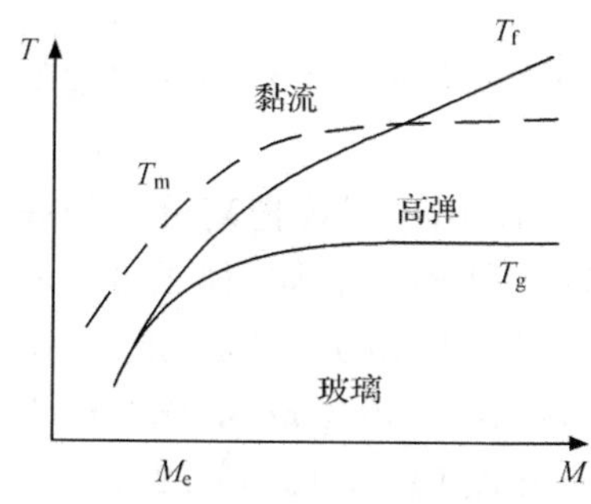

图 6-3　高分子转变温度 T 随分子质量 M 变化示意图

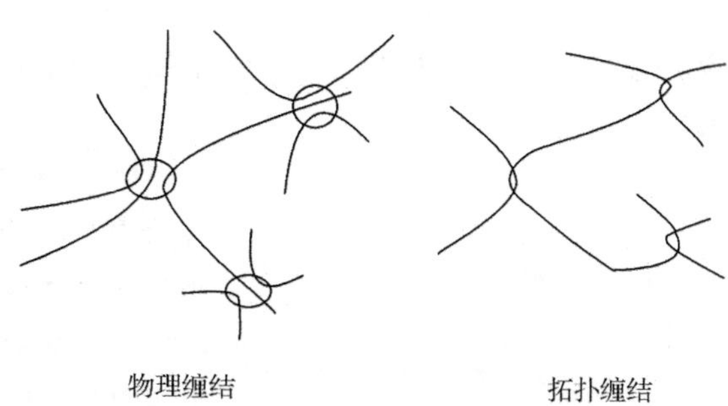

图 6-4　高分子链之间的物理缠结和拓扑缠结示意图

这里 ρ 是密度，n_t 是经验常数，反映平均需要有多少条链与 M_e 穿插才能发生缠结作用，$n_t=21.3\pm7.5\%$，N_a 是阿伏伽德罗（Avogadro）常量，p 被称为**堆砌长度（packing length）**，其定义为

$$p \equiv \frac{V(n)}{R_g^2(n)} \tag{6-2}$$

即每条高分子链所占的熔体体积与其均方回转半径之比，这里 n 为每条链所包含的链单元数。采用简单的自由连接理想链单元模型，其长为 l，宽为 w，则

$$V(n) \sim nlw^2 \tag{6-3}$$

$$R_g^2(n) \sim nl^2 \tag{6-4}$$

于是

$$p \sim \frac{w^2}{l} \tag{6-5}$$

即分子链单元的截面面积与长度之比。这里的 l 作为库恩链段的长度，反映了高分子链的半柔顺性；w^2 作为截面积，其倒数反映了分子链的堆砌密度，与高分子链间有效的相互作用强度有关，可见 p 值是两个基本的高分子链化学结构内在特征的综合结果（Fetters LJ，Lohse DJ，Graessley WW. Chain dimension and entanglement spacings in dense macromolecular systems. J Polym Sci，Polym Phys Ed，1999，37：1023-1033）。在链长达到缠结长度 n_e 之前，短链的库恩链段长度和堆砌密度都会随着链长增加而增加，但是 p 值将逐步减小到某个极值。链长达到 n_e 之后，p 的极值在 2～10Å。缠结长度 $M_e \sim p^3$ 反映出在 M_e 尺度的熔体体积内需要有固定数目 n_t（大约 21 条）的其他链穿插而过以产生缠结效应，反映出链缠结的拓扑学本质（Lin T. Number of entanglement strands per cubed tube diameter，a fundamental aspect of topological universality in polymer viscoelasticity. Macromolecules,1987,20:3080-3083)。所以,浓溶液浓度越低,单位体积内互穿的链数越少,M_e 值也越大。由于高分子熔体的平台模量

$$E_0 \sim M_e^{-1} \sim p^{-3} \sim (lw^{-2})^3 \tag{6-6}$$

这意味着高分子链越刚性,或分子间相互吸引作用越强,其本体的平台弹性模量就越大。

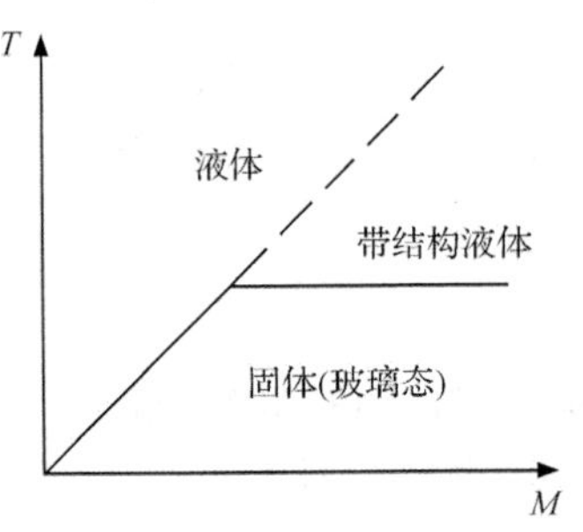

图 6-5 尤伯莱特提出的带结构液体示意图,反映分别来源于分子间相互作用和分子内相互作用的玻璃化转变

尤伯莱特(Ueberreiter)提议把高分子的高弹态看作是含有固定结构的液体,如图 6-5 所示(Ueberreiter K. The thermal behavior of micro-and macromolecular substances and their modification. Kolloid Z,1943,102:272-291)。这说明高分子的黏流化转变可能是小分子的玻璃化转变向高分子质量的外延,反映的是分子间相互作用的结果,即分子链之间的缠结作用;而高分子的高弹-玻璃化转变则对分子质量不那么敏感,反映的是分子内相互作用的结果。这一判断为我们进一步理解玻璃化转变的分子本质指明了方向。高分子的玻璃化转变包括了分子链内的半柔顺性和链间相互作用对链单元活动能力所带来的限制,比分子间缠结相互作用的尺度范围要小得多,所以发生在黏流-高弹转变温度之下。

6.2 高分子形变的松弛特点

6.2.1 伴随分子运动的松弛过程

所有材料的形变均包含有或多或少的黏性和弹性贡献。外力驱动分子运动产生形变,外力消失后,一部分形变得到弹性回复,另一部分则永久保留下来。但是,形变的产生和回复均需要一段时间才能达到饱和,分子运动能力的大小决定了这一时间的长短。

材料在不太大的恒定外力作用下产生形变 Δx_0,当外力消失后,形变自发回复的过程就被称为**松弛过程(relaxation process)**。如图 6-6 所示,最普通的松弛过程是所谓的**德拜松弛(Debye relaxation)**,形变呈指数形式随时间衰减,

$$\Delta x = \Delta x_0 \exp\left(-\frac{t}{\tau}\right) \tag{6-7}$$

这里,τ 被称为**特征松弛时间(relaxation time)**,同上一章的定义相似,反映了分子的运动能力。

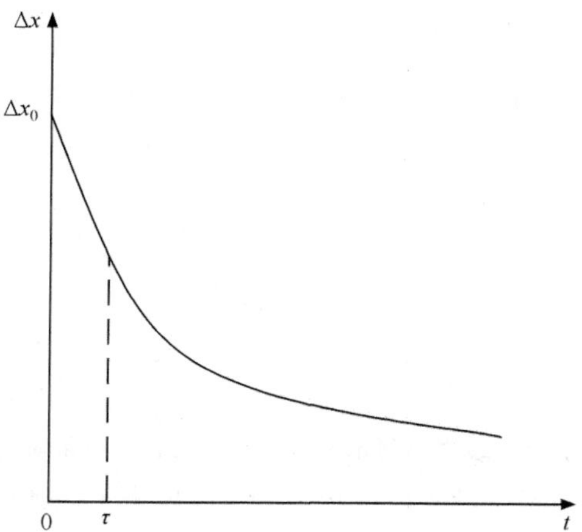

图 6-6　德拜松弛随时间指数衰减示意图

现实世界中存在许多非德拜松弛现象，可用 KWW（Kohlrausch-Williams-Watts）方程来描述：（Kohlrausch R. Theorie des elektrischen Rückstandes in der Leidner Flasche. Poggendorff，1854，91：56-82；179-213. Williams G，Watts DC. Non-symmetrical dielectric relaxation behavior arising from a simple empirical decay function. Trans Faraday Soc，1970，66：80 － 85）

$$\Delta x = \Delta x_0 \exp\left(-\frac{t}{\tau}\right)^{\beta} \tag{6-8}$$

这里，β 为常数，这种比较普遍的非德拜松弛也常常被称为 **KWW 松弛**。高分子材料在玻璃化转变温度附近时，$\beta \approx 0.5$。

在液体中表征分子运动状态常用剪切黏度 η 来描述，其正比于松弛时间 τ。剪切黏度随温度的变化反映了液体的流动特点，最普通的是**阿伦尼乌斯型（Arrhenius type）**：

$$\eta \propto \exp\left(\frac{\Delta E}{kT}\right) \tag{6-9}$$

这里的 ΔE 被称为松弛活化能。

现实世界也广泛存在着非阿伦尼乌斯型液体，典型的有 VFT（Vogel-Fulcher-Tamman）型，

$$\eta \propto \exp\left(\frac{T_a}{T - T_V}\right) \tag{6-10}$$

其中 T_a 被称为活化温度，T_V 被称为福格尔（Vogel）温度；也有 MMC（mode-mode coupling）型，

$$\eta \propto (T - T_c)^{-\gamma} \tag{6-11}$$

其中 γ 是常数，T_c 是临界温度。非阿伦尼乌斯型曲线 2，如图 6-7 所示。

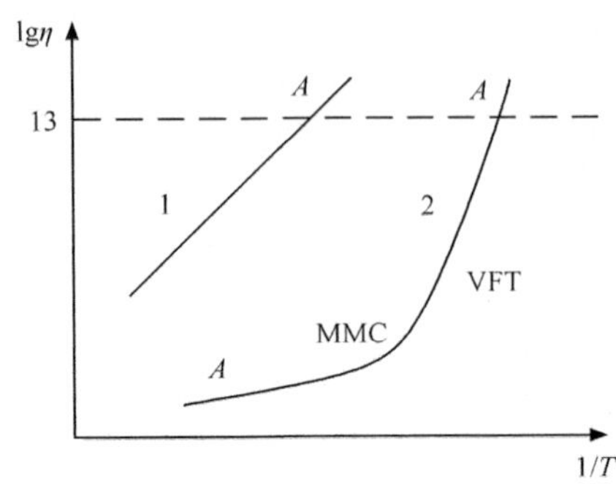

图 6-7 黏度随温度变化表现出阿伦尼乌斯型(曲线 1)和非阿伦尼乌斯型(曲线 2,包括 VFT 和 MMC 型)。黏度高达 10^{13} Pa · s 时从经验上表明玻璃化转变的发生

安格尔(Angell)等提出了关于液体脆弱性的划分(Angell CA, Dworkin A, Figuiere P, Fuchs A, Szwarc H. Strong and fragile plastic crystals. J de Chimie Physique, Phys-Chim Biol, 1985, 82: 773-779; Angell CA. Spectroscopy, simulation, and the medium range order problem in glass. J Non-Cryst Solids, 1985, 73: 1-17)。他认为图 6-7 中曲线 1 代表**刚性液体(strong liquid)**,$\beta \sim 1.0$,例如二氧化硅(SiO_2)和二氧化锗(GeO_2)等有较强分子间相互作用(即化学键)的网状玻璃体,刚性液体表现为近 Debye 松弛,以及阿伦尼乌斯型温度依赖性。曲线 2 则代表**脆性液体(fragile liquid)**,$\beta = 0.3 \sim 0.5$,例如邻三联苯 *o*-terphenyl 等较弱范德瓦耳斯作用的玻璃体。高分子流体处于这两种极端类型中间偏脆性,在中等黏度区可用经验的 VFT 型方程进行较好的描述,可以根据 T_V/T_g 的值大致定义**液体的脆性(fragility)**。广泛被采用的脆性系数,被定义为对数黏度(正比于松弛时间)在玻璃化转变温度处偏离线性温度依赖关系(阿伦尼乌斯型)的程度,

$$m \equiv \left.\frac{\mathrm{d}\lg\tau}{\mathrm{d}(T_g/T)}\right|_{T=T_g} \tag{6-12}$$

接近阿伦尼乌斯型液体的脆性系数一般较小,而甘油的脆性系数可高达 200(Boehmer R, Ngai KL, Angell CA, Plazek DJ. Non-exponential relaxations in strong and fragile glass formers. J Chem Phys, 1993, 99: 4201-4209. Richert R, Angell CA. Dynamics of glass-forming liquids. IV: On the link between molecular dynamics and configurational entropy. J Chem Phys, 1998, 108:9016-9026)。

6.2.2 玻尔兹曼叠加原理

如果我们恒定温度 T,对某个固体样品施加较小的应力 σ_0 至 t_0 时刻,看应变 ε 随时间 t 变化的松弛曲线,这种实验被称为**蠕变(creep)**实验。有四种典型的情形分别对应黏流性(viscous)、弹性(elastic)、**滞弹性(anelastic)**和**黏弹性(viscoelastic)**,

如图 6-8 所示。高分子黏弹性的蠕变曲线在施加和消除应力时均有即时的弹性响应和滞后的弹性响应,并最终留下永久形变,是弹性和黏性相结合的产物。

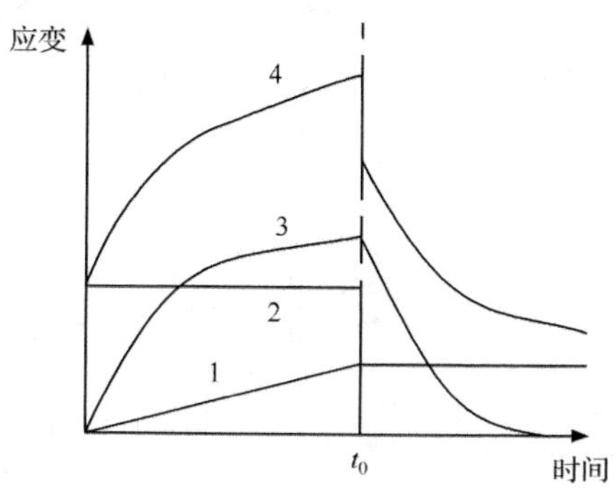

图 6-8　施加应力至 t_0 时刻应变响应所表现出来的四种典型蠕变行为示意图。1 代表黏流性,2 代表弹性,3 代表滞弹性,4 代表黏弹性

我们定义**蠕变柔量(creep compliance)**

$$J(t) \equiv \frac{\varepsilon(t)}{\sigma_0} \tag{6-13}$$

如果依次增加应力,如图 6-9 所示,应变响应也能线性叠加起来,

$$\varepsilon(t) = \sigma_1 J(t-t_0) + \sigma_2 J(t-t_1) + \sigma_3 J(t-t_2) + \cdots \tag{6-14}$$

这就是**玻尔兹曼叠加原理(Boltzmann superposition principle)**。

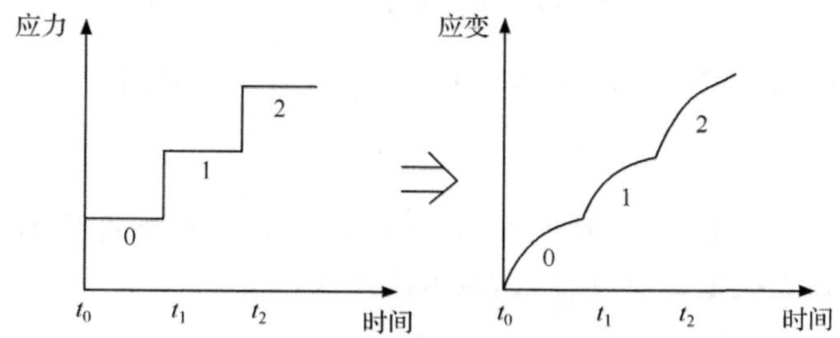

图 6-9　依次增加应力使得应变响应也能线性叠加的玻尔兹曼叠加原理示意图

理想弹性体模型可用一个胡克弹簧来表示(如图 6-10 所示),

$$\sigma = E\varepsilon \tag{6-15}$$

理想黏流体模型可用一个牛顿黏壶来表示(如图 6-10 所示),

$$\sigma = \eta \frac{\mathrm{d}\varepsilon}{\mathrm{d}t} \tag{6-16}$$

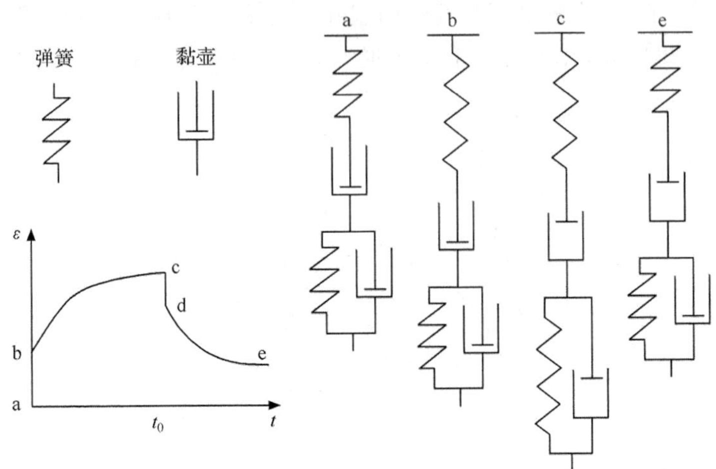

图 6-10　将麦克斯韦二元件串联模型与开尔文二元件并联模型再串联起来的四元件模型可以描述高分子的黏弹性蠕变行为

麦克斯韦(Maxwell)模型是以上二者的串联，表示线性黏弹性，

$$\frac{\mathrm{d}\varepsilon}{\mathrm{d}t}=\frac{1}{E}\frac{\mathrm{d}\sigma}{\mathrm{d}t}+\frac{\sigma}{\eta} \tag{6-17}$$

在恒定应变条件($\mathrm{d}\varepsilon/\mathrm{d}t=0$)下应力将随时间演化而逐渐松弛下来，这种实验常被称为**应力松弛(stress relaxation)**实验。假定应力以指数形式松弛，

$$\sigma(t)=\sigma_0\exp\left(-\frac{t}{\tau}\right) \tag{6-18}$$

代入麦克斯韦模型，由条件 $\mathrm{d}\varepsilon/\mathrm{d}t=0$ 可以解得特征松弛时间

$$\tau=\frac{\eta}{E} \tag{6-19}$$

开尔文(Kelvin)模型[有时也称为沃伊特(Voigt)模型或 Kelvin-Voigt 模型]是以上弹簧和黏壶模型二者的并联，表示滞弹性，

$$\sigma=\eta\frac{\mathrm{d}\varepsilon}{\mathrm{d}t}+E\varepsilon \tag{6-20}$$

在恒定应力条件下，形变的发生以指数形式滞后，

$$\varepsilon=\frac{\sigma}{E}\left[1-\exp\left(-\frac{t}{\tau}\right)\right] \tag{6-21}$$

这里 $\tau=\eta/E$ 是特征滞后时间(retardation time)。

两种二元件模型再串联成四元件模型，根据玻尔兹曼叠加原理，即可模拟高分子的黏弹性蠕变行为，

$$\varepsilon=\frac{\sigma}{E}+\frac{\sigma}{\eta}t+\frac{\sigma}{E}\left[1-\exp\left(-\frac{t}{\tau}\right)\right] \tag{6-22}$$

如图 6-10 所示，a→b 反映即时的弹性形变，b→c 反映黏流体所带来的滞弹性和永久形变，c→d 反映即时的弹性回复，d→e 反映黏流体中的滞弹性形变可以缓慢回复，高度 e 则反映不能回复的黏流体永久形变。这里的两个弹簧不必相同，两个黏壶也不必相同。

6.2.3　时间-温度叠加原理

我们可定义应力松弛实验中的模量

$$E(t) \equiv \frac{\sigma(t)}{\varepsilon_0} \tag{6-23}$$

该模量既与时间有关，也与温度有关。如图 6-11 所示，从叠加的模量变化来看，温度 T 升高，模量将减小，相当于时间 t 延长的效果；反之，时间延长相当于温度升高的效果。例如飞机轮胎着陆的一刹那对应较低的温度，要求轮胎橡胶材料的玻璃化转变温度足够低，以避免轮胎爆裂。用石击水，如果击打速度快，如击打固体，反弹力大；如果击打速度慢，则如慢慢浸入液体，反弹力小。所以在高台跳水时，人体如果姿势不正确就容易被水面击伤。这种关系常常被称为**时间-温度叠加原理**，也常简称为**时温叠加原理（time-temperature superposition principle）**。这样，图 6-11 中就存在所谓的主曲线（master curve），反映高分子基本的变形特点，即随着温度升高或者时间延长依次出现玻璃态、高弹态和黏流态。

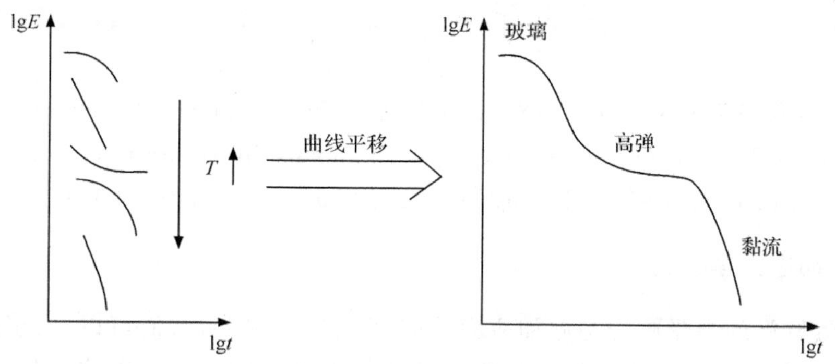

图 6-11　高分子应力松弛的时温叠加原理示意图。右侧图为同一温度下发生平移后可以得到的主曲线，移位因子服从 WLF 方程

由此可见，液体和固体之间实际上并没有明确的边界。当应力作用时间足够短，小于液体的松弛时间，液体将以弹性响应为主，表现出固体的特点；反之，当作用时间足够长，大于固体的松弛时间，固体也将以永久形变的黏性响应为主，表现出液体的特点。在古希腊时期，赫拉克利特（Heraclitus，公元前 540～475 年）就有“万物皆流”的哲学观点。在以固体特点响应为主时，剪切应力 σ 与剪切形变 γ 成正比，比例系数是剪切模量 E；在以液体特点响应为主时，剪切应力 σ 与剪切速率

γ'成正比，比例系数是剪切黏度 η。麦克斯韦的线性黏弹性方程可用来描述固体和液体之间的连续变化关系(Maxwell JC. On the dynamical theory of gases. Philos Trans R Soc London，1867，157：49-88)，

$$\gamma' = \frac{\sigma}{\eta} + \frac{\sigma'}{E} \tag{6-24}$$

当 $\sigma'=0$ 时，此方程描述稳态剪切流动的理想牛顿流体；当 $\eta\to\infty$时，此方程就描述理想弹性固体。从平衡态开始突然施加一个剪切应变时，以固体弹性响应为主，剪切模量 E 对应瞬时响应或无限大频率条件下的模量 E_∞，随后剪切应力将以指数形式松弛到零，将指数形式松弛公式(6-18)代入，由条件 $\gamma'=0$ 也可以解出特征松弛时间

$$\tau = \frac{\eta}{E_\infty} \quad 或 \quad \tau = \eta J_\infty \tag{6-25}$$

E_∞不变时，由

$$\tau \propto \eta \tag{6-26}$$

得到高分子的移位因子

$$\alpha_1 = \frac{t_2}{t_1} = \frac{\eta_2}{\eta_1} \tag{6-27}$$

这里 t_1 和 t_2 分别代表两个不同的时刻，α_1 满足 WLF(Williams-Landel-Ferry)经验方程，

$$\lg\alpha_1 = \frac{-C_1(T-T_s)}{C_2+T-T_s} \tag{6-28}$$

其中 T_s 为参考温度；C_1，C_2 为常数(Williams ML，Landel RR，Ferry JD. The temperature dependence of relaxation mechanisms in amorphous polymers and other glass-forming liquids. J Am Chem Soc，1955，77：3701-3707)。

6.2.4 动态力学分析

既然材料的力学响应与施加应力的时间或频率有关，我们可以在仪器中通过连续地改变施加频率，来检测材料响应的特征松弛时间。研究固体材料通常使用动态力学谱仪或者动态黏弹谱仪，而研究液体材料则通常使用流变仪。当前利用先进的仪器已经可以研究从液体到固体的连续变化。

我们实际上采用的是以正弦函数形式周期性交替变化的应力，应变响应会有一定的相滞后 δ。施加刺激：正弦应力

$$\sigma^* = \sigma\exp(\mathrm{i}\omega t) \tag{6-29}$$

探测响应：正弦应变

$$\varepsilon^* = \varepsilon\exp(\mathrm{i}\omega t - \mathrm{i}\delta) \tag{6-30}$$

换算成模量：

$$E^* = \frac{\sigma^*}{\varepsilon^*} = \frac{\sigma}{\varepsilon}\exp(\mathrm{i}\delta) = E(\cos\delta + \mathrm{i}\sin\delta) = E' + \mathrm{i}E'' \tag{6-31}$$

其中 E' 与刺激同步，被称为**储能模量(storage modulus)**；E'' 与刺激异步，被称为**损耗模量(loss modulus)**；他们的比值被定义为**损耗因子(loss factor)**，是损耗角 δ 的正切。

$$\frac{E''}{E'} = \tan\delta \tag{6-32}$$

材料分子运动单元的特征松弛时间 τ 对应特征频率 $1/\tau$，若外加频率 $\omega \gg 1/\tau$，分子运动来不及同步，无损耗，$E'' \approx 0$；若 $\omega \ll 1/\tau$，完全同步，也无损耗，$E'' \approx 0$；若 $\omega \approx 1/\tau$，运动单元想跟却跟不上(发生共振)，有损耗，E'' 表现出一个最大值，被称为内耗峰，如图 6-12所示。利用时温叠加原理可以测量不同温度下的动态力学谱，得到一系列特征的松弛内耗峰，反映不同时空尺度上的分子运动特征。对于非晶高分子本体来说，α 松弛峰一般对应于玻璃化转变，其他松弛峰对应于化学重复单元和侧基依次被冻结的次级转变。

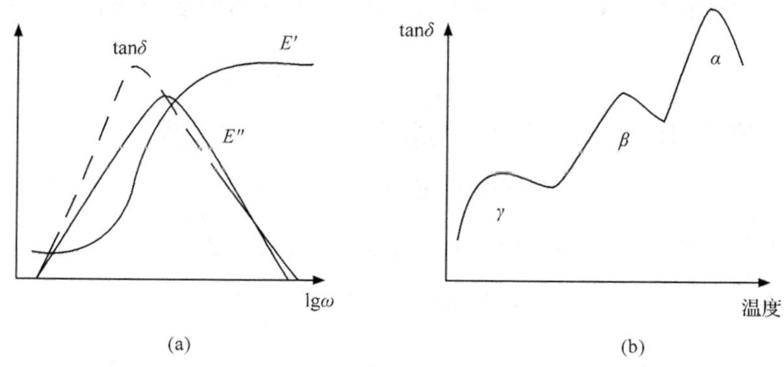

图 6-12　非晶高分子材料常见玻璃化转变区附近的频谱图(a)，根据时温叠加原理可变为温度响应曲线(b)，在玻璃化转变 α 松弛峰之下，还有次级松弛峰

介电松弛谱只对极性高分子有效，与动态力学谱类似，施加刺激：正弦电场

$$E^* = E\exp(\mathrm{i}\omega t) \tag{6-33}$$

探测响应：极化率

$$D^* = D\exp(\mathrm{i}\omega t - \mathrm{i}\delta) \tag{6-34}$$

换算为介电系数：

$$\varepsilon^* = \frac{D^*}{E^*} = \frac{D}{E}\exp(-i\delta) = \varepsilon(\cos\delta - i\sin\delta) = \varepsilon' - i\varepsilon'' \tag{6-35}$$

测得介电损耗

$$\tan\delta = \frac{\varepsilon''}{\varepsilon'} \tag{6-36}$$

同动态力学分析一样，典型运动单元偶极的再取向在外加电场下发生共振，产生内耗峰，有特征的松弛谱频率或松弛转变温度。

典型的非晶线形高分子在整个频率范围内的动态力学松弛谱特征如图 6-13 所示。储能模量在中频或中温区出现一个弹性平台，损耗模量则在玻璃化转变区和黏流化转变区分别出现宽峰。在高频或低温区，非晶高分子是玻璃态，表现为弹性固体，储能模量高于损耗模量；在中间频率和温度区，出现高弹态，仍然是储能模量高于损耗模量；在低频或高温区，进入黏流态，此时损耗模量较高，由于零剪切黏度

$$\eta_0 = \lim_{\varepsilon \to 0} \frac{E''(\omega)}{\omega} \tag{6-37}$$

以及可回复剪切柔量

$$J_0 = \lim_{\varepsilon \to 0} \frac{E'(\omega)}{\omega^2 \eta_0^2} \tag{6-38}$$

二者在此区域表现为常数，所以储能模量 E' 和损耗模量 E'' 均表现出图 6-13 所示的随频率变化的标度依赖关系。施加使液体发生流动的应力所需要的特征松弛时间

$$\tau_0 = \eta_0 J_0 \tag{6-39}$$

对于典型的固体，其表现为线性黏弹性，服从麦克斯韦模型，

$$E(t) = E_\infty \exp\left(-\frac{t}{\tau}\right) \tag{6-40}$$

其中 E_∞ 代表无穷大频率的弹性模量。由傅里叶变换得到

$$E(\omega) = -i\omega \int_0^\infty E(t) \mathrm{e}^{\mathrm{i}\omega t} \mathrm{d}t = -\frac{\mathrm{i}\omega\tau}{1 - \mathrm{i}\omega\tau} E_\infty \tag{6-41}$$

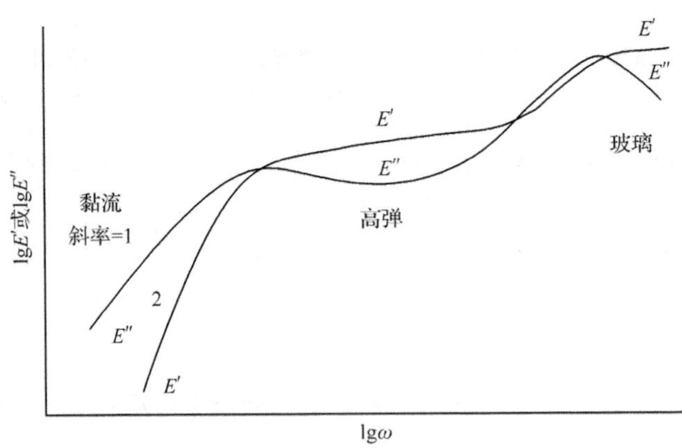

图 6-13 典型的非晶线形高分子动态力学松弛全频谱示意图

或

$$E(\omega) = E'(\omega) - iE''(\omega) \tag{6-42}$$

其中实部和虚部分别为

$$E'(\omega) = \frac{\omega^2\tau^2}{1+\omega^2\tau^2}E_\infty$$

$$E''(\omega) = \frac{\omega\tau}{1+\omega^2\tau^2}E_\infty$$

而对于典型的黏流液体，复数黏度的实部和虚部分别为

$$\eta' = E''(\omega)/\omega \tag{6-43}$$

$$\eta'' = E'(\omega)/\omega \tag{6-44}$$

复数黏度值

$$|\eta^*| = (\eta'^2 + \eta''^2)^{1/2} \tag{6-45}$$

其与高剪切速率下的黏度之间存在经验的**考克斯-梅尔茨(Cox-Merz)**规则，

$$|\eta^*(\omega)| \approx \eta(\gamma') \tag{6-46}$$

这一经验规则非常实用，其允许我们通过实验室中的高频动态黏度性质来研究实际加工过程中高剪切速率下的黏度性质，而后者的条件很难在实验流变仪上直接实现。

6.3　玻璃化转变和黏流化转变

6.3.1　玻璃化转变的现象

玻璃化转变普遍存在于各种凝聚态材料之中，例如二氧化硅 SiO_2 及其与氧化钠一起构成的网状玻璃(SiO_2+Na_2O)、聚苯乙烯等线形或支化聚合物、氯化锌($ZnCl_2$)或硝酸钾和硝酸钙[$KNO_3+Ca(NO_3)_2$]混合物、盐酸电解质水溶液、铝金属、2-甲基戊烷低分子有机物、体积排斥或吸引均可导致玻璃化转变的胶粒聚集体、取向有序玻璃态或各向同性玻璃态的刚棒液晶分子等。只要降温足够快使其来不及结晶，几乎所有物质都有玻璃化转变。

高分子由于以下两方面的原因很容易进入到玻璃态：

(1) 由于不规整的链序列结构含量较高，使其平衡熔点 T_m 可以降到玻璃化转变温度 T_g 以下，如无规聚苯乙烯(aPS)、聚甲基丙烯酸甲酯(aPMMA)等，不管降温速率多快，我们总是能得到其玻璃态，这样的高分子被称为非晶高分子。

(2) 较刚性的高分子结晶非常慢，很容易被冷却成玻璃态，如聚碳酸酯(PC)、聚对苯二甲酸乙二醇酯(PET)等。

在半结晶高分子固体中，由于晶区界面附近的非晶高分子与晶区高分子相互连接在一起而使其运动受到限制，这些受限非晶高分子会比自由非晶高分子在更高的温度区间出现玻璃化转变。旺德利希等将界面附近的非晶高分子称为僵硬无

定形高分子(rigid amorphous polymer)(Wunderlich B. Reversible crystallization and the rigid amorphous phase in semicrystalline macromolecules. Prog Polym Sci，2003，28：383-450)。把半结晶高分子看作是由远离界面柔顺的无定形、界面附近僵硬的无定形以及结晶相三部分所组成有利于理解其力学性能。

玻璃化转变现象有测量方法的依赖性：

(1) 采用膨胀计和热机械分析(TMA)等方法测量高分子固体的体积性质随温度的变化关系，如图 6-14 所示，体积-温度曲线的斜率变化，对应于膨胀系数的变化，来表示玻璃化转变台阶式的突变：

$$\alpha = \frac{1}{V} \cdot \left.\frac{\mathrm{d}V}{\mathrm{d}T}\right|_P \tag{6-47}$$

在玻璃化转变温度以下，分子运动被冻结，体积不再如液体那样随温度迅速下降，对温度变化的响应变得不很敏感。

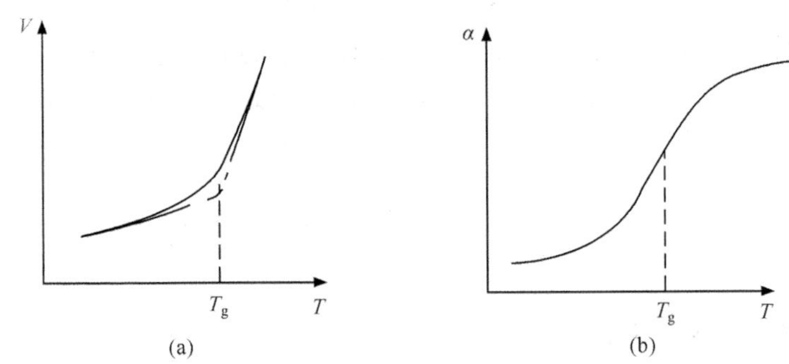

图 6-14　高分子体积(a)和热膨胀系数(b)随温度变化反映玻璃化转变示意图

(2) 采用示差扫描量热仪(DSC)测量高分子固体的热流速率随温度的变化曲线，如图 6-15 所示，也可得到玻璃化转变曲线。恒速升(降)温的速率

$$q = \frac{\mathrm{d}T}{\mathrm{d}t} \tag{6-48}$$

则

$$C_p = \frac{\mathrm{d}H}{\mathrm{d}T} = \frac{\mathrm{d}H}{\mathrm{d}t} \cdot \frac{1}{q} \tag{6-49}$$

热容在玻璃化转变温度处也呈台阶式的突变。在玻璃化转变温度以下，分子运动和重新取向的能力被限制，表现为热容的下降。

升(降)温速度下降，得到的玻璃化转变点 T_g 也会比较低。这反映出玻璃化转变是液体能否得到足够的时间充分松弛的问题。若 $|q_A|>|q_B|$，则降温时，以 q_A 速率降温的液体会比以 q_B 速率降温的液体提前偏离平衡态，得不到足够的松弛；当升温时，原先以 q_A 速率降温得到的玻璃体将提前自发地向平衡态松弛，于是其升降温曲线还会出现**迟滞回线(hysteresis loop)**现象，如图 6-15 所示。这种 T_g

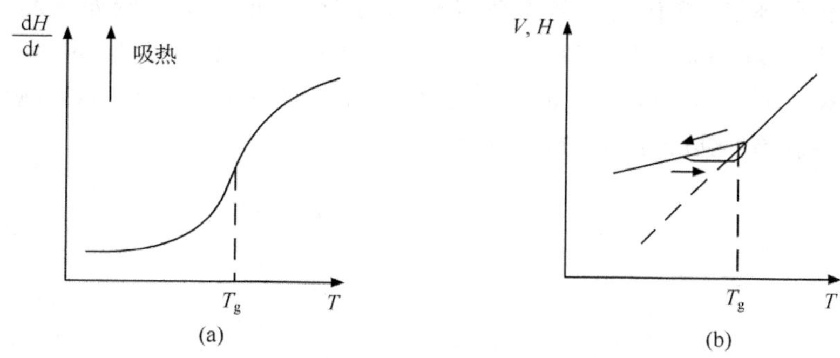

图 6-15　高分子的热流速率随温度的变化反映玻璃化转变(a)及其体积或热焓的迟滞回线(b)示意图

以下的松弛行为就被称为玻璃态高分子固体的**物理老化(physical aging)**。

(3) 非晶高分子动态力学性质和介电松弛谱中的 α 损耗峰也反映了玻璃化转变。

(4) 固体核磁共振(NMR)法,也可以根据固态和液态的信号不同,测量到玻璃化转变。

(5) 玻璃化转变现象具有多维性,除温度 T_g 以外,压力 P_g、频率 ω_g、共聚物组成或混合浓度 C_g 以及分子质量 M_g 等都可以作为自变量反映玻璃化转变的现象。

6.3.2　玻璃化转变的理解

对玻璃化转变目前尚未产生比较成熟的理论描述。历史上,玻璃化转变的理论发展曾经走过一段弯路。人们主观上乐于将玻璃化转变与熟知的相变联系起来考虑。当我们看热容 C_p 随温度 T 变化时,因为在恒压平衡态中,$dH=TdS$,$C_p=dH/dT=TdS/dT$,所以

$$\Delta S=\int\frac{C_p}{T}dT \tag{6-50}$$

如图 6-16(a)所示,在高温区发生熔融转变,在熔点之下过冷液体与晶体的熵差

$$\Delta S=S_l-S_c=\Delta S_m+\int_{T_m}^{T}\frac{C_p(l)-C_p(c)}{T}dT \tag{6-51}$$

我们知道,$\Delta S_m>0$。随着 T 从 T_m 开始下降,式(6-51)右侧的积分值(请注意此值<0)从 0 开始逐步接近$-\Delta S_m$,于是如果线性外推到 $\Delta S=0$,此时温度尚未达到零,定义此温度点为 T_s,如图 6-16(b)所示,在 T_s 之下,$S_l<S_c$。显然液态不可能比晶态更有序,这违反热力学第三定律,这一问题最早于 1931 年由西蒙(Simon)指出(Simon F. Ueber den Zustand der unterkuehlten Fluessigkeiten und Glaeser. Z Anorg Allg Chem, 1931, 203: 219-27)。1948 年考兹曼(Kauzmann)

给出了详细的阐述，并认为在外推到 T_s 之前应存在热力学转变如结晶转变来避免这一结果(Kauzmann W. The nature of the glassy state and the behavior of liquids at low temperatures. Chem Rev，1948，43：219-256）。所以这一现象常常被称为**考兹曼佯谬(Kauzmann paradox)**。

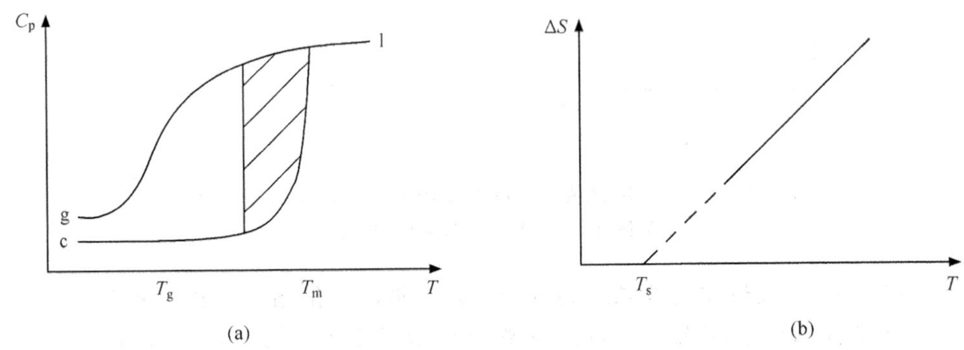

图 6-16 液体(l)、玻璃体(g)与晶体(c)熵差随温度变化示意图

弗洛里于 1956 年把链的非柔顺性能量参数 E_c 引入到格子链模型后，试图解释高分子链自发的结晶转变(Flory PJ. Statistical thermodynamics of semi-flexible chain molecules. Proc R Soc London，1956，A234：60-73)。他由格子链构象统计得到总的摆放数 W，发现在高分子体积分数 ϕ_2 接近于 1 时，随着温度 T 下降，无序度参数 f 不断减小，会出现 $\ln W<0$(即 $W<1$)的结果，这被称为**熵灾难(entropy catastrophe)**。吉布斯(Gibbs)认为此时正好对应于考兹曼佯谬所描述的情形，在 $\ln W=0$ 时，他定义转变点 T_2，在 $T<T_2$ 时，$W=1$，体系以 T_2 时的无序状态冻结下来(Gibbs JH. The nature of the glass transition. J Chem Phys，1956，25：185-186)。吉布斯和迪马奇奥(DiMarzio)进一步采用更精确的哈金斯(Huggins)近似求出 T_2，并证明在 T_2，格子链体系的熵连续而 C_p 不连续，是一个典型的二级热力学转变(Gibbs JH，DiMarzio EA. Nature of the glass transition and the glassy state. J Chem Phys，1958，28：373-383)。实际上，弗洛里的构象统计处理计算的是构象自由能，而 Gibbs-DiMarzio 理论却将其看作是构象熵。其次，$\ln W$ 是以完全有序态作为参考态，$\ln W=0$ 意味着回归完全有序，而不会以某种无序态冻结固定下来。更何况 E_c 反映的是静态柔顺性，而玻璃化冻结转变应当与高分子链的动态柔顺性相关。所以，Gibbs-DiMarzio 热力学理论存在基本假设上的错误。

更合理地解释玻璃化转变的理论应当从分子动力学出发来考虑。福克斯(Fox)和弗洛里假设高分子链的运动是通过链单元进入自由体积空穴而实现的，而自由体积在玻璃化转变温度以上有比较大的热膨胀系数，以此从现象学上来解释体积-温度曲线的斜率在 T_g 处所发生的变化(Flory PJ，Fox TG. Treatment of intrinsic viscosities. J Am Chem Soc，1951，73：1904-1908；Flory P J，Fox T G. Intrinsic viscosity relationships for polystyrene. J Am Chem Soc，1951，73：1915-1920）。假定自由体积

$$V_f = \langle V \rangle - V_0 \tag{6-52}$$

$\langle V \rangle$为液体中的分子平均实占体积，V_0 为分子的范德瓦耳斯体积。如图 6-17 所示，当 $T \leqslant T_g$ 时，自由体积保持不变，为玻璃态的自由体积 V_g，即

$$V_f = V_g \tag{6-53}$$

高分子处于玻璃态。$T > T_g$ 时，以 T_g 点作为参考点，有

$$V_f = V_g + (T - T_g) \cdot \left(\frac{dV}{dT} - \frac{dV_0}{dT}\right) \tag{6-54}$$

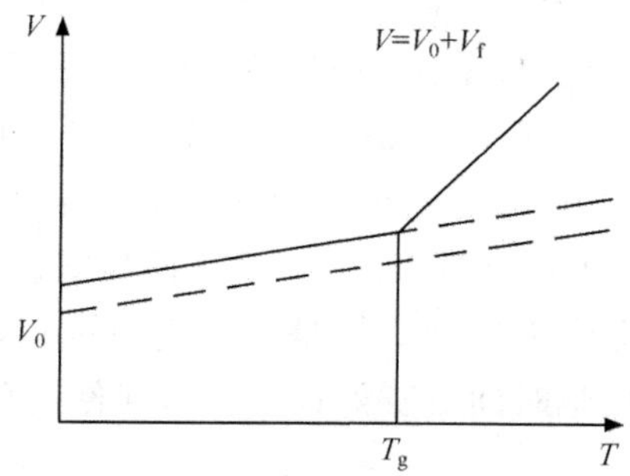

图 6-17　将高分子的体积-温度曲线分解为范德瓦耳斯体积和自由体积的示意图

在 T_g 附近，由于 $V_f \ll V$，近似地有 $V \approx V_0$。由膨胀系数公式(6-47)知

$$\alpha_0 = \frac{1}{V_0} \cdot \frac{dV_0}{dT}\bigg|_P \tag{6-55}$$

得自由体积的膨胀系数

$$\alpha_f \approx \frac{1}{V} \cdot \left(\frac{dV}{dT} - \frac{dV_0}{dT}\right)\bigg|_P \tag{6-56}$$

代入 V_f 表达式，定义自由体积分数

$$f \equiv \frac{V_f}{V} \tag{6-57}$$

$$f_g \equiv \frac{V_{fg}}{V} \tag{6-58}$$

得

$$f(T > T_g) = f_g + (T - T_g)\alpha_f \tag{6-59}$$

高分子黏度与自由体积之间的关系存在杜利特尔(Doolittle)经验方程：

$$\eta = A\exp\left(\frac{BV_0}{V_f}\right) \approx A\exp\left(\frac{B}{f}\right) \tag{6-60}$$

式中 A，B 为常数，B 为 0.5～1(Doolittle AK. The dependence of the viscosity of liquids on free space. J Appl Phys，1951，22：1471-1475）。

以 T_g 为参考点，

$$\ln\left[\frac{\eta(T)}{\eta(T_g)}\right]=B\left(\frac{1}{f}-\frac{1}{f_g}\right)=B\left[\frac{1}{f_g+(T-T_g)\alpha_f}-\frac{1}{f_g}\right] \tag{6-61}$$

合并得

$$\lg\left[\frac{\eta(T)}{\eta(T_g)}\right]=\frac{-B}{2.303f_g}\cdot\frac{T-T_g}{\dfrac{f_g}{\alpha_f}+T-T_g} \tag{6-62}$$

即

$$\lg\left[\frac{\eta(T)}{\eta(T_g)}\right]=-C_1\cdot\frac{T-T_g}{C_2+T-T_g} \tag{6-63}$$

这就是 WLF 方程。在 T_g 到 T_g+100 范围内,大多数高分子经验地满足 WLF 方程。平均经验常数 $C_1=17.44$,$C_2=51.6$。一般 $B\approx1$,可比较得 $f_g=0.025$。f_g 无分子结构依赖性,所以玻璃化转变也被称为等自由体积转变,这已被实验所验证。可以证明,WLF 方程实际上是 VFT 型液体的反映。

传统的动力学理论将分子运动看作是一个松弛过程,其由特征松弛时间 τ 来反映,温度 T 下降,可使松弛时间 τ 变得很长。由阿伦尼乌斯型流体可知

$$\tau\sim\exp\left(\frac{C}{kT}\right) \tag{6-64}$$

这里 C 为运动单元的势能位垒（Goldstein M. Viscous liquids and the glass transition：a potential energy barrier picture. J Chem Phys，1969，51：3728-3739）。C 随温度而变化对应于脆性液体,C 保持常数则对应于刚性液体。如果恒定降温速度 q,假定是温度的阶跃式变化,前后间隔时间为 $|q|^{-1}$。当 $|d\tau/dT|<|q|^{-1}$ 时,体系涨落还来得及松弛掉,局部仍保持平衡态,随着温度的降低,$|d\tau/dT|$ 增大,当 $|d\tau/dT|>|q|^{-1}$ 时,体系涨落来不及松弛掉,局部进入非平衡态。从平衡态到非平衡态的转变,就可认为是玻璃化转变,处于非平衡态,分子运动来不及松弛,就是冻结态。这可以解释 T_g 的升降温程序依赖性。当 $|q_A|>|q_B|$ 时,往往 $T_{gA}>T_{gB}$,因为临界松弛时间减少,对应较高的 T_g,经验地有

$$\frac{d\ln|q|}{d\dfrac{1}{T_g}}=-\frac{\Delta h}{R} \tag{6-65}$$

其中 R 为摩尔气体常量,Δh 为松弛焓。这意味着当 $q\to0$ 时,应当有 $T_g\to0$,即在低温区不存在任何热力学意义上的转变。

作为对热力学理论的革新改造,亚当斯(Adams)和吉布斯将 C 看作是 $\Delta\mu/S_c$,即每个分子协同运动的自由能位垒与协同重排区的总构型熵之比(Adams G, Gibbs JH. On the temperature dependence of cooperative relaxation properties in glass-forming liquids. J Chem Phys，1965，43：139-146）。这样处理有利于解释玻璃化转变的化学结构依赖性，例如可证明在 Gibbs-DiMarzio 理论中所定义的 T_2 与 T_g 的关系

$$T_2 = T_g - (55 \pm 5.5) \tag{6-66}$$

而根据 WLF 方程，当 $T=T_g-51.6\text{K}$ 时，$\eta \to \infty$。随后，迪马奇奥和杨(Yang)进一步建议 C 包含亥姆霍兹自由能的构型熵部分(DiMarzio EA，Yang AJM. Configurational entropy approach to the kinetics of glasses. J Res NIST，1997，102：135-157)。

在亚稳或稳定的液态，所有状态点分布相互连通，状态连续可变，这种性质称各态遍历性(ergodicity)；而冻结的玻璃态可以看作是状态点分布不连续，称非各态遍历性。这种对称性的破缺可以采用 mode-mode coupling 理论来处理，其计算得到的临界转变点

$$T_c \approx 1.2T_g \tag{6-67}$$

(Goetze W，Sjoegren L. Relaxation processes in supercooled liquids. Rep Prog Phys，1992，55：241-376)

以上介绍的理论均认为玻璃化转变的冻结过程在液体中是均匀发生的。实际上可能不是这么回事。涨落可导致纳米尺度的动态空间不均匀性，分为运动较快的液态相和较慢的固态相。固态相与液态相之间有可能存在自由能相等的临界温度，低于这个温度，发生一级液-固相变，高于这个温度，存在异相涨落，当温度降低，动态涨落产生的固相足够多到能抵御应力负载而来不及松弛掉，就出现玻璃化转变(Fischer EW，Bakai A，Patkowski AW，Steffen W，Reinhardt L. Heterophase fluctuations in supercooled liquids and polymers. J Non-Crystalline Solids，2002，307-310：584-601；Tanaka H，Kawasaki T，Shintani H，Watanabe K. Critical-like behaviour of glass-forming liquids. Nature Materials，2010，9：324-331)。

6.3.3 玻璃化转变的化学结构依赖性

根据我们在第 2 章的介绍，与玻璃化转变行为有关的高分子化学结构因素可以分为两类。第一类是玻璃化转变温度的结构决定因素：

(1) 高分子链越僵硬，半柔顺性程度越大，T_g 越高；

(2) 高分子链间相互作用力越大，T_g 也越高。

但是，如何从理论上合理而统一地解释玻璃化转变温度对高分子内在结构因素的依赖性仍是一个前沿挑战性的问题。

第二类是玻璃化转变温度的结构影响因素：

(1) 分子质量。在较低分子质量范围，链端活动性强，有超额自由体积 θ，由等自由体积现象，得

$$\alpha_f[T_g(\infty) - T_g] = \frac{2\rho\theta N_A}{M_N} \tag{6-68}$$

这里 N_A 为阿佛伽德罗常量，ρ 是密度，M_N 为数均分子量，即

$$T_g = T_g(\infty) - \frac{K}{M_N} \tag{6-69}$$

这里 K 为常数。

(2) 稀释剂或增塑剂。高分子(用下标 p 来表示)与稀释剂(dilute，用下标 d 来表示)的混合物可看作是高分子溶液体系，α_f 为自由体积膨胀系数，假定各组分对体系自由体积的贡献正比于各自的体积分数 ϕ，则由等自由体积现象得

$$\alpha_{fp}(T_g - T_{gp})\phi_p + \alpha_{fd}(T_g - T_{gd})\phi_d = 0 \tag{6-70}$$

二者的贡献正好抵消，得

$$T_g = \frac{\alpha_{fp}\phi_p T_{gp} + \alpha_{fd}\phi_d T_{gd}}{\alpha_{fp}\phi_p + \alpha_{fd}\phi_d} \tag{6-71}$$

(3) AB 无规共聚。考虑质量分数 W_A 和 W_B 正比于其自由体积的贡献，由等自由体积现象，

$$\alpha_{fA}(T_g - T_{gA})W_A + \alpha_{fB}(T_g - T_{gB})W_B = 0 \tag{6-72}$$

令 $K=\alpha_{fB}/\alpha_{fA}$，

$$T_g = \frac{T_{gA} + (KT_{gB} - T_{gA})W_B}{1 + (K-1)W_B} \tag{6-73}$$

这被称为戈登-泰勒(Gordon-Taylor)方程。

(4) 交联。交联点限制网链活动性，T_g 随每克交联点数 ρ 成正比例升高，

$$T_{gx} = T_g(\text{linear}) + K_x\rho \tag{6-74}$$

或

$$T_{gx} = T_g(\text{linear}) + \frac{K_x}{M_c} \tag{6-75}$$

这里 K_x 为常数，M_c 为网链的平均分子质量。

(5) 其他外界因素如升温速度、张力、围压力、测量频率等。

6.3.4 黏流化转变

黏流化转变是指从高弹态到黏流态发生的分子整体运动能力的转变。这一转变对实际高分子材料的加工成型非常重要，是得到永久形变的前提条件。1979 年博耶提出黏流化转变 T_f 对应于一个 T_{ll}(liquid-liquid transition above T_g)动力学转变，反映分子链整体的运动冻结和解冻，从图 6-5 的分子质量依赖关系曲线上也可以看出来，T_f 是小分子玻璃化转变向高分子质量的外延[Boyer RF. Contributions of torsional braid analysis to "T_{ll}". Polym Eng Sci，1979，19：732-748；Boyer RF. Dynamics and thermodynamics of the liquid state ($T>T_g$) of amorphous polymers. J Macromol Sci，Phys，1980，B18：461-553；Boyer RF. T_{ll} of anionic polystyrenes from zero shear melt viscosity. Eur Polym J，1981，17：661-673］。T_{ll}的性质与 T_g 非常相似：

(1) T_{ll}对非晶高分子及其共聚物具有普遍性；

(2) 链越刚硬，T_{ll}越高；分子间作用力越大，T_{ll}也越高；

(3) 在分子质量较大时，T_{ll}的分子质量依赖性达到饱和，

$$T_{ll} = (1.2 \pm 0.05) T_g \tag{6-76}$$

(4) T_{ll}也有等自由体积现象，等黏态；

(5) 在分子质量不很高时，

$$T_{ll} = T_{ll}(\infty) - \frac{K}{M_N} \tag{6-77}$$

一般宽分布样品观察不到明显的 T_{ll}转变，而是一个渐变过程；

(6) T_{ll}转变被分子间交联或结晶度所遏制；

(7) 有测量方法依赖性，表现出热力学三级转变的特点，而玻璃化转变则表现出热力学二级转变的特点。

从上一章的高分子链动力学标度分析结果看，黏流化转变温度 T_f 可以理解为对应于高分子链整体能够通过布朗运动自发跑出动态链缠结网所构成的管道时的温度。根据尤伯莱特的判断把黏流化转变向小分子外推，玻璃化转变也可以看作是分子粒子能够通过布朗运动自发跑出一个动态黏结网络时的温度，其本质上同样是一个动力学松弛转变。

6.4　常规力学分析

我们在前面所讨论的都是小应力给高分子材料带来小应变的情形。大应力会带来大应变，甚至破坏材料的固有结构，产生永久形变。恒定应变速率下的应力-应变曲线也反映了材料的结构特征和黏弹性特征。高分子材料常见的曲线类型有五种，如图 6-18 所示：硬而脆，如 PS、PMMA，最终发生脆性断裂；硬而韧，如尼龙(nylon)、PC，最终发生韧性断裂，多为半结晶高分子，沿应力-应变曲线可观察到屈服、成颈、应变硬化等现象；硬而强，如硬质 PVC 和 PS 的共混物，最终发生韧性断裂；软而韧，如软质 PVC、橡皮；软而弱，如凝胶等。

剪切屈服(shear yielding)是固体内发生流动产生永久形变的开始，其处在应力上升的极值点，即 $d\sigma/d\varepsilon=0$。一般我们用的是习用应力 $\sigma(\equiv F/A_0)$，参照的是初始截面积 A_0。拉伸变形时截面积 A 会发生变化，更合理的考虑应该是真应力 $F/A=\sigma(1+\varepsilon)$。因此，在真应力-应变曲线上，从横坐标 $\varepsilon=-1$ 处引出的切线所得到的切点就对应于屈服点，对应的真应力为屈服应力。真应力对应变的作图法也被

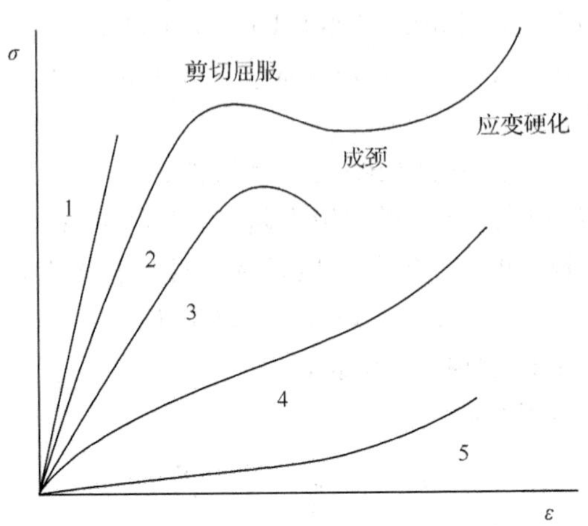

图 6-18 高分子材料在恒定应变速率下常见的五种应力-应变曲线示意图。1 代表硬而脆；2 代表硬而韧；3 代表硬而强；4 代表软而韧；5 代表软而弱

称为**孔塞德作图法(Considère construction)**。

对于半结晶聚合物，剪切屈服后可以出现从局部开始的成颈现象，如图 6-19 所示，这一过程在吸收大量的能量后最终发生**韧性断裂(ductile breaking)**。门永锋及其合作者指出，在剪切屈服之前，高分子片晶构成的硬弹性网络承担起主要的弹性应变，无定形高分子缠结网络的作用只有在片晶破碎之后才被释放出来(Men Y，Rieger J，Strobl G. Role of the entangled amorphous network in tensile deformation of semicrystalline polymers. Phys Rev Lett，2003，91：955021-955024)。屈服开始于片晶破碎成小晶块时，分子链被迫从折叠链中拉出来，由于初始片晶中的折叠长度基本一致，所以这一过程不需要更多的应力参与，高分子将在基本恒定的应力作用下持续发生细颈化。在另一个临界应变之后，拉出来的链将在低温下重结晶，生成由更薄的取向高度一致的小晶块密集构成的纳米原纤，所以拉伸前后总的结晶度基本上不发生变化。随着片晶的破碎，片晶之间由于结晶而锁起来的死缠结被释放出来，主要处在原纤之间的无定形高分子缠结网络能够发生应变，在应变后期将抵御外加的应力，出现应变硬化现象，直至缠结网络断裂，所以断裂强度与分子质量密切相关。成颈能否发展到整个样品(冷拉)取决于应变硬化后的断裂强度，后者应当高于剪切屈服强度，如图 6-20 所示，这就要求分子质量足够高，分子链之间不易解缠结，这一性质被称为**可拉性(drawability)**。

剪切屈服多发生在均匀材质中，如果材质不均匀，存在杂质的孔洞或沟槽等，会出现应力集中，局部的应力集中导致裂纹的产生，直至材料碎成两块。不均匀的快速破坏多表现为**脆性断裂(brittle breaking)**。如果应力集中处出现局部的剪切屈服和细颈化，就会产生微纤，彼此有接近可见光波长大小的空隙，如图 6-21(a)所

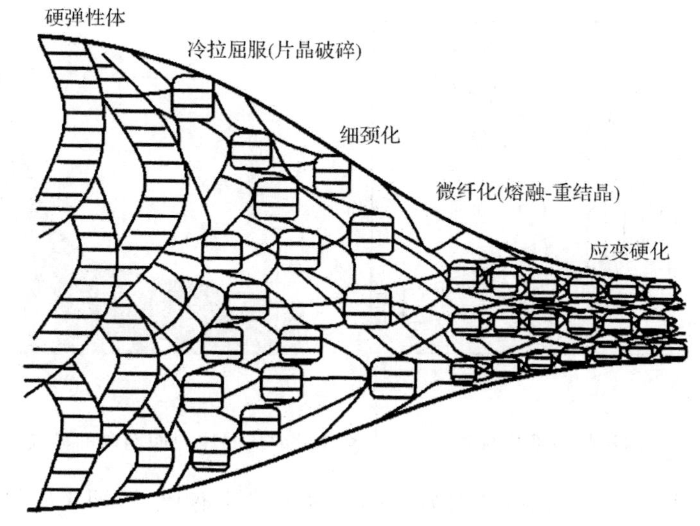

图 6-19　半结晶高分子链在冷拉过程中的微结构演化示意图

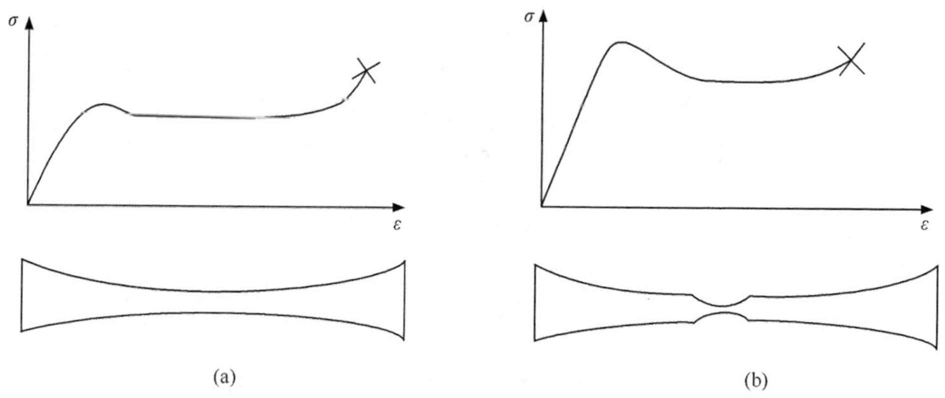

图 6-20　半结晶高分子样条当断裂强度高于剪切屈服强度时成颈可发展到整个样品(a)，否则当断裂强度低于剪切屈服强度时会在狭窄的成颈处立即断开(b)

示，产生**银纹现象(crazing)**。银纹将吸收部分的冲击能量，大量银纹的产生使得快速破坏需要更大的能量，材料就表现为韧性断裂。胶黏剂从固体基板上的**剥离(peeling)**过程与银纹的产生机制相似，都有从富含空穴的泡沫结构到纤维分裂的手指状不稳定结构，并最终断裂的发展历程，其间吸取了大量的能量，如图 6-21(b)所示，这样的**黏性(tackiness)**是高分子能成为胶黏剂材料的主要原因。

由于材料中的缺陷分布不均匀，力学性能测试的结果往往不能重复。一般可通过人为地引入缺口来实现可重复的力学性能测量，如测量**缺口抗冲击强度(notched impact strength)**。如图 6-22 所示，夏比(Charpy)法两端固定，冲击中间；

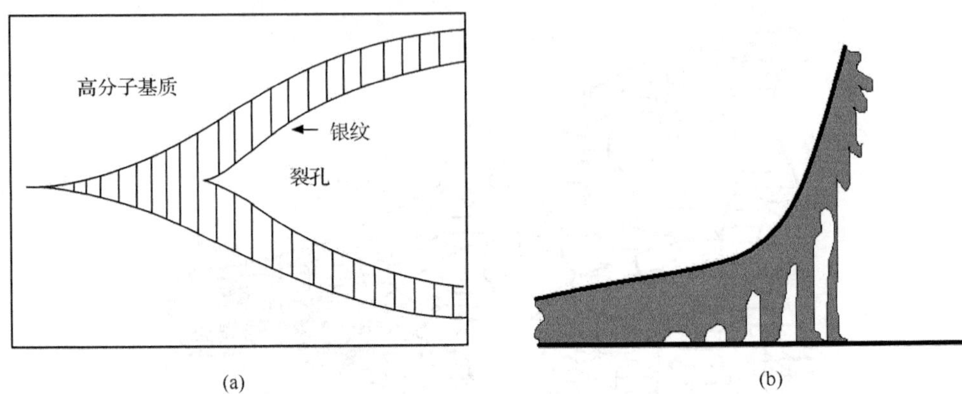

图 6-21　高分子固体材料内部出现银纹(a)以及胶黏剂从固体表面剥离的微观结构(b)示意图

而伊佐德(Izod)法一端固定，冲击另一端。假设铁锤重 W，锤柄长 l，则冲击能损失

$$A = Wl(\cos\beta - \cos\alpha) \tag{6-78}$$

缺口处截面积为 S，则抗冲击强度

$$I = \frac{A}{S} \tag{6-79}$$

单位为 J/m^2。

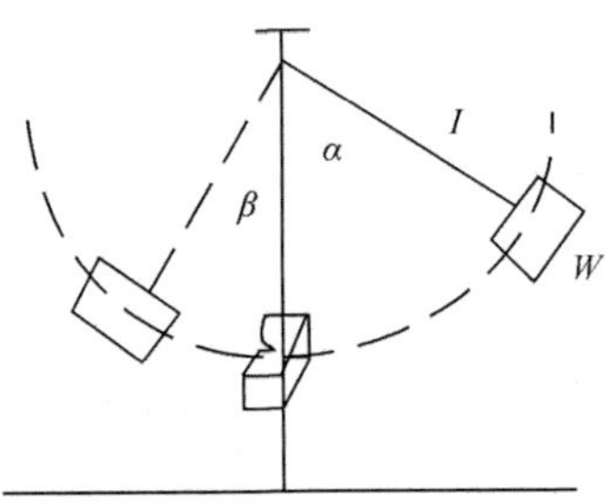

图 6-22　测量缺口抗冲击强度的 Charpy 法示意图

塑料的共混增韧(toughening)可以实现不同种塑料的特性之间优势互补。例如聚苯乙烯(PS)塑料性硬而脆，聚丁二烯(PB)橡胶性软而韧，通过在二者的共混物中加入两亲性的**增容剂(compatibilizer)**，例如以 PB 为主链 PS 为支链的接枝共聚物，陶氏化学公司(Dow Chemical Co.)制备出商业化的硬而韧的高抗冲聚苯乙烯(HIPS)，实现了所期望的优势互补。橡胶粒子分散在 PS 本体中，在受外力时可主动吸收应力集中的能量，并在其周边地区产生大量的银纹，起到有效的增韧作用，如图 6-23 所示(Bucknall C, Smith R. Stress whitening in high-impact polystyrene. Polymer, 1965, 6: 437-446)。杜邦(Du Pont)公司的吴守恒发现橡胶粒子的间距必须小于某个临界值才是塑料共混实现脆韧转变(brittle-ductile transition)的关键(Wu SH. Phase structure and adhesion in polymer blends: a criterion for rubber toughening. Polymer, 1985, 26:1855-1863)。近年来的微观形貌观测表明,通过自发的两重相分离过程,在相分离产生的橡胶分散相粒子内部进一步产生塑料分散相粒子的多级复合结构,可以有效地达到共混增韧的效果。

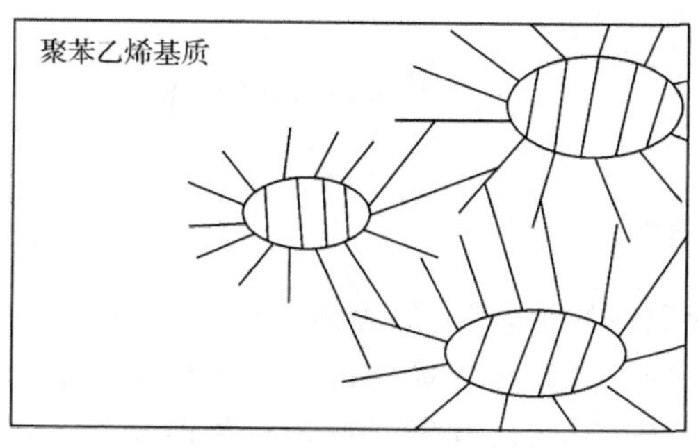

图 6-23　高抗冲聚苯乙烯介质中橡胶粒子吸收冲击能量产生大量银纹示意图

思　考　题

1. 为什么说高分子表现出显著的黏弹性特点?
2. 为什么柔软的橡胶片不能用来抵御子弹的射击?
3. 为什么说玻璃化转变本质上是一个动力学松弛转变?
4. 为什么有的半结晶高分子塑料可冷拉伸成单轴或双轴取向的薄膜而有的却不能?
5. 为什么大部分常用的胶黏剂选择高分子材料?
6. 橡胶与塑料如何复合才能达到较好的增韧效果?

第7章　高分子的流动

7.1　流变学简介

7.1.1　什么是流变学?

从上一章的内容我们知道,应力给固体材料带来的形变可以导致力学破坏,而给液体材料带来的形变则会导致液体的流动。**流变学(rheology)**是关于物质形变和流动的一门科学,更确切地说,其研究带来永久形变的流动问题,也就是研究所谓的材料"塑"形的过程。合成高分子材料的基本加工生产流程包括原料混合、加工成型、形貌控制、性能检测和存储应用等几个阶段,而流变学在每个阶段均可算是关键的科学问题,对材料的最终性能和应用起着重要的决定性作用。流变学问题不仅存在于加工塑料、纤维、橡胶、颜料、油漆、涂料、胶黏剂、润滑剂、复合材料等的材料科学中,也广泛存在于石油和煤炭管道运输、食品加工等工程科学中,以及存在于新陈代谢和血液循环等涉及体液流动的生命科学中,甚至存在于地球造山运动和矿床形成等地质科学中。

7.1.2　流动方式的分类

我们可以根据流体流动的**雷诺数(Reynold number,简称 *Re*)**将流体分为三种基本的流动方式。雷诺数被定义为

$$Re \equiv \frac{Dv\rho}{\eta} \tag{7-1}$$

这里 D 是管道直径,v 是平均流速,ρ 是流体密度,η 是流体黏度。雷诺数比较小的流体($Re<2300$)通常分层流动,互不混合,被称为**层流(laminar flow)**,此时黏滞力对流场的影响大于惯性力,流场中流速的扰动会因黏滞力而衰减,流体流动稳定;随着雷诺数的增大,流体的流线开始出现波浪状的摆动,摆动的频率及振幅随流速的增加而增加,此种流体被称为**过渡流(transition region flow)**;当流速增加到很大时($Re>4000$),流线不再清晰可辨,流场中出现了许多小旋涡,层流被破坏,惯性力对流场的影响大于黏滞力,流速的微小变化容易发展、增强,形成紊乱、不规则的流场,流动阻力因此急剧增大,这种流体类型被称为**湍流(turbulent flow)**。

7.1.3 层流的实现方式

高分子流体由于黏度大，流速较慢，流动通常表现为层流。最基本的层流实现方式有两种。第一种是**剪切流动(shear flow)**，指流体流动速率 v 只沿流动的某一垂直方向(y)发生变化。这种横向流速梯度通常有两种类型：一种是**库爱特流(Couette flow)**，也称拖动流，类似于石磨盘中的剪切流动，速率梯度从流体的一侧向另一侧发展，如图 7-1(a)所示；另一种是**泊肃叶流(Poiseuille flow)**，也称压力流，类似于注射器针管中沿着管道的剪切流动，由于来自于管道边界的摩擦阻力作用，速率分布呈抛物线形，速率梯度在两边最大，中央最小，如图 7-1(b)所示。

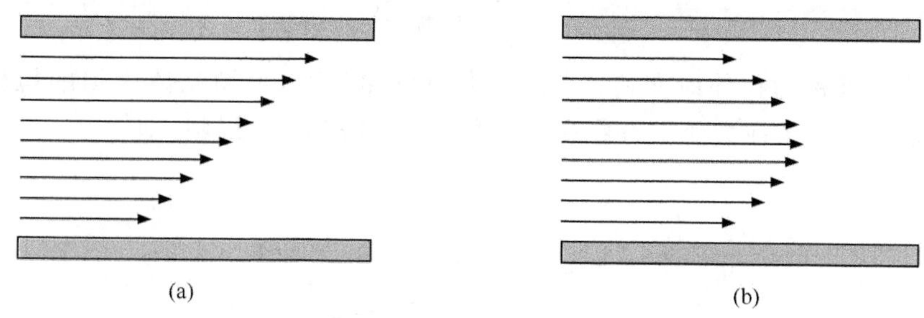

图 7-1　库爱特流(a)和泊肃叶流(b)流场流速分布示意图

在剪切流体中，剪切应力 $\sigma(\equiv f/A)$作用在 xz 坐标方向的剪切面上，如图 7-2 所示，当流体的剪切应力 σ 正比于流速的变化梯度 $\mathrm{d}v/\mathrm{d}y$ 时，我们称这时的流体为**牛顿流体(Newtonian fluid)**，其比例系数被称为**牛顿剪切黏度(Newtonian shear viscosity)** η，常用的国际单位为帕·秒(Pa·s 或 N·s/m^2)，在厘米-克-秒单位制(CGS 单位制)中使用的单位是泊(P，Poise，1Pa·s=10P)。而流速的变化梯度

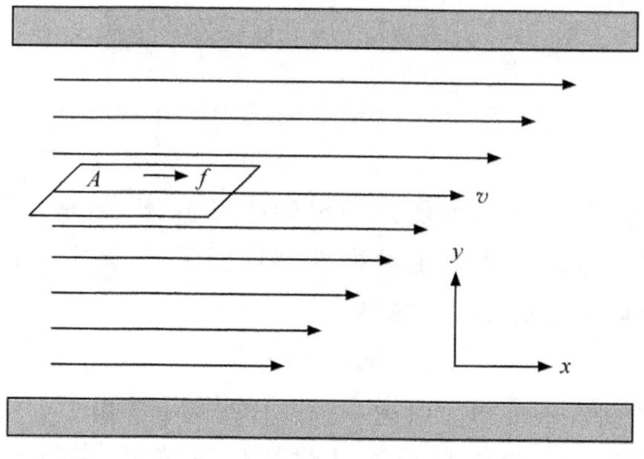

图 7-2　剪切流场定义牛顿流体示意图。f 表示剪切力；A 表示面积

$$\frac{\mathrm{d}v}{\mathrm{d}y}=\frac{\mathrm{d}}{\mathrm{d}y}\left(\frac{\mathrm{d}x}{\mathrm{d}t}\right)=\frac{\mathrm{d}}{\mathrm{d}t}\left(\frac{\mathrm{d}x}{\mathrm{d}y}\right)=\frac{\mathrm{d}\gamma}{\mathrm{d}t}=\gamma' \tag{7-2}$$

这里 γ 为剪切形变率，γ' 为剪切速率。于是我们得到**牛顿流体运动方程**

$$\sigma=\eta\gamma' \tag{7-3}$$

这一方程也与牛顿第二定律的合力与加速度成正比相似，因为剪切速率反映的是剪切应力所导致的加速度。

第二种层流实现方式是**拉伸流动(elongational/extensional flow)**，指流体流动速率 v 只沿着流动的 x 方向发生变化，如图 7-3 所示。产生纵向流速梯度既可以是由于管道流动管径的变化，也可以是来自于外力的牵引变形。拉伸应力

$$\sigma\equiv\frac{f}{A}=\eta_{\mathrm{e}}\frac{\mathrm{d}v}{\mathrm{d}x} \tag{7-4}$$

这里 $\mathrm{d}v/\mathrm{d}x$ 被称为拉伸应变速率，η_{e} 被称为拉伸黏度，牛顿流体理想的拉伸黏度与剪切黏度的关系在数值上存在所谓的特鲁顿(Trouton)规则，即

$$\eta_{\mathrm{e}}=3\eta \tag{7-5}$$

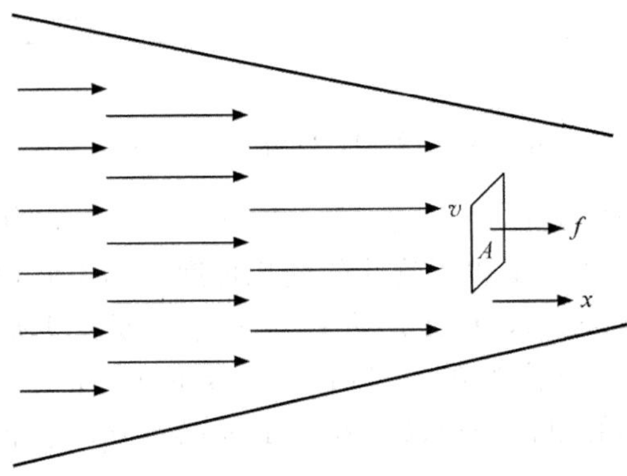

图 7-3 拉伸流体的流场流速分布示意图

7.1.4 非牛顿流体

实际的剪切层流多数并不表现为理想的牛顿流体，而是呈现出各种非理想特征。我们在考虑剪切流体的非理想黏弹性特征时常常参考一个无量纲的数，称为**韦森堡数(Weissenberg number，简称 *We*)**

$$We\equiv\tau\gamma' \tag{7-6}$$

其反映了流体自身的松弛时间 τ 与外场驱动的作用时间 γ'^{-1} 之间的竞争比例关系。We 值比较小的时候，流体自身松弛时间相对较短，来得及松弛，表现为简单牛顿流体的特征；We 值比较大的时候，流体来不及松弛，会呈现不稳定流动，从而偏离牛顿流体的理想特征，表现出许多**非牛顿流体(non-Newtonian fluid)**的特征。

如图7-4所示,如果我们按照流体的剪切应力σ-剪切速率γ'的关系来分类,非牛顿流体有以下几种常见的形式:曲线d代表**胀流体(dilatant fluid)**,随着剪切速率γ'的增加,曲线斜率即黏度η增大,这种现象被称为**剪切变稠(shear thickening)**,多存在于分散体系如胶乳、悬浮液、高分子加填料、面粉/糖溶液等中;曲线p代表**假塑性体(pseudo-plastic fluid)**,其随着剪切速率γ'的增加,黏度η下降,这种现象被称为**剪切变稀(shear thinning)**,广泛存在于包括发生取向流动的大多数线形高分子、胶黏剂、润滑油、皂液、纸浆、油漆等中;曲线B代表**宾厄姆流体(Bingham fluid)**,典型的宾厄姆流体在开始激发流动时需要克服一个初始的屈服应力,然后才呈牛顿流体发生流动,此时黏度η保持不变,实际的宾厄姆流体往往含有分子缔合结构,黏度会在流动后发生变化,例如牙膏、油脂、水泥或煤浆等。

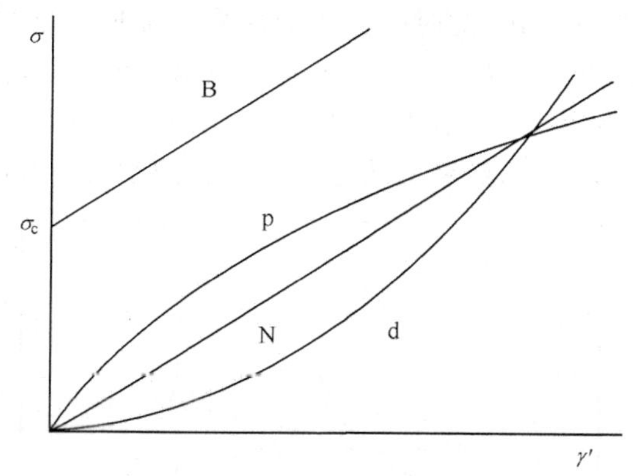

图7-4 几种常见的非牛顿流体偏离牛顿流体特征示意图。N代表理想牛顿流体;d代表胀流体;p代表假塑性体;B代表宾厄姆流体

如果恒定剪切速率γ',我们也可以按照黏度η-时间t之间的变化关系来对非牛顿流体进行分类。这种分类法在描述涂料的流变学特点时被广泛应用。从流动变形发生的程度来看,时间延长的效果其实相当于剪切速率增加的效果,有三种典型的情形:如果随着时间演化,黏度下降,此流体特征被称为**触变性(thixotropic)**,对应于假塑性体;如果随着时间演化,黏度上升,此流体特征被称为**流凝性(rheopectic)**,对应于胀流体;如果撤除应力后,随着时间演化,假塑性体形变部分恢复,此时的流体特征被称为**黏弹性(viscoelastic)**,由于高分子能够发生大尺度弹性形变,此特征在高分子熔体中表现得尤为显著。

德维尔(De Waele)和奥斯特瓦尔德(Ostwald)提出一个统一的幂律方程,

$$\sigma = K\gamma'^{n} \tag{7-7}$$

其中K为温敏参数;n为流体特征指数,数值上取决于流体自身的结构特点,对于牛顿流体(N):$n=1$,胀流体(d):$n>1$,假塑性体(p):$n<1$。类似De Waele-Ostwald方程这样对复杂流体的描述方式常常被称为流体的**本构方程**

(constitutive equation)（De Waele A. Viscometry and plastometry. Oil Color Chem Assoc J，1923，6：33-88；Ostwald W. About the rate function of the viscosity of dispersed systems. Kolloid Z，1925，36：99-117）。当前流变学为了能够较准确地描述实际流体，已经发展出了许多复杂的经验本构方程，数学工具和技巧在求解这些方程的结果时得到了广泛的运用。

7.2 高分子的流动特点

真实高分子熔体的剪切流动曲线比较复杂，但存在一条普适曲线。如图 7-5 所示，首先出现第一牛顿区，高分子线团克服初始弹性形变后发生剪切流动，表现为纯黏性；接着出现假塑性区，此时高分子线团发生取向弹性形变，黏度随剪切速率增大而下降，表现出剪切变稀现象；接下来出现第二牛顿区，弹性形变达到饱和，高分子熔体再次接近纯黏性；最后进入胀流区，高分子发生过度的弹性形变，流体的流动结构开始变得不稳定，黏度 η 随剪切速率 γ' 的增大而升高。

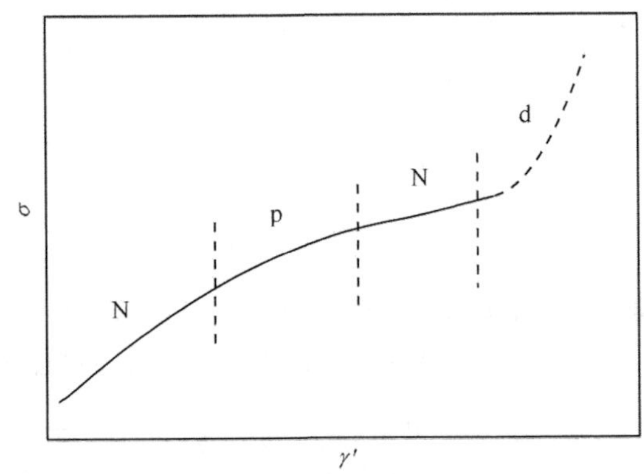

图 7-5　高分子剪切应力与剪切速率之间关系的普适曲线示意图。字母标示说明同图 7-4

我们在上一章主要讨论形变不太大时高分子的线性黏弹性特征。在高分子熔体的剪切速率比较大的时候，其剪切流变响应将呈现非线性黏弹性，此时玻尔兹曼叠加原理不再适用，流体表现出非牛顿流体的特征。一种典型的处理方式是将高分子非线性响应过程想像成为两个不同时间尺度上发生的过程：第一个过程是高分子线团的快速弹性回复，可以松弛一部分应力，仅与剪切形变有关，与时间无关；第二个过程是缓慢的应力松弛，仅与时间有关，与剪切形变无关。这样，非线性松弛模量可以表达成

$$E(\gamma,t) = h(\gamma)E(t) \tag{7-8}$$

这种应力松弛行为被称为时间-应变可分型(time-strain separability)，$h(\gamma)$因子被称为阻尼函数(damping function)。高分子熔体常用的经验阻尼函数有指数型

$$h(\gamma) = \exp(-n\gamma) \tag{7-9}$$

还有倒数型

$$h(\gamma) = (1 + a\gamma^2)^{-1} \tag{7-10}$$

这里 n 和 a 均为正值常数。多伊(Doi)和爱德华兹(Edwards)从管道模型出发也得出一个复杂的阻尼函数表达式，其结果近似于经验倒数型阻尼函数 $a=0.2$ 的情形(Larson RG. Constitutive Equations for Polymer Melts and Solutions. Boston: Butter Worth, 1988:143)。

按照 Doi-Edwards 管道理论的解释，在高速剪切流动中出现的剪切变稀现象，与高分子链在 τ_t 到 τ_R 松弛时间所对应的剪切速率区间内所发生的链段取向，以及拉伸变形的高分子链沿着管道能够**弹性回缩松弛(contour length relaxation)**有关。但是该理论预测的剪切应力与剪切速率关系曲线出现一个极大值，在 $1/\tau_t$ 以上出现过度的剪切变稀行为，剪切黏度变负值，此时数值解变得不稳定。马鲁西(Marrucci)引入一个新的链运动机制来修正这一理论，该机制被称为约束对流释放(convective constraint release, CCR)，即由高速剪切所带来的横向的高分子线团之间运动速率差有助于高分子链解缠结，管道周围的一些链缠结将因此被释放，剪切黏度会降低。该机制更合理地揭示了剪切变稀现象的本质，并抑制了 Doi-Edwards 理论所预期的高分子线团的过早拉伸变形，从而避免了过度剪切变稀现象的出现；此外，在更高的剪切速率下线团发生稳定的拉伸变形时，能结合其他模型代之以剪切变稠现象(Marrucci G. Dynamics of entanglements: A nonlinear model consistent with the Cox-Merz rule. J Non-Newtonian Fluid Mech, 1996, 62: 279-289)。如图 7-6 所示，在不同的剪切速率范围内，分子动力学理论需要采用不同的模型组合来合理地描述高分子熔体的剪切流变行为。剪切速率在 $1/\tau_t$ 之上，我们对剪切流体的流变行为的描述应以约束对流释放模型为主，由此可解释剪切变稀现象的出现，超过 $1/\tau_R$ 之后，线团拉伸变形达到饱和，剪切流动因此得以稳定下来，其流变行为进入第二牛顿区。

实际的高分子熔体流动体系从其黏度 η-剪切速率 γ' 曲线上，也可以观察到剪切变稀现象，如图 7-7 所示。初期第一牛顿区的黏度被称为零剪切黏度 η_0，假塑性区则被称为表观黏度 η_a，并且往往在刚进入第二牛顿区时就提前开始发生不稳流动，第二牛顿区的极限黏度 η_∞ 不易达到。剪切变稀现象有利于挤出和注塑成型过程中高分子熔体承受较小的压力差，同时得到高速流动，因此提高了生产效率并降低了能耗。不同的加工工艺方法分别利用不同的剪切速率范围，如图 7-7(a)所示为聚丙烯在 230℃下的黏度-剪切速率曲线以及所适用的加工方法，后者依次为滚塑、压模、吹塑/热成型、管材/异型挤出、薄膜挤出、注塑、纺丝和涂布等。影响高分

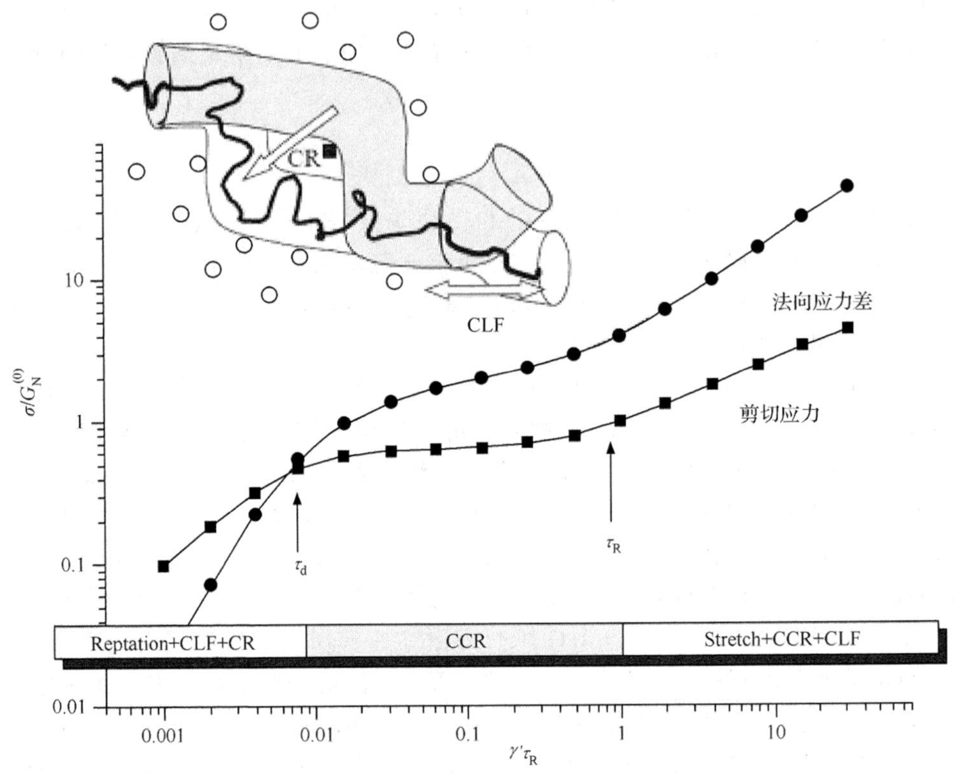

图 7-6　理论描述高分子熔体剪切流动的剪切应力和法相应力差曲线所采用的模型方法示意图。Reptation 指蛇行链模型；CLF 为管道长度涨落；CR 为约束热致释放，即 TCR；CCR 为约束对流释放；Stretch 指线团开始形变；τ_d 为管道松弛时间，即 τ_t；τ_R 为 Rouse 松弛时间 (Bent J et al. Neutron-mapping polymer flow: Scattering, flow visualization, and molecular theory. Science, 2003, 301: 1691-1695)

子流体黏度的因素主要有高分子的分子质量及其分布、链支化、温度、压力、添加剂和填料等。图 7-7(b)总结了各种主要因素对高分子熔体黏度曲线的影响。分子质量、填料和压力通常有利于黏度的升高，而链支化、添加剂和温度升高则导致黏度的降低，分子质量宽分布使得剪切变稀现象变得更加显著。

剪切流体可以大致分解为由于横向的速率梯度所带来的斜向拉伸流场和旋转流场，如图 7-8 所示。拉伸流场带来高分子线团的主要形变，而旋转流场则使得高分子线团在流动中发生翻转。后者在本体中可实现约束的对流释放，即解缠结。所以单链的高分子线团在剪切流中的运动可以形象地被描述成**“连滚带爬”(end-over-end tumbling)**模式。朱棣文所领导的研究小组采用荧光标记 DNA 大分子的办法观察到稀溶液中的这种运动特征(Smith DE, Babcock HP, Chu S. Single-polymer dynamics in steady shear flow. Science, 1999, 283: 1724-1727)。

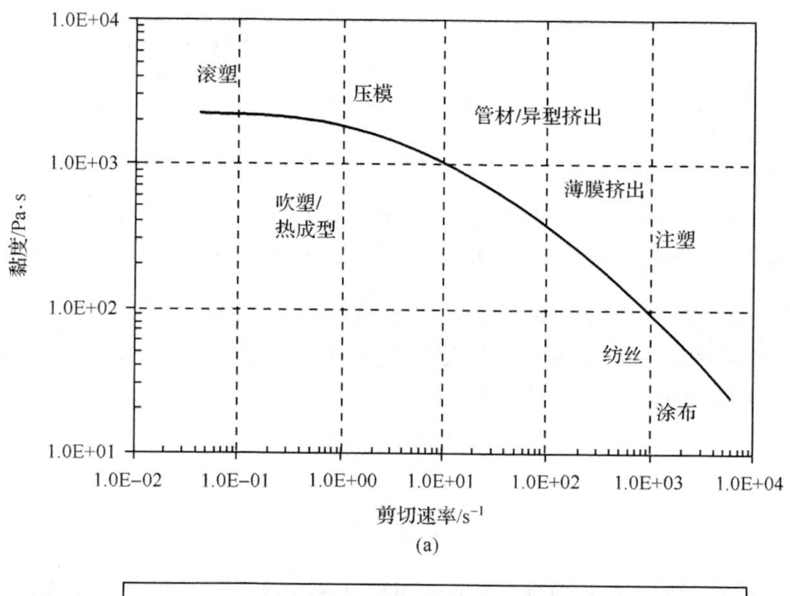

(a)

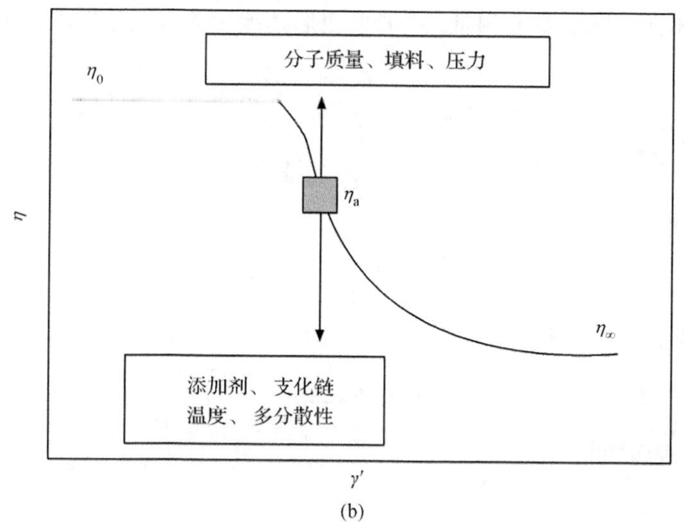

(b)

图 7-7　(a) 聚丙烯(熔融指数在 230℃和 2.16kg 下为 8g/10min)在 230℃下的黏度-剪切速率曲线以及适用的加工方法(Gahleitner M. Melt rheology of polyolefins. Prog Polym Sci, 2001, 26: 895-944);(b) 高分子熔体黏度随剪切速率变化以及各种因素影响示意图

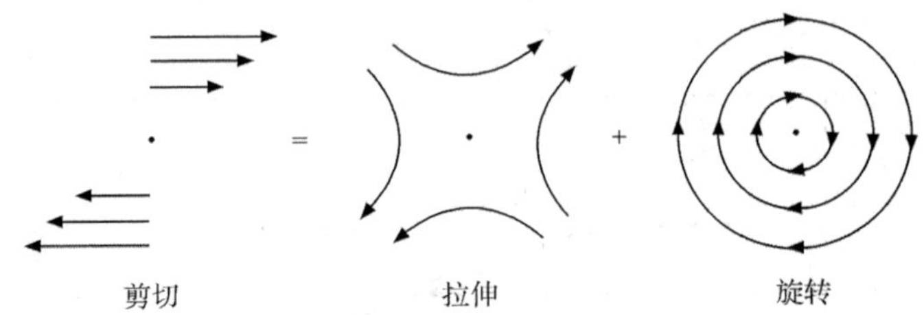

图 7-8　拉伸流体和旋转流体组合成剪切流体示意图(Smith DE, Babcock HP, Chu S. Single-polymer dynamics in steady shear flow. Science, 1999, 283: 1724-1727)

显然高分子的拉伸流动会导致高分子线团的流动变形,我们可以采用最简单的**哑铃模型(dumb-bell model)**来描述这种变形。如图 7-9 所示,两个哑铃球间距为 R,高分子线团发生变形的熵弹性回复力

$$f_e = -KR \tag{7-11}$$

其中模量

$$K \propto \frac{kT}{R_0^2}$$

而流动的驱动力与摩擦力相抵,并带来变形速率 $\partial R/\partial t$,比例系数为摩擦系数ς,

$$f_f = \varsigma\frac{\partial R}{\partial t} \tag{7-12}$$

由力学平衡

$$f_e = f_f \tag{7-13}$$

得

$$\varsigma\frac{\partial R}{\partial t} = -KR \tag{7-14}$$

由此方程我们可以解得

$$R = R_0\exp\left(-\frac{t}{\tau}\right) \tag{7-15}$$

其中特征松弛时间

$$\tau = \frac{\varsigma}{K}$$

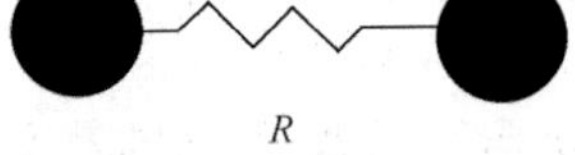

R

图 7-9　高分子线团变形的珠簧哑铃模型示意图

关于高分子线团在拉伸流体中的变形转变,德热纳在他的专著中曾给出一个形象的标度分析(de Gennes PG. Scaling Concepts in Polymer Physics. Ithaca:

Cornell University Press，1979：189)。在一维拉伸情况下，高分子链的应变速率

$$s = \frac{\partial v_x}{\partial x} > 0 \tag{7-16}$$

其中 v_x 为 x 方向上的流动速率。假定应变均匀发生，在 $\mathrm{d}x$ 长度上流动所产生的摩擦阻力

$$f_\mathrm{f} \sim \varsigma v_x \mathrm{d}x \sim \varsigma s x \mathrm{d}x \tag{7-17}$$

于是摩擦阻力所做的功

$$E_\mathrm{f} \sim - f_\mathrm{f} x \sim - \int_{-R/2}^{R/2} \varsigma s x^2 \mathrm{d}x \sim - \int_{-R/2}^{R/2} \tau K s x^2 \mathrm{d}x \sim - s\tau R^3 \tag{7-18}$$

而良溶剂中真实高分子线团的熵弹性能

$$E_\mathrm{el} \sim kT\left(\frac{R}{R_0}\right)^{5/2} \tag{7-19}$$

于是线团的总自由能

$$F = E_\mathrm{el} + E_\mathrm{f} \sim R^{5/2} - s\tau R^3 \tag{7-20}$$

如图 7-10 所示，存在一个临界值 $(s\tau)^*$，当 $s\tau < (s\tau)^*$ 时，高分子拉伸状态的自由能高于无规线团状态，于是线团状态更稳定；当 $s\tau > (s\tau)^*$ 时，另一侧的拉伸状态变得更稳定，于是两种状态之间的自由能位垒决定了**线团-拉伸转变(coil-stretch transition)**表现为类似于一级相转变。这里的 $s\tau$ 值也常常被称为**德博拉数(Deborah number，简称 *De*)**

$$De \equiv s\tau \tag{7-21}$$

与剪切流体中的韦森堡数相似，反映高分子线团的自身松弛时间 τ 与外场施加作用时间 s^{-1} 之间的竞争比例关系。临界 De^* 对应于高分子线团拉伸变形的临界分子质量。

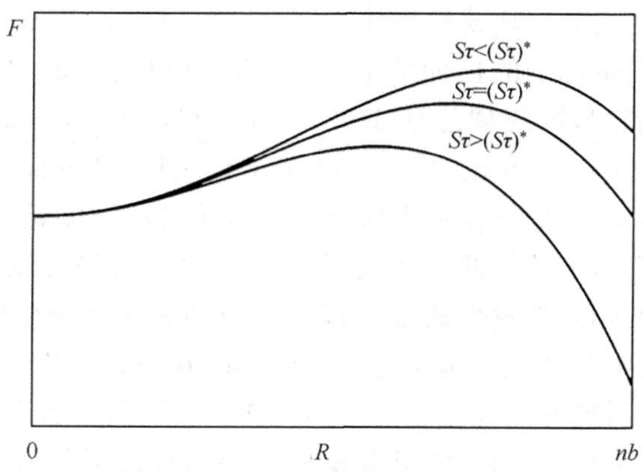

图 7-10 高分子线团的自由能对尺寸变化曲线随拉伸流速和松弛时间之积 $s\tau$ 而变化的示意图

高分子熔体纺丝对应的是单轴拉伸，而拉膜则对应于双轴拉伸。拉伸黏度与拉伸应力 η_e-σ 关系曲线反映出三种典型的拉伸流体，如图 7-11 所示，A 型流体 η 与 σ 无关，为理想牛顿流体，主要包括短链聚合物如 nylon 66，POM，PMMA 等；B 型流体在 $\sigma > \sigma_c$ 以后，随着应力的继续增加，黏度升高，表现出**拉伸变稠(extension thickening)**，这类流体包括支化链如 LDPE 等；C 型流体在 $\sigma > \sigma_c$ 以后，随着应力的继续增加，黏度下降，表现出拉伸变稀(extension thinning)，这类流体包括长链如高密度聚乙烯 HDPE、聚丙烯 PP 等，此时的 σ_c 一般对应于剪切流动发生剪切变稀时的临界应力。

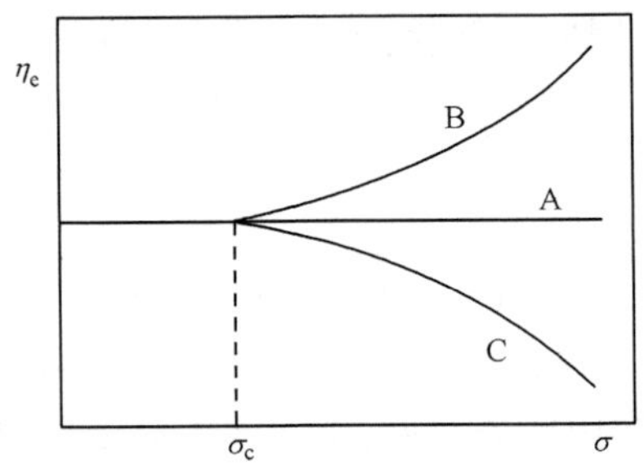

图 7-11　高分子熔体拉伸黏度随拉伸应力变化的三种典型情形示意图

标准的管道模型分子理论考虑蛇行链模型、管道长度涨落、约束热致释放等线性黏弹性因素，以及链段取向、链沿管道弹性回缩、约束对流释放等非线性黏弹性因素，预测了如图 7-12 所示的单分散线形高分子体系的拉伸曲线。第一阶段为理想拉伸，服从 Trouton 规则，$\eta_e = 3\eta_0$；第二阶段，在管道松弛时间的倒数之上，高分子链发生取向，但尚未稳定变形，与剪切流动一样出现流动变稀现象，此时由于没有横向的流速差，约束对流释放作用并不明显；第三阶段，在 Rouse 松弛时间的倒数之上，高分子链发生稳定的拉伸变形，出现**应变硬化(strain-hardening)**现象；第四阶段，变形达到饱和，恢复理想状态(Marrucci G，Iannirubertok G. Interchain pressure effect in extensional flows of entangled polymer. Macromolecules，2004，37：3934-3942)。拉伸变稀现象只在高分子溶液中被观察到，对高分子熔体而言，由于这一现象出现的拉伸速率范围比较小，并且容易导致纤维或薄膜成型过程中的拉伸断裂，实际加工过程通常直接进入拉伸变稠或应变硬化阶段。拉伸断裂在剪切变稀过程中会产生**本构不稳定(constitutive instability)**，王十庆课题组设计的示踪实验法观测到由于剪切方向上的拉伸断裂导致剪切流动在启动阶段短促地出现剪切带(shear banding)，即沿着横向发展的高速区与低速区之间出现不连续的速率变化，产生滑移界面(Tapadia P，Ravindranath S，Wang SQ. Banding in shear oscillation of entangled fluids. Phys Rev Lett，2006，96：196001)。

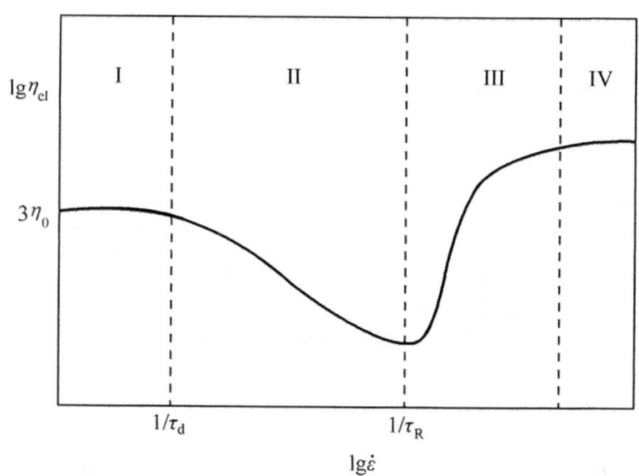

图 7-12　线形高分子稳态拉伸流动的标准管道模型分子理论预测的拉伸黏度与拉伸速率之间的关系。从低拉伸速率开始，黏度先保持 $3\eta_0$，接着减小，拉伸变形后开始增大，直至饱和(Marrucci G, Iannirubertok G. Interchain pressure effect in extensional flows of entangled polymer. Macromolecules, 2004, 37: 3934-3942)

纺丝和拉膜工艺上一般希望随着 dv/dx 增大，拉伸黏度能够上升，这样在纺丝时局部的 dv/dx 增大导致纤维变细，而黏度上升可阻止局部进一步变细，使纺丝更加均匀，不易断，我们称这种性能为**可纺性好(good spinnability)**。

支化高分子常常被称为“魔术高分子”，包括低密度聚乙烯(LDPE)，超支化、星形和梳形高分子等，这类高分子因为其黏度在剪切流中由于自身分子容易卷成团发生旋转运动随剪切速率增加而减小，有利于挤出和注塑加工成型，但在拉伸流中黏度却由于出现拉伸应变增强现象而增加，有利于纺丝和拉膜成型。所以在线形高分子熔体中，如果适当地引入一定量的支化高分子，将有利于其加工成型。

7.3　高分子流体的黏弹性效应

高分子熔体发生明显的弹性形变，在剪切流体中就会产生法向应力的变化而与剪切应力相互抵消，如图 7-13 所示，一般人为定义方向 1 为流速分量方向，方向 2 为流速变化方向，方向 3 为相等流速方向(垂直纸面)，由于形变沿 1 向很大，增加的部分来自于原先 2 向的分量，使得法向应力

$$\sigma_{11} > \sigma_{33} > \sigma_{22} \tag{7-22}$$

我们关注**第一法向应力差(first normal stress difference)**

$$N_1 \equiv \sigma_{11} - \sigma_{22} > 0 \tag{7-23}$$

以及**第二法向应力差**

$$N_2 \equiv \sigma_{22} - \sigma_{33} < 0 \tag{7-24}$$

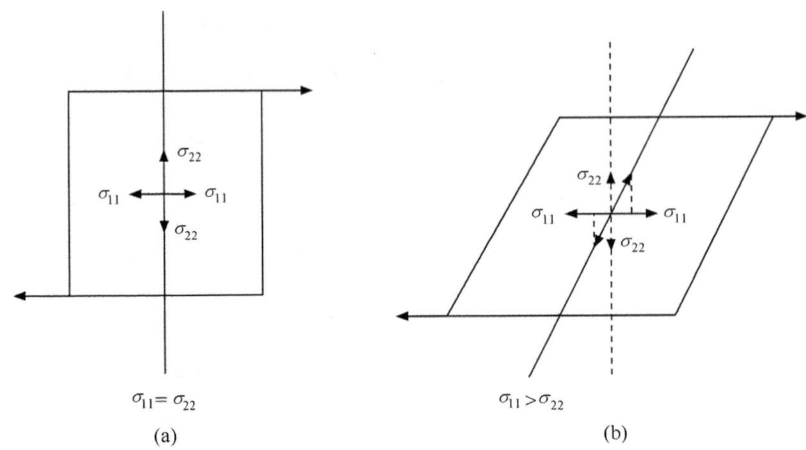

图 7-13　剪切作用于流体的初态(a)和终态(b)法向应力分布变化示意图

它们之间共同的规律性特征有

$$N_1 \sim -5N_2 \tag{7-25}$$

$$N_1, N_2 \propto \gamma'^2 \tag{7-26}$$

正是由于较高的黏弹性和法向应力差,高分子流体会出现以下一些特殊现象。

1. 韦森堡效应(爬杆现象,包轴现象)

对牛顿流体,由于离心力作用,搅拌轴心附近出现凹液面,但对高分子熔体,则在轴心处出现凸液面,如图 7-14 所示,这是因为离轴心越近,剪切速率越大,产生的流动方向的法向应力 σ_{11} 也越大。高分子链从轴心由于离心作用不断地被甩出来时,因高分子线团之间的链缠结作用不能及时释放流动方向的内应力,相互勾结的高分子围绕轴心产生向内的箍力,类似于橡皮筋绑在手腕上,这种内箍力不仅可以抵消离心力作用,甚至可以进一步抵消重力作用而将液面抬高。抬高液面的流动称为**二次流**(**secondary flow**,也称**副流**)。二次流在挤出口内侧角落附近会形成**涡流**(**vortex**)。

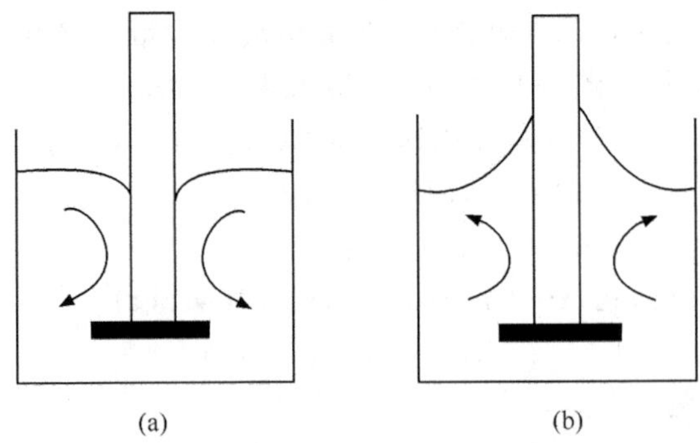

图 7-14　搅拌牛顿流体出现凹液面(a)和搅拌高分子熔体出现爬竿现象(b)示意图

2. 巴拉斯效应(Barus effect,挤出口胀大效应)

在挤出模口中高分子熔体的流速快,一旦出了模口,由于流速开始变慢,熔体会产生横截面方向上的胀大,如图 7-15 所示。这一效应有时也被形象地称为弹性记忆效应,就好比出口处横截面方向上的约束被消除使得高分子发生弹性回复那样。实际上,出口处发生的高分子横向膨胀只与该处的流速变化所导致的压缩变形有关,与高分子在管道进口处的流速变化所导致的拉伸变形正好是一个完全相反的过程。在足够长的高速流动管道中,由于不再有纵向的速率梯度,高分子的拉伸弹性形变可以逐渐地被松弛掉,不过一般挤出或纺丝模口很短,部分弹性形变会在管道出口处被保留下来。

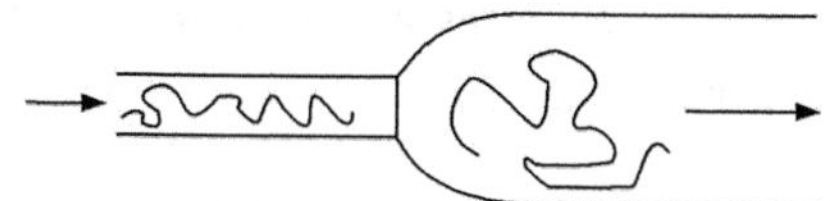

图 7-15　挤出或纺丝模口处由于流速变慢而出现横向尺寸变大的巴拉斯效应示意图

3. 无管虹吸(tubeless siphon)

虹吸现象一般需要管子来传导压力差,高分子熔体由于显著的黏弹性作用,即使管子口高出液面,也能够将液体吸拉入管子。另一种情形是当杯子倾倒高分子熔体时,只要熔体开始流出,即使杯子内的液面低于杯口,熔体仍然会继续流出来,如图 7-16 所示。对这一现象目前尚未有清晰的定量理论描述。

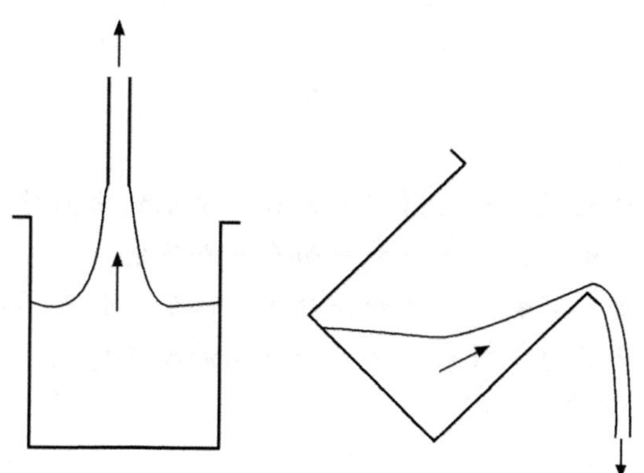

图 7-16　高分子熔体的无管虹吸现象和杯子倾倒持续流动示意图

4. 湍流减阻(drag reduction)

高速流体中加少量高分子质量 PEO 或聚丙烯酰胺就可以有效地抑制湍流的出现,减少高速流动阻力。这种减阻剂应用于消防水中可以提高扬程一倍以上,用于输油管减阻可以减少泵站的设置，用于油田二、三次采油可以有效地提高采油率。目前由于我们对湍流的发生机制了解有限，对高分子的减阻机理也尚未得到明确的解答。

5. 流动不稳定和黏-滑转变(flow instability and stick-slip transition)

高分子熔体在管道中流动，随着挤出速率的增大，管壁处发生的**黏-滑转变**会导致不稳流动，使得挤出熔体外观呈波浪形、竹节形或螺旋形畸变，这些现象统称为**熔体破裂现象**。此时剪切速率会发生突变增大，如图 7-17 所示，所以这一现象有时也称毛细管喷射流动现象。聚乙烯熔体挤出时出现的条纹状鲨鱼皮现象则被认为是与出口端的管壁发生间歇式黏-滑转变有关(Wang SQ. Molecular transitions and dynamics at melt/wall interfaces: origins of flow instabilities and wall slip. Adv Polym Sci, 1999, 138: 227-275)。

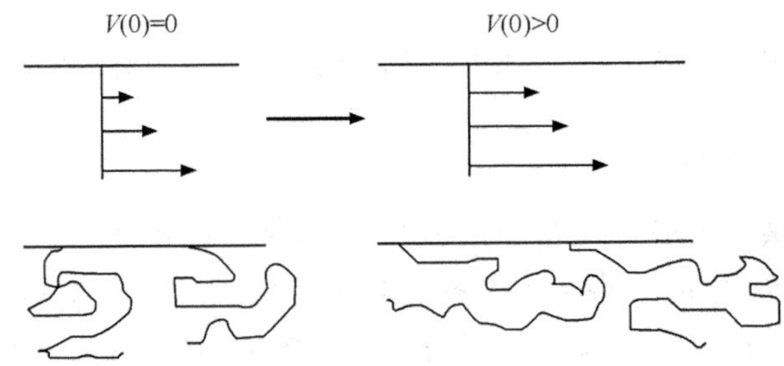

图 7-17　高分子线团随着剪切速率增大在管壁处发生黏-滑转变与链构象的变化有关

思　考　题

1. 高分子熔体流动的剪切变稀现象为加工带来什么好处?
2. 为什么有的高分子能够被纺成丝而有的却不能?
3. 为什么支化高分子被称为线形高分子加工流变性能的魔术添加剂?
4. 黏稠的高分子体系为什么容易沿着转动的搅拌棒向上爬?

第三部分　高分子链聚集

第 8 章　高分子溶液统计热力学

8.1　包含高分子的多组分混合体系

包含高分子的多组分体系主要有两种基本形式：一种是混合体系，高分子与其他种类的分子之间能实现互溶；另一种是复合体系，高分子与其他组分不发生互溶，只是在界面上发生作用。

包含高分子的多组分复合体系是由连续相分布的基质和非连续相分布的粒子所组成的。基质一般是某种高分子材料。如果基质是无机材料，而粒子是高分子材料，这样的复合体系通常属于有机/无机杂化材料。在复合体系中，非连续相分布的粒子可以有各种各样的几何形状和尺寸，在热历史上与基质不曾互相混溶过，对基质起着功能化的调节作用，例如炭黑、液晶液滴、高强度纤维及其编织物、无机填料、碳纳米管和石墨烯等。高分子在复合材料表界面的性能研究是一个很重要的前沿领域，与高分子复合材料的高性能开发研究关系密切。这里由于受本书主题和篇幅所限，我们将主要关注包含高分子的多组分混合体系。

包含高分子的多组分混合体系既可以是分子间混合，例如高分子溶液和高分子共混物；也可以是分子内混合，例如嵌段共聚物、星形多臂共聚物、接枝共聚物、无规共聚物以及组分含量沿着分子链呈梯度变化的梯度共聚物等。高分子混合体系可以通过相分离形成具有稳定相界面的分离相，也可以通过结晶形成高分子有序相。也就是说，这里可以发生两种各具特色的相转变行为，即相分离和结晶。在合适的热力学条件下，两种相变会同时发生，彼此在动力学上发生竞争并相互影响，对最终的相形态即高分子链聚集结构起着复杂的调控作用。接下来，我们将以高分子溶液作为代表性的例子来介绍包含高分子的多组分混合体系。

高分子溶液通常会发生如图 8-1(a)相图所示的相分离行为，其具有最高的临界相分离温度，被称为**上临界共溶温度(upper critical solution temperature, UCST)**；而在同一温度窗口，同时还可能发生如图 8-1(b)相图所示的结晶相转变行为。两种相变将发生相互作用，对应的两条相图曲线存在交错点，并在此相互截断，截断处产生一个三相共存的温度，如图 8-1(c)相图所示，此时稀溶液、浓溶液和晶体三相可以共存，称为**偏晶三相点(monotectic triple point)**。

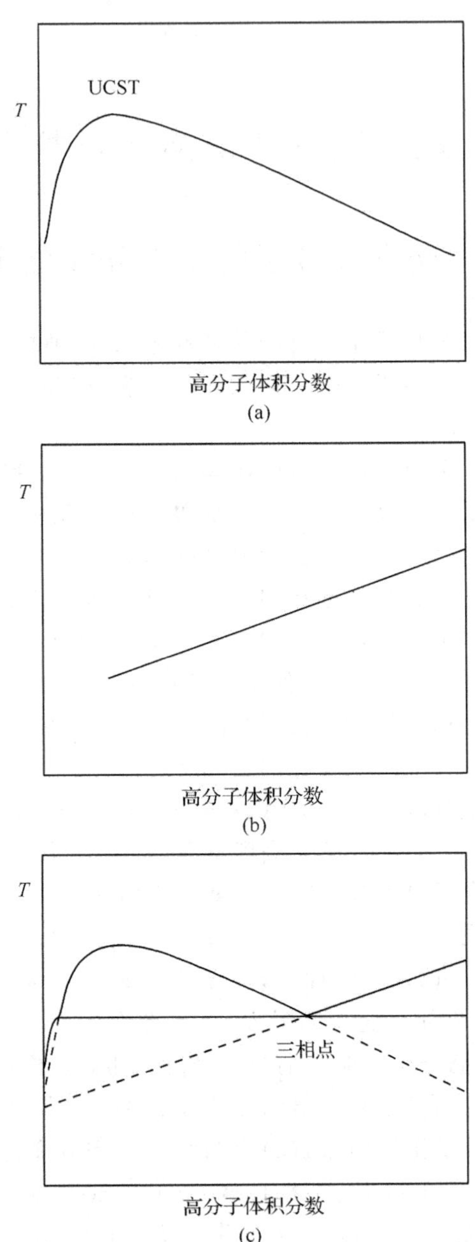

图 8-1　高分子溶液典型的 UCST 相分离相图(a)和结晶相图(b),以及二者相互截断形成偏晶三相点相图(c)示意图

单组分体系有基本的气、液和固三相。如果我们将通常的温度对压力的单组分相图按照温度对密度展开,如图 8-2 所示,就会看到与图 8-1(c)相似的相图曲线

形状,对应位置也有相分离临界点和三相共存点。于是,我们将单组分体系的基本相变行为与高分子溶液中的相分离和结晶行为作一个类比。单组分体系从气相到液相的凝聚过程,使得分子彼此之间从远处跑到近邻,释放结晶分子间第一阶段的内聚能;而其从液相到晶相的结晶过程,使得分子彼此间进一步发生有序化密堆砌,释放结晶分子间第二阶段的内聚能。对应于多组分的高分子溶液体系,从稀溶液到浓溶液的相分离过程,与凝聚过程相类似,高分子释放的是结晶分子间第一阶段的内聚能;从浓溶液到晶体的结晶过程,高分子释放的是结晶分子间第二阶段的内聚能。这一类比说明,对应于相分离和结晶行为,我们需要两个不同的分子能量参数来分别描述各自的分子驱动力。

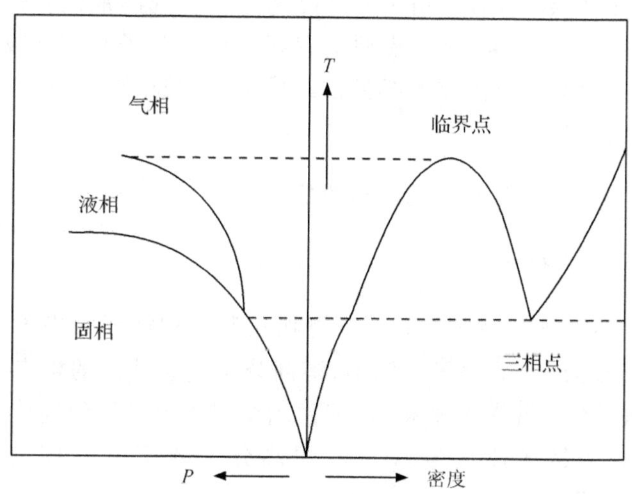

图 8-2　单组分体系基本的气相-液相-固相分别按照温度对压力和温度对密度展开的相图示意图

我们知道,决定相变行为发生的关键因素是自由能的变化,所以我们在这一章首先介绍经典的 Flory-Huggins 溶液格子统计热力学理论,主要关注混合过程中自由能变化的计算。在下一章中,我们将介绍相分离,对应此相变行为的分子驱动力是两组分混合相互作用能 B。在第 10 章,我们将介绍结晶,对应此相变行为的分子驱动力是平行排列相互作用能 E_p。调节这两类分子间相互作用对总自由能的贡献,我们就可以分别调节相分离和结晶发生的热力学条件,从而可以进一步调控相变动力学以及最终得到的相形态和高分子链聚集结构。在最后一章,我们将介绍这两种相变行为在包含高分子的多组分体系中的相互作用研究。

8.2　Flory-Huggins 溶液格子统计热力学理论

8.2.1　格子模型的优点

由液体的凝聚态物理学我们知道，分子间的体积排斥相互作用决定了液体的基本微观结构，分子间相互吸引作用只是在其中起着微扰的作用。格子模型要求分子在格子空间中的排布"一个萝卜一个坑"，因此其很好地反映了分子间的体积排斥相互作用，有利于计算多组分分子之间的组合熵，即混合溶液的结构组分在体系所占空间中的摆放数。因此，格子模型已经成为研究溶液混合体系的经典统计热力学理论模型。另一方面，格子模型也有利于计算分子间相互吸引作用对相变行为的影响，例如伊辛(Ising)格子模型已经成为凝聚态物理学研究相变行为的经典统计力学理论模型。

8.2.2　Flory-Huggins 溶液理论的基本假定

1. 不可压缩流体假定

我们假定在高分子溶液所处的具有规则几何对称特征的格子空间中，每个格子点的配位格子数为 q。在格子空间中，溶剂分子代表独立的格点，数目为 N_1；每条高分子链代表连续 r 个相连的格点，就像围棋棋盘上摆放的连成一气的棋子，如图 8-3 所示，高分子链的数目为 N_2。这里高分子链长为 r，假设链单元的尺寸(v_{monomer})与溶剂小分子的尺寸(v_{solvent})相当，

$$v_{\text{monomer}} = v_{\text{solvent}} \tag{8-1}$$

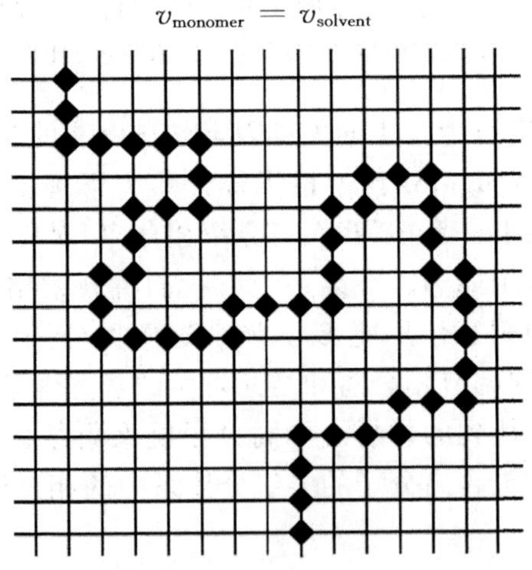

图 8-3　高分子链在格子空间中占据连续的格点示意图

实际尺寸的差别以后可进一步校正。于是，溶液总体积

$$N = N_1 + rN_2 \tag{8-2}$$

2. 浓溶液假定

链单元在格子空间中均匀地分布，这种情形只适用于高分子浓溶液。我们知道在高分子稀溶液中，链单元呈线团状不均匀分布。

3. 链柔顺假定

在格子空间中，沿链相邻的链单元所组成的键可任意取向，体积排斥作用只是意味着下一个链单元不能与前一个发生重叠。如图 8-4 所示，以第 2 个链单元为参考，第 3 个链单元可任意选择除第 1 个以外的配位格点。这种情形类似于非立即回复无规行走(non-reversing random walk)，每一步行走都可以有 $q-1$ 种可能性。

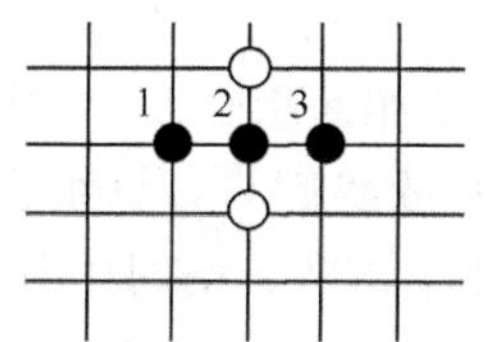

图 8-4　柔顺的高分子链上的第 2 和第 3 个链单元之间的连接可在格子空间中任意取向，但是第 3 个链单元不能与第 1 个发生重叠

4. 平均场假定

根据混合时亥姆霍兹自由能的变化

$$\Delta F_{\mathrm{mix}} = \Delta U_{\mathrm{m}} - T\Delta S_{\mathrm{m}} \tag{8-3}$$

我们知道，多组分混合带来的熵增大 ΔS_{m} 有利于降低自由能，使混合过程自发地发生。

要计算体系的自由能，统计热力学需要计算所有分子相互组合的微观状态及其能级简并数，这对阿伏伽德罗常量数量级的庞大分子数而言是不可能完成的任务。常用的一个简化处理办法是假定微观组合状态都具有平均的能级分布，即引入**平均场假定(mean-field assumption)**，想像每个微观分子都处在一个平均化的作用场中，而作用能本身可单独计算其平均值，于是我们可分别统计计算混合熵 ΔS_{m} 和混合热 ΔU_{m} 对总自由能变化的贡献。

接下来，我们以完全有序的高分子相分离态为自由能计算的基态，以无序混合态为目标，首先计算混合熵，然后计算混合热，如图 8-5 所示，最后合并给出混合自由能表达式，即 Flory-Huggins 公式。

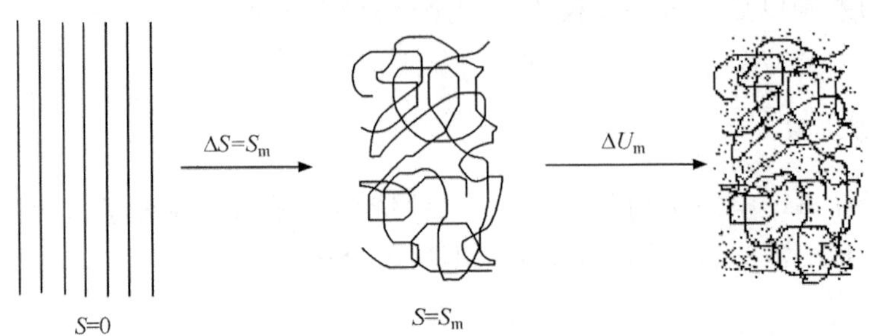

图 8-5 计算高分子溶液混合自由能的路线示意图

8.2.3 计算混合熵

一般混合熵(S_m)包含平动熵(S_{shift})、转动熵(S_{rotate})、振动熵($S_{vibrate}$)和组合熵($S_{combine}$)的贡献,

$$S_m = S_{shift} + S_{rotate} + S_{vibrate} + S_{combine} \tag{8-4}$$

因为第四项是由链单元与溶剂分子相互组合而得,考虑对高分子整体的贡献,在格子空间中前三项的值远小于第四项,故我们只计算组合熵 $S_{combine}$ 即可。根据玻尔兹曼关系式 $S_{combine}=k\ln\Omega$,我们只要计算格子空间中分子间排列方法总数 Ω 即可。

假定从完全有序的初始态中先拿出 j 条链随机地放入格子中,彼此不发生重叠,我们来看如何放有代表性的第 $j+1$ 条链。根据不可压缩流体假定,第一个链单元可在剩下的 $N-rj$ 个空格中任意选择,所以有 $N-rj$ 种放法;第二个链单元只能放在第一个链单元最近邻的 q 个配位格子中,根据浓溶液假定,每格为空的概率是体系中空格的浓度 $1-(rj+1)/N$,于是其放法数为 $q[1-(rj+1)/N]$;第三个链单元根据链柔顺假定可放在第二个链单元的 $q-1$ 个配位格子中,每格为空的概率是 $1-(rj+2)/N$,于是其放法数为$(q-1)[1-(rj+2)/N]$;以此类推,第 r 个链段,可放在 $q-1$ 个配位格子中,每格为空的概率是 $1-(rj+r-1)/N$,其放法数为$(q-1)[1-(rj+r-1)/N]$,于是第 $j+1$ 条链总的放法数 W_{j+1} 为所有链单元的乘积

$$W_{j+1} = q(q-1)^{r-2}(N-rj)\prod_{i=1}^{r-1}\left(1-\frac{rj+i}{N}\right) = \frac{q(q-1)^{r-2}}{N^{r-1}}\cdot\frac{(N-rj)!}{(N-rj-r)!} \tag{8-5}$$

这里需要进一步说明的是,第 i 个链单元的配位格为空的概率为 $p_{ij}=1-(rj+i)/N$,这是基于浓溶液假定,即所谓的**均匀混合近似(random-mixing approximation)**。在这一点上,弗洛里(Flory)和哈金斯(Huggins)的处理手法有所不同。我们来考虑第 i 个链段,其原先是放在一个空格中的,第 $i+1$ 个链段则是放在该空格周围的配位空格中,这样进一步考虑,则 P_{ij} 应当为连续出现两个空格的总数

除以含一个空格的配对格子数。已知现有空格数为$(N-rj-i)$,其配位格总数为$q(N-rj-i)$,每个配位格为空的概率为$1-(rj+i)/N$,则出现两个空格配对的可能数

$$N_{\text{void-void}} = (N - rj - i)q\left(1 - \frac{rj + i}{N}\right) \tag{8-6}$$

这里出于近似计算的考虑,我们不从中扣除现有空格彼此近邻配对所带来的重复计算结果。格子空间中总的配位格子对数为 qN。1942 年,弗洛里不从总的配位格子对数中区分格子配位的具体情况(Flory PJ. Thermodynamics of high polymer solutions. J Chem Phys, 1942, 10: 51-61),由于第 i 链段所放原为空格,包含一个空格的总配对数为

$$N_{\text{void}} = qN\left(1 - \frac{rj + i}{N}\right) \tag{8-7}$$

他在推导中直接采用

$$P_{ij} = \frac{N_{\text{void-void}}}{N_{\text{void}}} = 1 - \frac{rj + i}{N} \tag{8-8}$$

这一项也被称为体积分数项。

也在 1942 年,哈金斯考虑到若区分 qN 中的具体配位情况(Huggins ML. Thermodynamic properties of solutions of long-chain compounds. Ann N Y Acad Sci, 1942, 43: 1-32),

$$qN = N_{\text{void-void}} + N_{\text{void-occupy}} + N_{\text{occupy-occupy}} \tag{8-9}$$

占-占(occupy-occupy)配对由于其中有一部分存在链状相关,不可能再引入空格,因此不能被看作是概率事件,应从统计中予以扣除,这部分贡献可被表示为

$$M_{\text{occupy-occupy}} = q(rj + i) \cdot \frac{2(r - 2)}{qr} \tag{8-10}$$

于是,他在推导中采用

$$P_{ij} = \frac{N_{\text{void-void}}}{N_{\text{void}}} = \frac{N_{\text{void-void}}}{qN - M_{\text{occupy-occupy}}} = \frac{q(N - rj - i)}{qN - 2(r - 2)(rj + i)/r} \tag{8-11}$$

这一项就像对每个格点的表面出现空格的概率进行计算,也可被称为表面分数项,其比弗洛里考虑得更精确,也更复杂,但原则上并不改变最终的计算结果。

溶质分子 N_2 条链总的放法数即等于溶液体系的 Ω,这是因为溶剂分子彼此相同,不能被区分,其放法数只有 1 种,于是

$$\Omega = \frac{1}{2^{N_2} N_2!} \prod_{j=0}^{N_2-1} W_{j+1} \tag{8-12}$$

这里,$N_2!$ 表示由于 N_2 个分子链不可区分所带来的重复计算,放第一条链需要除以 1,放第二条链除以 2,放第三条链除以 3,……放第 N_2 条链除以 N_2,累计需要除以 $N_2!$。2 是每条链从两端之一出发开始摆放的对称因子,也应当予以扣除。

将式(8-5)代入后展开，我们得到

$$\Omega=\frac{q^{N_2}(q-1)^{N_2(r-2)}}{2^{N_2}N^{N_2(r-1)}N_2!}\cdot\prod_{j=0}^{N_2-1}\frac{(N-rj)!}{[N-r(j+1)]!}$$
$$=\frac{q^{N_2}(q-1)^{N_2(r-2)}}{2^{N_2}N^{N_2(r-1)}N_2!}\cdot\frac{N!}{(N-rN_2)!}\tag{8-13}$$

引入斯特林(Stirling)近似，当 $A\gg1$ 时，有

$$\ln A!\approx A\ln A-A\tag{8-14}$$

则

$$\frac{S_{\mathrm{m}}}{k}=\ln\Omega=-N_1\ln\left(\frac{N_1}{N}\right)-N_2\ln\left(\frac{N_2}{N}\right)-N_2(r-1)+N_2\ln\left(\frac{q}{2}\right)+N_2(r-2)\ln(q-1)\tag{8-15}$$

对于纯的高分子无序态本体体系，$N_1=0$，$N=rN_2$，于是我们有

$$\left.\frac{S_{\mathrm{m}}}{k}\right|_{N_1=0}=-N_2(r-1)+N_2\ln\left(\frac{qr}{2}\right)+N_2(r-2)\ln(q-1)\tag{8-16}$$

高分子溶液的混合熵是高分子本体无序态与溶液无序态之间的熵差，即

$$\frac{\Delta S_{\mathrm{m}}}{k}=\frac{S_{\mathrm{m}}}{k}-\left.\frac{S_{\mathrm{m}}}{k}\right|_{N_1=0}=-N_1\ln\left(\frac{N_1}{N}\right)-N_2\ln\left(\frac{rN_2}{N}\right)=-N_1\ln\phi_1-N_2\ln\phi_2\tag{8-17}$$

这里 ϕ_1，ϕ_2 分别为溶剂小分子和高分子在溶液中所占的体积分数。

8.2.4 计算混合热及混合自由能

根据平均场假定，混合热

$$\Delta U_{\mathrm{m}}=BP_{12}\tag{8-18}$$

这里 P_{12} 为溶剂分子 1 与链单元 2 之间总的配对数，混合作用能根据式(4-7) $B=B_{12}-(B_{11}+B_{22})/2$，每条链周围近似有 $(q-2)r$ 个配位格，每格被溶剂分子占据的概率为 ϕ_1，共 N_2 条链，则

$$P_{12}=N_2(q-2)r\phi_1\tag{8-19}$$

可定义

$$\chi\equiv\frac{(q-2)B}{kT}\tag{8-20}$$

此参数也被称为弗洛里或哈金斯相互作用参数，则

$$\Delta U_{\mathrm{m}}=kT\chi N_1\phi_2\tag{8-21}$$

合并混合熵和混合热的总贡献，我们得到混合自由能表达式

$$\frac{\Delta F_{\mathrm{m}}}{NkT}=\phi_1\ln\phi_1+\frac{\phi_2}{r}\ln\phi_2+\chi\phi_1\phi_2\tag{8-22}$$

此式通常被称为**弗洛里-哈金斯(Flory-Huggins)公式**。

8.3　Flory-Huggins 理论的应用和发展

8.3.1　可加和性

1. 多分散性聚合物溶液

从 Flory-Huggins 公式出发，多分散性聚合物溶液的混合自由能可以按照每个分子质量级分的体积分数贡献线性叠加起来，即

$$\frac{\Delta F_{\mathrm{m}}}{kT} = N_1 \ln\phi_1 + \sum_{i>1} N_i \ln\phi_i + \chi N_1 \sum_{i>1} \phi_i \tag{8-23}$$

2. 二元共混物

只要将小分子取代为另一组分的大分子（链长为 r_1）即可，即

$$\frac{\Delta F_{\mathrm{m}}}{NkT} = \frac{\phi_1}{r_1}\ln\phi_1 + \frac{\phi_2}{r_2}\ln\phi_2 + \chi\phi_1\phi_2 \tag{8-24}$$

此式也被称为弗洛里-哈金斯-斯科特（Flory-Huggins-Scott）公式（Scott RL. The Thermodynamics of high polymer solutions. V. Phase equilibria in the ternary system: polymer 1—polymer 2—solvent. J Chem Phys, 1949, 17: 279-284）。可见如果 r_1 和 r_2 均很大时，高分子共混物通常的混合驱动力即混合熵将很小。除非引入分子间特殊相互作用，例如氢键或极性分子基团相互作用，一般两种非极性高分子根据式(4-8)，不容易共混相容。

3. 剪切流动

在剪切流场中，考虑高分子应变的弹性能贡献，有

$$\frac{\Delta F_{\mathrm{m}}}{kT} = N_1 \ln\phi_1 + N_2 \ln\phi_2 + \chi N_1 \phi_2 + \frac{N_1 v_1 + N_2 v_2}{RT} J_{\mathrm{e}}^{0} \eta^2 \gamma'^2 \tag{8-25}$$

其中 v_1 和 v_2 分别为溶剂和高分子的摩尔体积，J_{e}^{0} 为稳态剪切柔量，η 为剪切速率 γ' 下的溶液黏度。此式也被称为弗洛里-哈金斯-沃尔夫（Flory-Huggins-Wolf）公式（Wolf BA. Thermodynamic theory of flowing polymer solutions and its application to phase separation. Macromolecules, 1984, 17: 615-618）。剪切流动带来混合自由能额外的正贡献，所以不利于两组分均匀混合。在实际的加工过程中，高分子共混物或溶液体系常常被剪切流动诱导发生相分离，对产品的形态演化起着重要作用。

4. 交联网的平衡溶胀

轻度交联的凝胶在溶剂中因为构象熵的损失不能发生无限溶胀，存在所谓的

平衡溶胀。溶胀的倾向可由 Flory-Huggins 公式出发来计算溶解自由能，即

$$\frac{\Delta F_{\mathrm{m}}}{kT} = N_1 \ln\phi_1 + N_2 \ln\phi_2 + \chi N_1 \phi_2 \tag{8-26}$$

而弹性回复的倾向可由交联网出发来计算弹性自由能，即

$$\frac{\Delta F_{\mathrm{e}}}{kT} = \frac{n_0}{2}[\lambda_1^2 + \lambda_2^2 + \lambda_3^2 - 3 - \ln(\lambda_1\lambda_2\lambda_3)] = \frac{3\rho V_0}{2M_{\mathrm{c}}}(\phi_2^{-2/3} - 1 + \frac{1}{3}\ln\phi_2) \tag{8-27}$$

这里 n_0 是体系的网链总数，变形率 $\lambda_1=\lambda_2=\lambda_3=\lambda=(V/V_0)^{1/3}=\phi_2^{-1/3}$，$V_0$ 和 V 分别是溶胀前后高分子分布的体积，$V/V_0=Q$ 称为溶胀比，而 $n_0=W/M_{\mathrm{c}}=\rho V_0/M_{\mathrm{c}}$，$W$ 为高分子溶质的质量，ρ 是高分子本体密度，M_{c} 为网链的平均分子质量。这里每条网链体积增加 $\lambda_1\lambda_2\lambda_3$ 倍也带来平动熵的额外增加。于是体系的总自由能 $F=\Delta F_{\mathrm{m}}+\Delta F_{\mathrm{e}}$，对 N_1 取最小值，得平衡的总化学势

$$\Delta\mu = \Delta\mu_{\mathrm{m}} + \Delta\mu_{\mathrm{e}} = 0 \tag{8-28}$$

其中

$$\Delta\mu_{\mathrm{m}} = \frac{\partial F_{\mathrm{m}}}{\partial N_1} = kT(\ln\phi_1 + \phi_2 + \chi\phi_2^2) \tag{8-29}$$

交联体系高分子的总链长可看作无穷大；另一方面，由

$$\phi_2 = \frac{V_0}{V_0 + N_1 v_1} = \left(1 + \frac{N_1 v_1}{V_0}\right)^{-1} \tag{8-30}$$

v_1 为溶剂的摩尔体积，进一步得

$$\Delta\mu_{\mathrm{e}} = \frac{\partial F_{\mathrm{e}}}{\partial N_1} = \frac{\partial}{\partial N_1} \cdot \frac{3\rho V_0 kT\left[\left(1+\frac{N_1 v_1}{V_0}\right)^{2/3} - 1 - \frac{1}{3}\ln\left(1+\frac{N_1 v_1}{V_0}\right)\right]}{2M_{\mathrm{c}}}$$

$$= \frac{\rho v_1 kT\left(\phi_2^{1/3} - \frac{\phi_2}{2}\right)}{M_{\mathrm{c}}} \tag{8-31}$$

于是有

$$\ln(1-\phi_2) + \phi_2 + \chi\phi_2^2 + \frac{\rho v_1}{M_{\mathrm{c}}}\left(\phi_2^{1/3} - \frac{\phi_2}{2}\right) = 0 \tag{8-32}$$

此方程也被称为弗洛里-雷奈尔（Flory-Rehner）方程（Flory PJ，Rehner J. Statistical mechanics of cross-linked polymer networks. II. Swelling. J Chem Phys，1943，11：521-526）。若已知相互作用参数 χ 和高分子本体的密度 ρ，通过测量溶胀平衡时的溶胀比 $Q=\phi_2^{-1}$，我们再根据此公式即可求得交联高分子的平均网链分子质量 M_{c}。

聚电解质凝胶可进一步根据唐南（Donnan）平衡加入电荷作用对化学势的贡献，得到

$$\ln(1-\phi_2) + \phi_2 + \chi\phi_2^2 + \frac{\rho v_1}{M_{\mathrm{c}}}\left(\phi_2^{1/3} - \frac{\phi_2}{2}\right) - f\phi_2 = 0 \tag{8-33}$$

其中 f 为高分子链上离子电荷的分数。此式也被称为弗洛里-雷奈尔-唐南(Flory-Rehner-Donnan)方程(Flory PJ. Principles of Polymer Chemistry. Cornell Ithaca: University Press, 1953)。随着 f 从 0 开始增大,方程在特定 χ 时会出现两个溶胀比的解,对应于凝胶体积的突变,称为**体积相转变**(volume phase transition)。这一现象已经被实验所证明(Tanaka T et al. Phase transition in ionic gels. Phys Rev Lett, 1980, 45: 1636-1639),并可应用于环境响应型智能凝胶。

8.3.2 可压缩性流体

经典的格子统计模型考虑的是不可压缩流体之间的混合。弗洛里早就意识到实际的混合相互作用参数与温度的倒数并非给出零截距,即

$$\chi = A + \frac{B}{T} \tag{8-34}$$

这里的 A 包含有相互作用熵的贡献(Flory PJ. Thermodynamics of polymer solutions. Faraday Discus Soc, 1970, 49: 7-29)。这种贡献由可压缩的自由体积概念出发来理解,两种物质混合时,其中一部分分子进入对方的自由体积,所以总体积在混合时不守恒。山川在理论上给出了近似的估算(Yamakawa H. Modern Theory of Polymer Solutions. New York: Harper & Row, 1971)。普里高津把相互作用的熵贡献归结为分子几何因素所导致的组合因素和分子结构的非组合因素,提出了状态方程理论(Prigogine I. Molecular Theory of Solutions, Chap. 16. Amsterdam: North-Holland, 1957)。弗洛里、奥维尔和弗莱进一步考虑了自由体积的贡献,把链单元的硬芯体积和表面接触点数用不同的独立参数来表示,从而使状态方程更好地拟合实验结果,得到所谓的弗洛里-奥维尔-弗莱(Flory-Orwell-Vrij)状态方程

$$\frac{P'V'}{T'} = \frac{V'^{1/3}}{V'^{1/3} - 1} - \frac{1}{V'T'} \tag{8-35}$$

其中 $P' = P/P^*$, $V' = V/V^*$, $T' = T/T^*$, P^*, V^* 和 T^* 可调节(Flory PJ, Orwell RA, Vrij A. Statistical thermodynamics of chain molecule liquids. J Am Chem Soc, 1964, 86: 3507-3520; Flory PJ. Statistical thermodynamics of liquid mixtures. J Am Chem Soc, 1965, 87: 1833-1838; Orwall RA, Flory PJ. Equation-of-state parameters for normal alkanes. Correlation with chain length. J Am Chem Soc, 1967, 89: 6814-6822)。

桑切斯和拉科姆提出了格子流体模型,他们假定自由体积所占据的空格数为 N_0,则高分子体系的密度为 $\rho \equiv N/(N+N_0)$,这里 $N = \sum N_i r_i$,r_i 为第 i 组分高分子的链长(Sanchez IC, Lacombe RH. Theory of liquid - liquid and liquid - vapour equilibria. Nature, 1974, 252: 381-383; Sanchez IC. Statistical thermodynamics of polymer blends//Paul DR, Newman S ed. Polymer Blend. New York:

Academic Press，1978. Chap. 3）。由格子流体模型可得到两组分共混物体系的亥姆霍兹自由能为

$$\frac{\Delta F_{\mathrm{m}}}{NkT}=\frac{\phi_1}{r_1}\ln(\rho\phi_1)+\frac{\phi_2}{r_2}\ln(\rho\phi_2)+(1-\rho)\ln(1-\rho)/\rho+\chi\rho\phi_1\phi_2 \tag{8-36}$$

可见当 $\rho=1$ 时，该公式即还原为共混物的 Flory-Huggins-Scott 公式。

8.3.3 稀溶液

经典统计理论中的均匀混合近似不适用于高分子的稀溶液。弗洛里-柯瑞鲍(Flory-Krigbaum)理论把悬浮在稀溶液中的高分子线团看作是有效排斥体积为 u 的刚性小球（Flory PJ，Krigbaum WR. Statistical mechanics of dilute polymer solutions. II. J Chem Phys，1950，18：1086-1094）。其组合熵取决于 N_2 个小球在体积 V 中总的放法数 Ω。放第一个球的可能空间为 V，第二个为 $V-u$，第三个 $V-2u$，以此类推，于是总的放法数

$$\Omega=\prod_{i=0}^{N_2-1}(V-iu) \tag{8-37}$$

稀溶液中的混合热可忽略不计，则混合自由能

$$\begin{aligned}\Delta F_{\mathrm{m}}&=-T\Delta S_{\mathrm{m}}=-kT\ln\Omega=-kT\left[N_2\ln V+\sum_{i=0}^{n_2-1}\ln(1-iu/V)\right]\\&\approx-kT\left[N_2\ln V-\frac{u}{V}\sum_{i=0}^{n_2-1}i\right]=-N_2kT\left(\ln V-\frac{N_2u}{2V}\right)\end{aligned} \tag{8-38}$$

以上简化过程忽略了稀溶液近似 $iu/V\ll 1$ 条件下的高阶对数展开项。于是溶剂渗透压

$$\Pi=-(\mu_1-\mu_1^0)/v_1=-N_{\mathrm{A}}\frac{\partial\Delta F_{\mathrm{m}}}{\partial N_1}/v_1=-N_{\mathrm{A}}\frac{\partial\Delta F_{\mathrm{m}}}{\partial V}\cdot\frac{\partial V}{\partial N_1}/v_1 \tag{8-39}$$

这里 N_{A} 为阿伏伽德罗常量，v_1 为溶剂摩尔体积。因 $\partial V/\partial N_1=v_1/N_{\mathrm{A}}$，则

$$\Pi=-\partial\Delta F_{\mathrm{m}}/\partial V\approx kT[N_2/V+(u/2)(N_2/V)^2] \tag{8-40}$$

令 $N_2/V=cN_{\mathrm{A}}/M$，这里 c 为单位体积中的高分子质量，则

$$\frac{\Pi}{c}=RT\left(\frac{1}{M}+\frac{N_{\mathrm{A}}u}{2M^2}c\right) \tag{8-41}$$

这里 R 为摩尔气体常量。可见稀溶液中线团之间的第二位力系数直接取决于每个线团自身排斥体积 u 的大小。

线团的热力学排斥体积 u 与两个线团互相重叠时的自由能变化 ΔF_{o} 有关，

$$u\equiv\int_0^\infty(1-\mathrm{e}^{-\Delta F_{\mathrm{o}}/kT})4\pi a^2\,\mathrm{d}a \tag{8-42}$$

这里 a 为线团质量中心之间的距离。假设线团内的链单元浓度从质量中心沿着半径方向向外呈高斯分布，Flory-Krigbaum 理论通过推算证明 ΔF_{o} 与 $1-\theta/T$ 线性相关。当稀溶液处于 Theta 温度时，线团的排斥体积为零，这种无扰状态直接导致

线团之间的第二位力系数也为零。Flory-Krigbaum 理论给出的数值结果为 4.2.4 节讨论过的式(4-44)。

近似地，直接由 Flory-Huggins 方程也可得到实用的测定分子质量 M 的表达式

$$\frac{\Pi}{c}=\frac{RT}{M}+\frac{RTv^2}{v_1}\left(\frac{1}{2}-\chi\right)c=C_1+C_2c \tag{8-43}$$

这里 C_1, C_2 对特定的高分子溶液是近似常数。这说明在稀溶液极限，Flory-Huggins 平均场理论仍表现得不错。当 $\chi=1/2$ 时，溶液中的高分子近似达到无扰态。

1959 年，马龙从高分子稀溶液的流变学出发，考虑高分子链整体的有效流体力学体积 $\varepsilon\phi_2$，而不再切割成链单元的作用，这里 ε 为高分子的有效体积因子，其经验上依赖于浓度，

$$\frac{1}{\varepsilon}=\frac{1}{\varepsilon_0}+\left(\frac{\varepsilon_0-\varepsilon_\infty}{\varepsilon_0}\right)\phi_2 \tag{8-44}$$

其中无限稀释时，$\varepsilon_0=[\eta]/2$，即特性黏数的一半；ϕ_2 增到黏度 $\eta\to\infty$ 时，$\varepsilon_\infty\approx4$，体系总体积也由混合前的 V_0 变为混合后的 V，并且相互作用能的变化与熵变不独立，于是对 Flory-Huggins 公式作进一步的改良，得到

$$\Delta G_{\mathrm{m}}=RT(X_0+\chi N_1\phi_2) \tag{8-45}$$

$$\Delta H_{\mathrm{m}}=RT^2\lambda N_1\phi_2 \tag{8-46}$$

$$\Delta S_{\mathrm{m}}=-R[X_0+(\chi-T\lambda)\lambda_1\phi_2] \tag{8-47}$$

其中 $X_0=N_1\ln\phi_1+N_2\ln\phi_2+(N_1+N_2)\ln\frac{V_0}{V}+N_2\ln\frac{\varepsilon}{\varepsilon_0}$, $\lambda=\left(\frac{\partial\chi}{\partial T}\right)_{\phi_2,P}$ (Maron SH. A theory of the thermodynamic behavior of non-electrolyte solutions. J Polym Sci, 1959, 38: 329-342; Maron SH, Nakajima N. A theory of the thermodynamic behavior of non-electrolyte solutions. III. The osmotic pressure of polymer solutions. J Polym Sci, 1960, 42: 327-340)。

Maron 理论被证明对天然橡胶-苯、聚苯乙烯-苯、甲苯、环已烷、甲乙酮、乙酸乙酯、氯仿、丙酮、乙基苯和氯苯溶液在整个溶液浓度范围内均有效(Maron SH, Nakajima N. A theory of the thermodynamic behavior of non-electrolyte solutions. II. Application to the system rubber-benzene. J Polym Sci, 1959, 40: 59-71)。

8.3.4　相互作用参数的浓度依赖性

Flory-Huggins 相互作用参数 $\chi=(q-2)B/(kT)$，χ 似乎与 ϕ_2 无关，但实际测量常常发现二者是相关的。一般我们采用

$$\chi^{\mathrm{eff}}=q_{\mathrm{eff}}\frac{B}{kT} \tag{8-48}$$

的形式来表达。

1971 年，康宁斯费尔德(Koningsveld)和克莱金斯(Kleijens)提出一级校正式

$$\chi^{gg} = \frac{(q-2+2\phi_2)B}{kT} \tag{8-49}$$

但仍不能很精确地与实验相符（Koningsveld R，Kleijens LA. Liquid-liquid phase separation in multicomponent polymer systems. X. Concentration dependence of the pair-interaction parameter in the system cyclohexane-polystyrene. Macromolecules，1971，4：637-641）。

1988 年，鲍温迪(Bawendi)和弗里德(Freed)考虑自由体积的贡献，给出更精确的二级及以上级校正式：

$$\chi^{BF} = (q-2+2\phi_2)\frac{B}{kT} - q\phi_2(1-\phi_2)\left(\frac{B}{kT}\right)^2 \tag{8-50}$$

原则上还可以继续展开，并加上 $1/q$ 二维展开，都到高阶项（Bawendi MG，Freed KF. Systematic corrections to Flory-Huggins theory：polymer-solvent-void systems and binary blend-void systems. J Chem Phys，1988，88：2741-2756）。

8.3.5 考虑分子的几何特征-格子束理论

共混物中的不同组分链单元往往在体积上不匹配，例如聚丙烯比聚乙烯多一个甲基，这样在格子空间中就有几何不对称性。1991 年，杜德维奇(Dudowicz)和弗里德提出在格子空间中用一组相连的格点来表示每种链单元，反映链单元几何上的这种不对称性，结果得到

$$\frac{\Delta F_m}{NkT} = \frac{\phi_1}{r_1}\ln\phi_1 + \frac{\phi_2}{r_2}\ln\phi_2 + \phi_1\phi_2\left\{\left(\frac{g_1-g_2}{q}\right)^2 + \frac{B}{kT}\left[q-2-\frac{2}{q}(h_1\phi_2+h_2\phi_1)\right]\right\} \tag{8-51}$$

其中 g_1，g_2 值由链单元结构所决定；h_1，h_2 是穿过相应链单元的三个连续键的组合方法数(Dudowicz J，Freed KF. Effect of monomer structure and compressibility on the properties of multicomponent polymer blends and solutions. 1. Lattice cluster theory of compressible systems. Macromolecules，1991，24：5076-5095)。

8.3.6 半柔顺链

弗洛里在 1956 年为了考虑高分子结晶问题在经典的格子统计理论中引入了链的半柔顺性处理（Flory PJ. Statistical thermodynamics of semi-flexible chain molecules. Proc Roy Soc London，1956，A234：60-73）。由经典的格子统计处理我们得到

$$\ln\Omega = -N_1\ln\frac{N_1}{N} - N_2\ln\frac{N_2}{N} - N_2(r-1) + N_2\ln\frac{q}{2} + N_2(r-2)\ln(q-1) \tag{8-52}$$

这里大致来看，前两项是高分子与溶剂分子的组合熵，后三项是高分子的构象熵，

于是这三项柔顺链的构象熵对总的配分函数的贡献

$$Z_{\text{conf}} = \left[\frac{q(q-1)^{(r-2)}}{2\mathrm{e}^{(r-1)}}\right]^{N_2} \tag{8-53}$$

这里分母中的 2 代表链两端的对称因子，即放第一个链单元可以从任一链端开始，放第二个链单元类似无规行走，可以有 q 种选择，放第三个链单元开始，每个有 $q-1$种选择，类似不可逆无规行走，自然数 e 可被看作是由于其他链的存在对每一步行走的校正。对于半柔顺链，弗洛里假定从放第三个链单元开始，每一步行走不再是随机的，而是按照玻尔兹曼关系由构象能的大小进行分配，假定共线连接对应聚乙烯反式构象，处于自由能计算的基态，构象势能为零；非共线连接对应其旁式构象，势能升高为 E_c，则定义单个键微构象的配分函数

$$z_c \equiv 1 + (q-2)\exp[-E_c/(kT)] \tag{8-54}$$

来代替柔顺链的配分函数贡献表达式中的 $q-1$。这里共线连接只有一个，属于统计的基态，而非共线连接可以有 $q-2$ 个。于是我们得到半柔顺链的配分函数，

$$\ln\Omega = -N_1\ln\frac{N_1}{N} - N_2\ln\frac{N_2}{N} - N_2(r-1) + N_2\ln\frac{q}{2} + N_2(r-2)\ln z_c \tag{8-55}$$

链的构象状态可以用无序度参数 f 来表示，

$$f = \frac{(q-2)\exp[-E_c/(kT)]}{1+(q-2)\exp[-E_c/(kT)]} \tag{8-56}$$

f 实际上是沿每条链的非共线连接的统计平均分数。当 $T\to\infty$时，f 接近于 1，对应于柔顺链。当温度降低时，f 接近于 0，对应于刚性链，此时 z_c 趋向于 e 值，使得总的体系构象配分函数 Z_{conf}接近于 1，于是体系应该自发地回到基态，即呈现有序化转变的倾向。弗洛里认为这对应于高分子由于链的半柔顺性所导致的结晶转变。这一有序化转变确实得到了计算机模拟的证明。但是在实际的浓溶液体系中，高分子很容易被冻结在无序态，这类似于刚棒状分子的无序态堆砌所导致的玻璃化转变。

实际上，要更好地描述高分子的结晶相转变，还需要引入链间平行排列的相互作用能，这个问题我们在第 10 章再作进一步的介绍。

思　考　题

1. 为什么格子模型适合用来计算高分子溶液的混合自由能变化？
2. 平均场假定的目的是什么？
3. 非极性高分子链之间为何不容易相互均匀共混？
4. 为什么说剪切流动容易带来高分子多组分体系的相分离？
5. 如何利用溶胀平衡来测量交联高分子体系的网链平均分子质量？
6. 如何利用聚电解质凝胶的体积相变来设计智能凝胶体系？

第 9 章　高分子相分离

9.1　相分离的热力学

所有高分子链的聚集通常需要经过一个相分离过程，即某种高分子从均匀的溶液或与其他高分子组分的共混物中富集出来。如果两组分混合后的自由能降低，那么有利于我们得到稳定的混合态。包含高分子的混合体系的 Flory-Huggins 自由能表达式表明，混合熵总是大于零，有利于混合自由能的降低，所以混合体系的热力学稳定性主要取决于混合热的符号和大小。对于非极性高分子，如第 4 章 Hildebrand 公式所描述的，混合热总是大于零，大到一定程度，就会使得高分子混合体系在热力学上变得不稳定，会像小分子溶液那样在特定的热力学条件下自发地分离为稀相和浓相两相共存的状态。

我们知道，稀相和浓相两相共存的热力学平衡条件是彼此的化学势相等。在均匀混合态，混合自由能随浓度而变化，如图 9-1(a)所示，分子链长分别为 r_1 和 r_2 的两种高分子以相应的分子数 N_1 和 N_2 共混，假设总体积 $N=r_1N_1+r_2N_2$，自由能密度 $\Delta f_m=\Delta F_m/N$，在 Δf_m 对 ϕ_2 曲线上任一点引切线，其在 $\phi_2=0$ 和在 $\phi_2=1$ 处的截距分别对应组分 1 和组分 2 的化学势 $\Delta\mu_1$，$\Delta\mu_2$，即

$$\Delta\mu_1 \equiv \frac{\partial\Delta f_m}{\partial\phi_1} \tag{9-1}$$

$$\Delta\mu_2 \equiv \frac{\partial\Delta f_m}{\partial\phi_2} \tag{9-2}$$

当相分离出现时，Δf_m 对 ϕ_2 的曲线并不是简单地从向下凹变得向上凸起，而是如图 9-1(b)所示在 A 和 B 两点处有一条共切线，这意味着此处

$$\Delta\mu_{1A} = \Delta\mu_{1B} \tag{9-3}$$

$$\Delta\mu_{2A} = \Delta\mu_{2B} \tag{9-4}$$

这正是 A、B 两相平衡的热力学条件，称为**共切线规则(common tangent rule)**，对应的切点处 A 和 B 两浓度随温度变化的曲线构成了两相共存曲线，如图 9-1(a)所示，也称为**双节线(binodal line)**。

在温度足够高时，A 点和 B 点相互合并在相分离的**临界点(critical point)**。临界点的热力学条件是自由能对浓度三阶以下的偏导数都等于零。可从

$$\phi_1 + \phi_2 = 1 \tag{9-5}$$

和

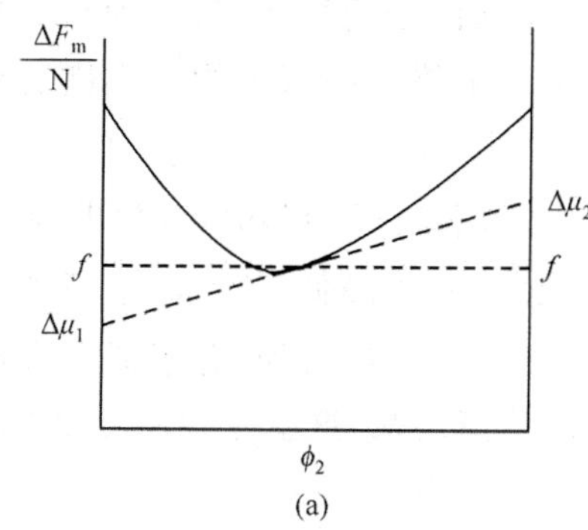

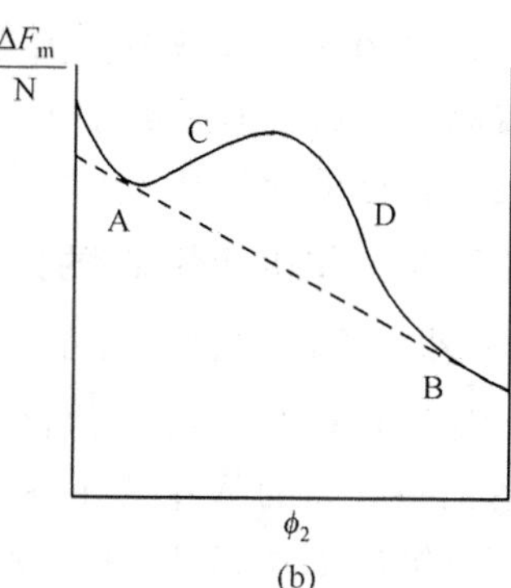

图 9-1　混合自由能随高分子体积分数的变化而变化的示意图。(a) 混合态对任意 ϕ_2 都稳定;(b) 只有对在 A 和 B 两点及以外的相分离态的 ϕ_2 才稳定

$$\frac{\partial^3 \Delta f_m}{\partial \phi_1^3} = kT\left(\frac{1}{r_2\phi_2^2} - \frac{1}{r_1\phi_1^2}\right) = 0 \tag{9-6}$$

$$\frac{\partial^2 \Delta f_m}{\partial \phi_1^2} = kT\left(\frac{1}{r_1\phi_1} + \frac{1}{r_2\phi_2} - 2\chi\right) = 0 \tag{9-7}$$

三式联立解方程,我们得到,

$$\phi_{2c} = \frac{\sqrt{r_1}}{\sqrt{r_1} + \sqrt{r_2}} \tag{9-8}$$

$$\chi_c = \frac{1}{2}\left(\frac{1}{\sqrt{r_1}} + \frac{1}{\sqrt{r_2}}\right)^2 \tag{9-9}$$

对于对称的共混物,两组分高分子的分子质量相等,$r_1 = r_2 = r$,则其临界点为

$$\phi_{2c} = \frac{1}{2} \tag{9-10}$$

$$\chi_c = \frac{2}{r} \tag{9-11}$$

不对称共混物的极端情形是高分子溶液,$r_1 = 1$,$r_2 = r$,则其临界点为

$$\phi_{2c} = \frac{1}{r^{1/2} + 1} \tag{9-12}$$

$$\chi_c = \frac{1}{2} + \frac{1}{\sqrt{r}} + \frac{1}{2r} \tag{9-13}$$

当 $r \to \infty$ 时,

$$\phi_{2c} \to 0 \tag{9-14}$$

$$\chi_c \to \frac{1}{2} \tag{9-15}$$

根据 Flory-Huggins 自由能表达式所计算的第二位力系数在 $\chi = 1/2$ 时等于零,可见高分子稀溶液的 Theta 点正好落在相分离的临界点附近。高分子的本体

也处在其自身的 Theta 状态。因为临界点附近有强烈的热涨落，这种长程相关性能够沿着高分子链一直传导下去，所以高分子在本体和溶液中均表现出链构象和链运动的链长标度律特征。

由临界相互作用参数 χ_c 的分子质量依赖性式(9-11)和式(9-13)可知，链长 r 增大，χ_c 减小。在多分散高分子体系的浓溶液中，通过降低温度 T，或者通过滴加沉淀剂增加混合相互作用 B 值，使相互作用参数 χ 逐步增加，分子质量大的级分将率先达到相分离的临界条件，从溶液中沉淀分离出来，这就是我们可以进行分子质量沉淀分级的原理，如图 9-2 所示。

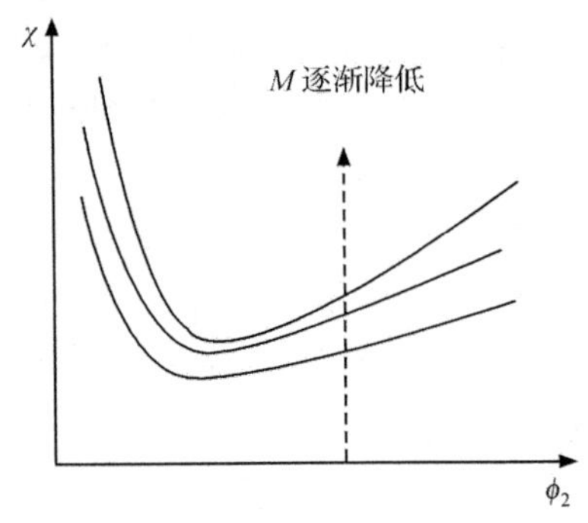

图 9-2 不同分子质量 M 级分随 χ 逐步增大而依次发生相分离的相图曲线示意图

由 Flory-Huggins 方程得到的临界点可以很好地解释温度降低时发生的相分离临界条件，该临界点被称为**上临界共溶温度(upper critical solution temperature, UCST)**。但是，实际的高分子溶液体系中还广泛存在着由温度升高所得到的相分离临界点，后者被称为**下临界共溶温度(lower critical solution temperature, LCST)**，如图 9-3 所示。

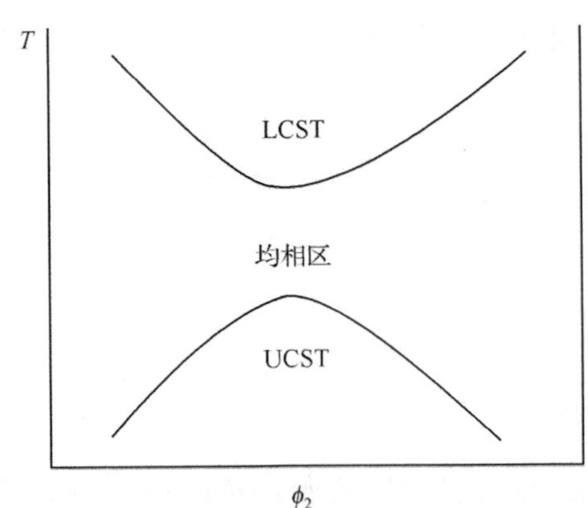

图 9-3 下临界共溶温度(LCST)和上临界共溶温度(UCST)相图曲线示意图

如果在相互作用参数中进一步考虑混合熵的贡献，即在

$$\chi = A + \frac{B}{T} \tag{9-16}$$

中，当 $A>0$，$B<0$ 时，即可出现 LCST 现象。LCST 的出现可以有许多不同的机制。一种机制是溶质和溶剂分子之间形成较为稳定的氢键相互作用，高温下热运动强，不利于这种特殊相互作用，所以出现相分离（Sanchez IC，Balazs AC. Generalization of the lattice-fluid model for specific interactions. Macromolecules，1989，22：2325-2331）。另一种较为普遍的机制是高温下接近溶剂的沸点时，随着温度的升高，溶剂出现较高的可压缩性，对高分子的运动产生熵限制，这种热膨胀率的不同会导致相分离的发生。后者可以从考虑可压缩性的状态方程（Flory-Orwoll-Vrij 理论和 Sanchez-Lacombe 理论）出发来解释。非极性高分子共混物中出现的 LCST 则可由考虑链单元的几何形状不匹配性的格子束理论来解释。

9.2　相分离的动力学

混合体系在热力学上不稳定并不意味着立即会发生相分离。溶液的动力学稳定性取决于微小的浓度涨落对自由能的影响。当涨落导致浓度偏离平均浓度 ϕ 时，如果局部的自由能曲线开口朝下，例如图 9-1(b)曲线 CD 段，涨落产生两相的平均自由能可能比原来的 Δf_m 要低，平均自由能降低意味着该浓度在动力学上不稳定，相分离会立即发生，如图 9-4(a)所示。此时

$$\frac{\partial^2 \Delta f_m}{\partial \phi^2} = \frac{\partial \mu}{\partial \phi} < 0 \tag{9-17}$$

说明在界面处各组分会自发地朝浓度高的方向扩散(uphill diffusion)，任何微小的涨落都会被放大并导致相分离的发生，我们称这种相分离机制为**旋节线分解(spinodal decomposition，SD)**。自由能对浓度的二次偏导数为零则是动力学稳定性的临界条件。图 9-1(b)中的 C、D 两拐点的浓度随温度变化所构成的临界曲线，也称为**旋节线(spinodal line)**，如图 9-5 所示。由二元共混物的 Flory-Huggins 方程可得到旋节线的热力学条件

$$\frac{\partial^2 \Delta f_m}{\partial \phi_1^2} = kT\left(\frac{1}{r_1\phi_1} + \frac{1}{r_2\phi_2} - 2\chi_s\right) = 0 \tag{9-18}$$

即

$$\chi_s = \frac{1}{2}\left(\frac{1}{r_1\phi_1} + \frac{1}{r_2\phi_2}\right) \tag{9-19}$$

如果自由能曲线开口朝上，例如图 9-1(b)在 A 和 C 两点之间以及 D 和 B 两点之间的动力学亚稳定区，微小程度的浓度涨落不足以导致相分离的发生，如图 9-4(b)所示，此时

$$\frac{\partial^2 \Delta f_{\mathrm{m}}}{\partial \phi^2} = \frac{\partial \mu}{\partial \phi} > 0 \tag{9-20}$$

这意味着在界面处,各组分会自发地朝低浓度的方向扩散(downhill diffusion),导致界面弥散化,如图 9-6(a)所示。只有足够大幅度的浓度涨落,如图 9-6(b)所示,才能引发新相的出现,我们称这种相分离机制为**成核生长(nucleation and growth,NG)**,不同相分离机制在相图上所出现的浓度区域如图 9-5 所示。

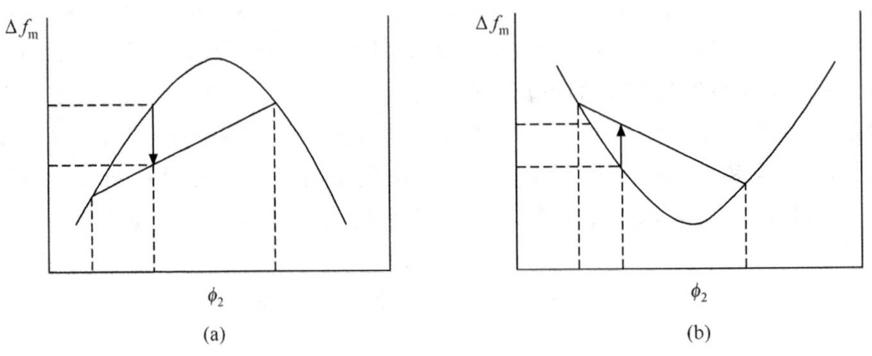

图 9-4 混合自由能随高分子体积分数的局部涨落而变化的示意图。(a) 曲线开口朝下,涨落产生更低的自由能;(b) 曲线开口朝上,涨落产生更高的自由能

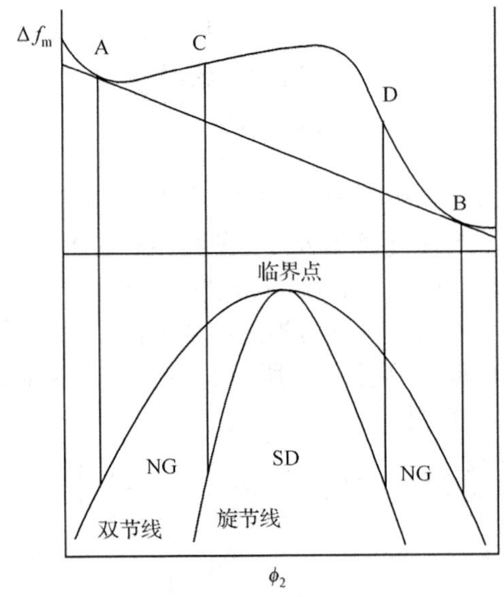

图 9-5 混合溶液的双节线和旋节线相图曲线示意图。彼此围出的区域对应成核生长(NG)和旋节线分解(SD)这两种不同的相分离机制

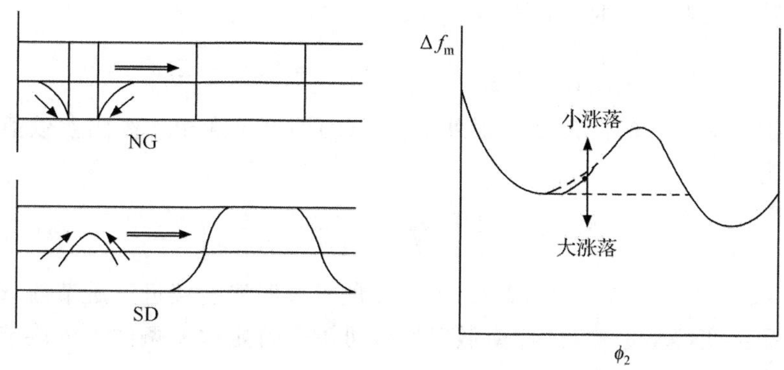

图 9-6　浓度涨落在不同相分离机制下的表现示意图。(a) 浓度分布及其扩散特点；(b) 小涨落和大涨落导致不同的自由能变化后果

高分子共混物是散射实验研究旋节线分解相分离动力学的一种理想体系，这是因为高分子在本体中的扩散速度很小，相分离过程很慢，允许具有时间分辨的散射实验来跟踪表征相分离过程中发生的结构演变动力学。相分离的动力学过程通常是依靠混合体系中的浓度涨落来引发的。在均匀混合体系中，基于可见光(波长 λ 大约为 0.6μm，利用极化率或折光指数反差)、中子束(波长 λ 大约为 5Å，利用氘代和氢原子基团散射截面反差)和 X 射线(波长 λ 在 1.54 Å，利用电子云密度反差)的散射实验能够测量的散射强度对应于浓度涨落的结构因子 $S(\boldsymbol{h}) = \langle \Delta\phi^2 \rangle$，这里散射矢量

$$\boldsymbol{h} = \frac{4\pi\sin\theta}{\lambda} \tag{9-21}$$

反映散射角 θ 的大小。德热纳借用了讨论电子密度涨落的**无规相近似(random-phase approximation，RPA)**的概念[De Gennes PG. Theory of x-ray scattering by liquid macromolecules with heavy atom labels. J Phys (Paris), 1970, 31: 235-238; De Gennes PG. Scaling Concepts in Polymer Physics. Ithaca: Cornell University Press, 1979]，即假定在特定 $\boldsymbol{h}$ 值处的散射强度是由每条高分子链在平均的浓度场中的独立贡献叠加而成，得到

$$\frac{1}{S(\boldsymbol{h})} = \frac{1}{r_1\phi_1 S_D(\boldsymbol{h}, r_1)} + \frac{1}{r_2\phi_2 S_D(\boldsymbol{h}, r_2)} - 2\chi \tag{9-22}$$

式(9-22)被称为 RPA 方程。这里 $S_D(\boldsymbol{h}, r)$ 称为**德拜(Debye)函数**，是每条理想链的散射结构因子，

$$S_D(Q) = \frac{2[\exp(-Q) + Q - 1]}{Q^2} \tag{9-23}$$

其中 $Q = \boldsymbol{h}^2 R_g^2$，与线团回转半径尺寸 R_g 有关。

这样由实验测量所得到的散射强度可直接得到混合体系的 Flory-Huggins 相

互作用参数。当 $\boldsymbol{h} \to 0$ 时,$S_D(\boldsymbol{h}, r) = 1$,

$$\frac{1}{S(0)} = \frac{1}{r_1\phi_1} + \frac{1}{r_2\phi_2} - 2\chi = 2(\chi_s - \chi) \tag{9-24}$$

由实验测量散射强度的低角度极限外推值 $S(0)$ 即可得到相互作用参数值,该值的实验定义为

$$\chi_{SANS} = \frac{1}{2}\left[\frac{1}{r_1\phi_1} + \frac{1}{r_2\phi_2} - \frac{1}{S(0)}\right] \tag{9-25}$$

由于 $(\chi_s - \chi) \sim (T - T_s)$,当 $S(0)$ 发散时表明温度接近于旋节线,确实在此时混合样品会变得不透明,这样由散射实验可测定特定浓度条件下的旋节线温度。

在 $\boldsymbol{h}$ 值很大时,

$$S_D \approx \frac{2}{Q} = \frac{2}{\boldsymbol{h}^2 R_g^2} \tag{9-26}$$

一般情况下,近似地取两种极端情况下的简单加和,

$$S_D^{-1} = 1 + \frac{\boldsymbol{h}^2 R_g^2}{2} \tag{9-27}$$

即

$$S_D = \frac{1}{1 + \frac{\boldsymbol{h}^2 R_g^2}{2}} \tag{9-28}$$

这称为**奥恩斯坦-泽尼克(Ornstein-Zernike)近似**。$R_g^2 = rb^2/6$。代入式(9-22)的RPA方程,得到

$$\frac{1}{S(\boldsymbol{h})} = \frac{1}{r_1\phi_1} + \frac{\boldsymbol{h}^2 b^2}{12\phi_1} + \frac{1}{r_2\phi_2} + \frac{\boldsymbol{h}^2 b^2}{12\phi_2} - 2\chi = \frac{1}{S(0)} + \frac{\boldsymbol{h}^2 b^2}{12\phi_1\phi_2} \tag{9-29}$$

一般 $S(\boldsymbol{h})$ 与 $S(0)$ 之间也存在 Ornstein-Zernike 近似关系,

$$S(\boldsymbol{h}) = \frac{S(0)}{1 + (\boldsymbol{h}\xi)^2} \tag{9-30}$$

这里 ξ 是浓度涨落的相关长度,将式(9-29)代入式(9-30)可得

$$\xi = \left[\frac{b^2 S(0)}{12\phi_1\phi_2}\right]^{1/2} \sim (T - T_s)^{-1/2} \tag{9-31}$$

这意味着温度接近旋节线温度时,浓度涨落的相关长度也将发散。

在旋节线分解相分离机制中,随机的浓度涨落中存在多重相关波长的浓度分布调制。长波长浓度调制需要分子长距离的扩散,比较慢;而短波长浓度调制虽然快,但是产生过多的两相界面,不利于体系总自由能的降低。所以,浓度调制存在某个最优化的波长,导致旋节线分解的早期出现浓度分布周期性调制的结果。

最优化波长可由考虑浓度涨落的金兹伯格-朗道(Ginzburg-Landau)自由能泛函表达式出发来计算得到。该表达式在平均场自由能的基础上加入一项界面自由能随浓度梯度而变化的贡献,即

$$\Delta F = \int [\Delta f_{\mathrm{m}} + \kappa(\nabla\phi)^2] \mathrm{d}^3 r \tag{9-32}$$

其中 κ 称为梯度能量参数(gradient energy coefficient)，反映界面能的强度。浓度梯度平方项最早可追溯到范德瓦耳斯关于非理想气体的工作，有时也称为金兹伯格(Ginzburg)项或者卡恩-希利亚德(Cahn-Hilliard)项。

由菲克(Fick)第一定律可知，浓度扩散流通量

$$J_{\mathrm{m}} = -D \cdot \nabla\phi \tag{9-33}$$

而菲克第二定律则给出浓度扩散方程

$$\frac{\delta\phi}{\delta t} = -\nabla \cdot J_{\mathrm{m}} = D(f'' \nabla^2\phi - 2\kappa\nabla^4\phi + \cdots) \tag{9-34}$$

其傅里叶分析解

$$\Delta\phi(r,t) = \phi - \langle\phi\rangle \sim \exp[-D\boldsymbol{h}^2(f'' + 2\kappa\boldsymbol{h}^2)t] \tag{9-35}$$

其中 t 为时间，D 为有效扩散系数，κ 是一个正值常数的梯度能量参数，$\boldsymbol{h}$ 是浓度调制波数(即散射矢量)，$f'' = \partial^2\Delta f_{\mathrm{m}}/\partial\phi^2$。可见浓度涨落呈指数放大，放大因子

$$R(\boldsymbol{h}) = D\boldsymbol{h}^2(-f'' - 2\kappa\boldsymbol{h}^2) \tag{9-36}$$

只有当 $f''<0$(体系不稳)时，$R(\boldsymbol{h})$ 才会大于零，临界条件是 $\boldsymbol{h} < \boldsymbol{h}_{\mathrm{c}} = (-f''/2\kappa)^{1/2}$(涨落尺寸必须足够大)，并在 $\boldsymbol{h}_{\max} = (-f''/4\kappa)^{1/2}$ 处出现最大值。实验测得的散射因子 $S(\boldsymbol{h}) = \langle\Delta\phi^2\rangle$，即

$$S(\boldsymbol{h},t) \sim \exp[2R(\boldsymbol{h})t] \tag{9-37}$$

这样实验测得的散射强度最大值在 $\boldsymbol{h}_{\max}$ 处首先随着时间演化而增强，然后才移向较小的 $\boldsymbol{h}$ 值(对应较大的相区尺寸)，如图 9-7 所示。

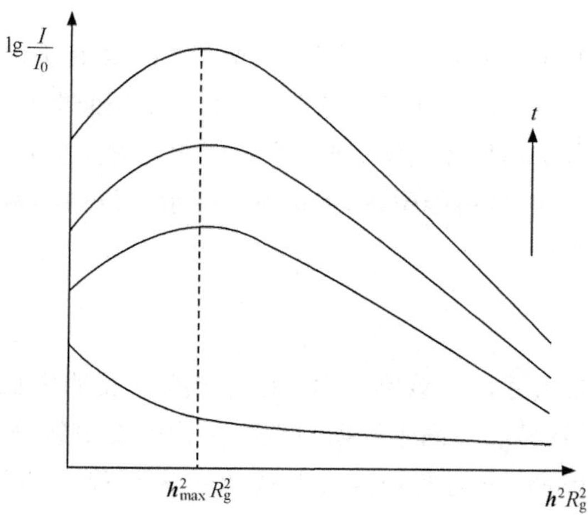

图 9-7　散射强度最大值随时间 t 演化保持不变是旋节线分解相分离的早期特征

旋节线分解早期出现优化的双连续的网状周期性结构，后期小相区相互合并，以减小体系的总界面面积，降低自由能。后期的结构演化过程被称为**奥斯特瓦尔德熟化(Ostwald ripening)**。根据波罗德(Porod)定律可知，

$$S(\boldsymbol{h} \to \infty) = \frac{O}{\boldsymbol{h}^4} \tag{9-38}$$

界面密度 O(单位体积中的界面面积)可通过散射实验测量得到，并可观察到 O 以 t^{-1} 的方式衰减。此时相区线性尺寸则以

$$L(t) \sim (D\sigma t)^{1/3} \tag{9-39}$$

方式增大，这里 D 为扩散系数，σ 为界面自由能密度。公式(9-39)也被称为**利夫希兹-斯洛佐夫 (Lifshitz-Slyozov)定律**。

在成核生长的相分离机制中，首先需要产生足够高的浓度涨落，由于浓度倾向于向低浓度区扩散(downhill diffusion)，高浓度区将出现很薄的界面，其对自由能变化的贡献不再方便用浓度梯度函数来计算，而是直接用界面自由能 σ 来表示。此时不仅需要有足够高的浓度涨落，而且还需要有足够大尺度的新相区出现。尽管新相区有更低的自由能状态，产生新相区总是带来界面区表面自由能的增加，不利于体系的总自由能降低。我们知道球形是最小的几何优化表面积的结果，假定新相区是半径为 r 的球体，吉布斯创立了经典的成核理论，对成核自由能的变化给出一个现象学上的描述(Gibbs JW. On the equilibrium of heterogeneous substances. Trans Connect Acad Arts Sci，1878，3：343-524)，

$$\Delta F = -\frac{4\pi}{3}r^3\Delta f + 4\pi r^2\sigma \tag{9-40}$$

这里等号右边第一项代表体自由能的降低，第二项代表由新相带来的界面所引起的总自由能升高。在新相尺寸比较小的时候，第二项表面能项为主要贡献，对自由能降低不利。只有当新相尺寸足够大时，第一项才成为主要贡献，总自由能才能降低，于是出现一个相变的自由能位垒，如图 9-8 所示。位垒的最高处对应于临界核尺寸

$$r^* = \frac{2\sigma}{\Delta f} \tag{9-41}$$

只有涨落产生的新相尺寸超过该临界值，新相才能自发地生长下去。在相分离早期，少量成核的形态将显著不同于周期性调制结构的旋节线分解相分离机制，如图 9-9 所示；在相分离后期，小的新相区合并成为更大更稳定的新相区，成核生长与旋节线分解的新相区形态将无法区别开来。在下一章，将介绍更多的有关成核生长动力学的内容。

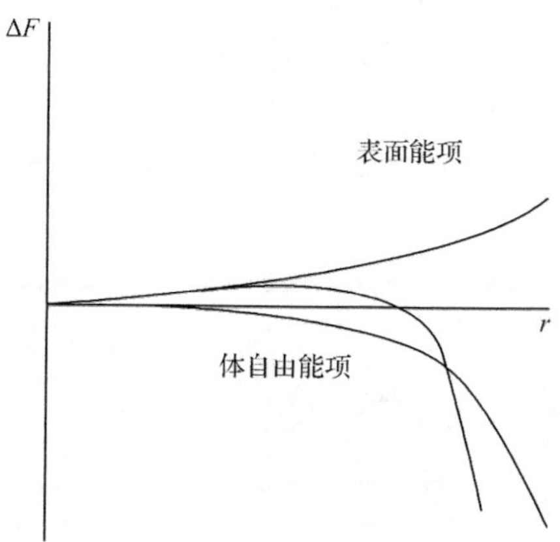

图 9-8　成核过程的自由能变化示意图

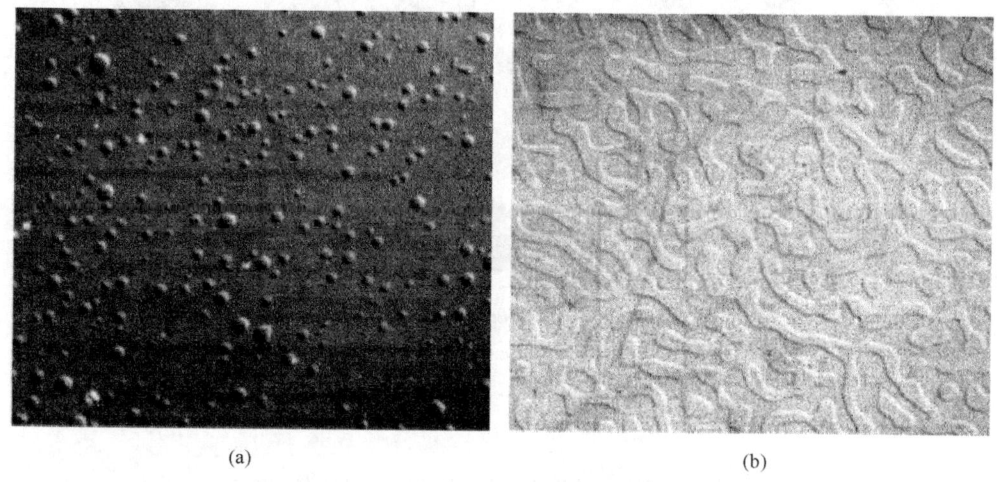

图 9-9　相分离早期成核生长(a)与旋节线分解(b)产生的不同的相形态[Strobl GR, Bendler JT, Kambour RP, Shultz AR. Thermally reversible phase separation in polystyrene/poly (styrene-co-4-bromostyrene) blends. Macromolecules, 1986, 19: 2683-2689]

由于相分离到后期需要大尺度新相区的相互合并,而高分子的扩散过程又极其缓慢,相分离并不能达到如相图所预测的那样的平衡态相结构,通常我们只能得到多组分浓相和稀相交织在一起的亚稳态链聚集结构。这种亚稳的多组分**织态结构(texture structure)**被随后的降温冷却过程中所发生的玻璃化转变、结晶或交联等过程固化,很好地实现了不同材质性能上的互补。一个典型的例子是商业化的高抗冲聚苯乙烯。液态聚丁二烯与聚苯乙烯混合体系通过两步相分离,第一步降温发生相分离,只是形成特定尺度的浓相和稀相区,第二步降温则在原来的相分离基础上，在浓相区和稀相区中再进一步产生浓相和稀相交织的相结构，从而得到均匀复合的橡胶增韧聚苯乙烯织态结构，如图 9-10 所示。这种在聚苯乙烯介质中形成的多层次复合织态结构在受外力冲击时能够引发大量交错网状的银纹以吸收能量，使得材料的抗冲击强度大大提高，很好地实现了两种不同材质性能上的优势互补。

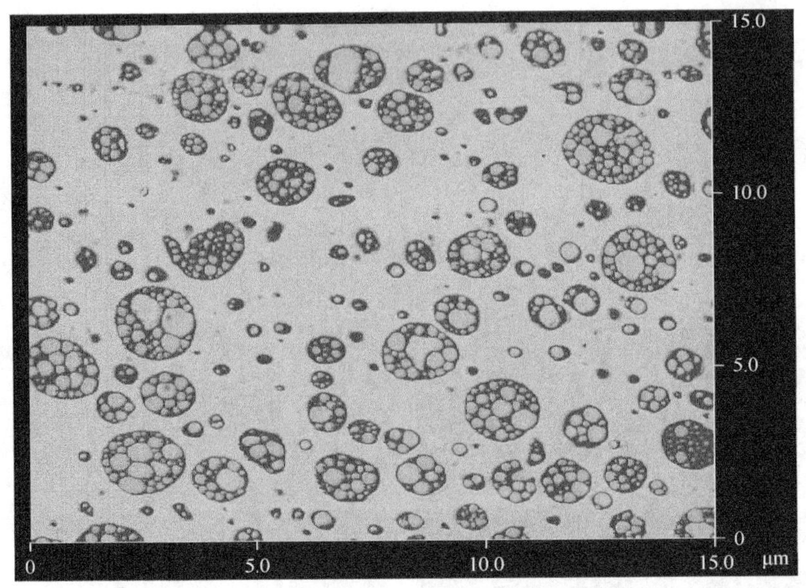

图 9-10 聚丁二烯通过两步相分离均匀分散在聚苯乙烯介质中形成复合织态结构。原子力显微镜图由刘江博士提供[Liu J. AFM applications in petrochemical polymers. Microscopy and Microanalysis，2003，9(Suppl 2)：452-453]

9.3 两嵌段共聚物的微相分离

两嵌段共聚物由于受到不同组分之间沿着链的共价键链接的限制，只能形成分子线团尺度上的**微相分离(microphase separation)**小区域，不可能实现宏观的相分离。主要根据组分的不同，成分占多数的组分构成连续相，而成分占少数的组分构成微相区，后者的平衡几何形状随着成分的降低可以是层形(lamella)、螺旋形(gyroid)、柱形(cylinder)和球形(sphere)，如图 9-11 所示。其有序堆砌形成周期性的纳米尺度的规则图案，适合做纳米材料的模板（Bates FS，Fredrickson GH. Block copolymer thermodynamics：theory and experiment. Annu Rev Phys Chem，1990，41：525-557；Bates FS，Fredrickson GH. Block copolymers—designer soft materials. Phys Today，1999，52：32-38）。

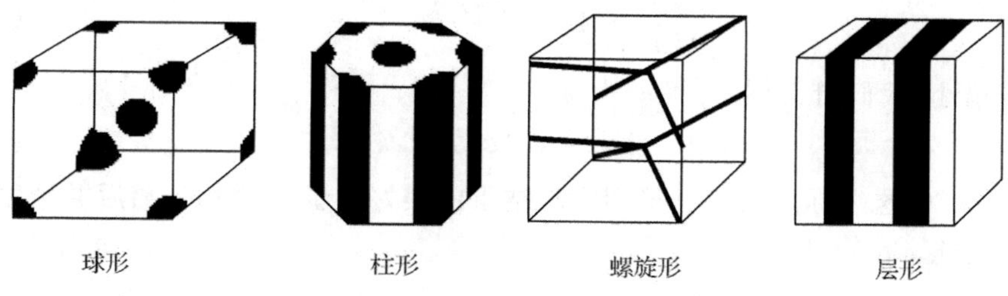

图 9-11　两嵌段共聚物形成的特定几何形状的相分离微区示意图

小角 X 射线散射可以测量这些规则堆砌的微相畴的长周期 d，如图 9-12 所示。微相分离的平衡尺寸可由计算自由能出发来进行标度分析。相对于共混物的宏观相分离体系，发生微相分离的两嵌段共聚物体系的自由能主要有两部分额外的贡献。第一部分是每条分子链对微相分离界面能的贡献，

$$\Delta H_{\text{int}} = kT\chi \frac{Ad_{\text{int}}}{v} \tag{9-42}$$

其中 v 是每个链单元的体积，每个线团对界面面积的贡献 $A=rv/d$，r 代表每条链总的链单元数；我们知道对称共混物在相分离临界点

$$\chi_c = \frac{2}{r_c} \tag{9-43}$$

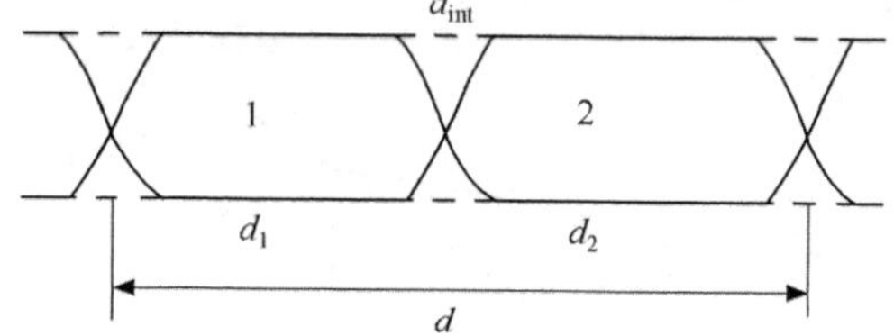

图 9-12　对称两嵌段共聚物两组分微相区尺寸示意图

于是在界面处发生临界混合的界面厚度与临界混合链部分的线团尺寸(与临界混合段链长 r_c 成理想链标度关系)相当，即

$$d_{\text{int}} \sim v^{1/3} r_c^{1/2} \sim v^{1/3} \chi^{-1/2} \tag{9-44}$$

则

$$\Delta H_{\text{int}} \sim kT\chi^{1/2} v^{1/3} \frac{r}{d} \tag{9-45}$$

第二部分是由于两条嵌段链分别处在界面的两侧所带来的线团变形构象熵的贡献，

$$\Delta S_{\text{str}} \sim -\left(\frac{R}{R_0}\right)^2 \sim -\left(\frac{d}{R_0}\right)^2 \tag{9-46}$$

这里假定 $R \propto d$，理想链尺寸 $R_0^2 = rv^{2/3}$。这样，总自由能增量

$$\frac{\Delta F}{kT} \sim \chi^{1/2} v^{1/3} \frac{r}{d} + \frac{d^2}{rv^{2/3}} \tag{9-47}$$

对 d 取最小，我们可得到

$$d \sim r^{2/3} v^{1/3} \chi^{1/6} \tag{9-48}$$

d 与链长 r 的这一标度关系已得到实验结果的很好验证。微相分离后共聚物体系总的自由能

$$\frac{\Delta F}{kT} \sim (\chi r)^{1/3} \tag{9-49}$$

由 Flory-Huggins 公式知，均匀混合无序态(disordered state)的自由能 $\Delta F_m \sim \chi r$，而发生微相分离的有序态(ordered state)的自由能 $\Delta F_m \sim (\chi r)^{1/3}$，这里 χr 通常被称为**分凝强度(segregation strength)**。随着分凝强度从零逐步增大，开始无序态的自由能相对较小，比较稳定，最后有序态的自由能变得相对较小，更稳定，如图 9-13 所示，于是存在临界相转变条件 $(\chi r)_c$。自洽场理论计算得到的临界分凝强度只与总链长 r 有关：

$$(\chi r)_c \approx 10.5 + 41r^{-1/3} \tag{9-50}$$

(Fredrickson GH, Helfand E. Fluctuation effects in the theory of micro-phase separation in block copolymers. J Chem Phys, 1987, 87: 697-705)

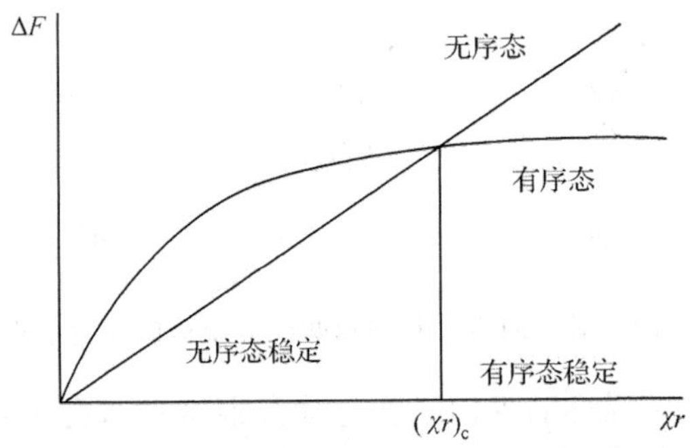

图 9-13 临界分凝强度划分无序态和有序态示意图

微相分离，或者反过来朝均匀混合方向转变，有时也称为**有序-无序转变(order-disorder transition, ODT)**。采用自洽场的理论计算方法可以计算各种特征几何形状的微畴相图。自洽场理论(self-consistent field theory, SCFT)方法最早是由爱德华兹在沿高分子链构象进行路径积分(path-integral)的基础上引入到高分子体系的(Edwards SF. The statistical mechanics of polymers with the excluded volume. Proc Phys Soc, 1965, 85: 613-624)。赫尔方将其应用于不相容聚合物体系基于高斯链模型的平均场理论描述(Helfand E. Theory of inhomogeneous polymers: Fundamentals of the Gaussian random-walk model. J Chem Phys, 1975, 62: 999-1005)中,该理论得到了洪和努兰迪的进一步发展(Hong KM, Noolandi J. Theory of inhomogeneous multicomponent polymer systems. Macromolecules, 1981, 14: 727-736)。赫尔方也是最先将这一理论方法用于研究嵌段共聚物体系的微相分离结构的(Helfand E. Block copolymer theory. III. Statistical mechanics of the microdomain structure. Macromolecules, 1975, 8: 552-556),并尝试用数值方法对相图进行精确计算(Helfand E, Wasserman ZR. Block copolymer theory. IV. Narrow interphase approximation. Macromolecules, 1976, 9: 879-888)。χr 在有序-无序转变区附近的微相分离行为与远离此区域($r\to\infty$)的行为差别较大,前者一般被称为**弱分凝(weak segregation)**,后者则被称为**强分凝(strong segregation)**。莱布勒利用自由能在均匀相附近的函数展开,提出了弱分凝理论(Leibler L. Theory of microphase separation in block copolymers. Macromolecules, 1980, 13: 1602-1617)。西门诺夫则将自由能直接分为界面能和伸展能两部分的贡献,提出了强分凝理论(Semenov AN. Contribution to the theory of microphase layering in block copolymer melts. Sov Phys JEPT, 1985, 61: 733-742)。为了得到不同几何特征微相结构相图的精确计算结果,马特森和希克利用有序相的晶体对称性提出了求自洽平均场方程数值解的倒空间方法(Matsen MW, Schick M. Stable and unstable phases of a diblock copolymer melt. Phys Rev Lett, 1994, 18: 2660-2663)。其结果如图 9-14 所示,此结果得到了实验观测很好的验证。但是,这一方法只能用于已知对称性结构的稳定性研究,不能预测未知对称性的微相结构。为此,德罗莱特和弗雷德里克森提出从随机初始场出发,通过自洽迭代得到共聚物体系所有可能的有序结构,即所谓的实空间算法(Drolet F, Fredrickson GH. Combinatorial screening of complex block copolymer assembly with self-consistent field theory. Phys Rev Lett, 1999, 83: 4317-4320)。波波特拉维夫和王振纲也提出了类似的但更有效的算法(Bohbot-Raviv Y, Wang ZG. Discovering new ordered phases of block copolymers. Phys Rev Lett, 2000, 85: 3428-3431)。然而,该方法不能保证所得到的有序相结构具有最低的自由能,计算精度也不如倒空间算法。比较有效的方法是先用实空间算法得到有序相结构,然后根据其对称性采用倒空间算法来判断其热力学稳定性。最新的进展是史安昌与杨玉良和邱枫课题组合作,根据自洽场方程在傅里叶倒空间中求解,来找到嵌段共聚物所有稳定的对称相(Guo ZJ, Zhang GJ, Qiu F, Zhang HD, Yang YL, Shi AC. Discovering ordered phases of block copolymers: New results from a generic Fourier-space approach. Phys Rev Lett, 2008, 101: 028301;Zhang GJ, Qiu F, Zhang HD, Yang YL, Shi AC. SCFT study of tiling patterns in ABC star terpolymers. Macromolecules, 2010,43: 2981-2989)。此方

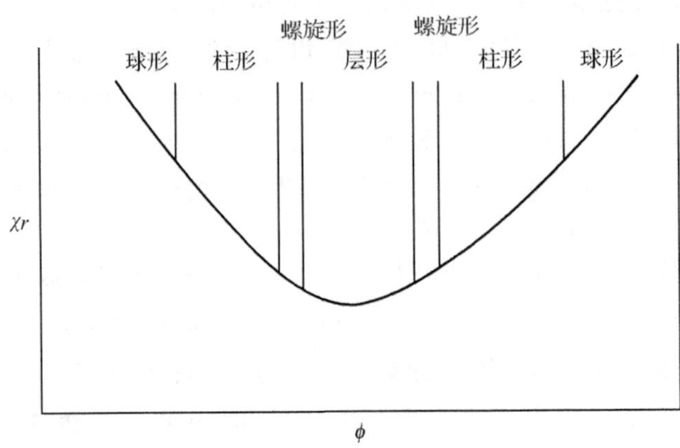

图 9-14 两嵌段共聚物分凝强度随组成比变化的相图及有序相区结构分布示意图

法可用于探索比两嵌段共聚物更复杂的三嵌段等多嵌段共聚物体系的微相结构。两嵌段共聚物体系的螺旋形相结构由于含有较多的弯曲界面,不利于体系总自由能的降低,其在强分凝区域将不再能够稳定出现。近年来,在螺旋形相区的下端,还发现了稳定的 Fddd 正交网络相结构(Tyler CA, Morse DC. Orthorhombic Fddd network in triblock and diblock copolymer melts. Phy Rev Lett 2005, 94: 208302)。研究有序微相结构演化动力学的理论方法有微观尺度下的分子动力学模拟、格子链蒙特卡洛模拟、动态自洽场理论、动态密度泛函理论(dynamic density functional theory,DDFT)以及介观尺度下的耗散粒子动力学(dissipative particle dynamics,DPD)模拟等,我们在这里就不一一介绍了。

多嵌段共聚物可形成比两嵌段共聚物更加丰富多彩的**自组装(self-assembly)**有序相结构,作为基质材料得到广泛应用的有苯乙烯-丁二烯-苯乙烯(SBS)热塑性弹性体、丙烯腈-丁二烯-苯乙烯(ABS)共聚物以及聚氨酯等。

在选择性溶剂中,链内多组分嵌段高分子体系还可以形成各种几何形状的胶束(micelles)和囊泡(vesicles)等结构,特别是在水溶液中,两亲性共聚高分子的自组装行为与生命过程中生命大分子的各种自组装行为有着密切的联系。在大分子自组装这一热门研究领域,实验观测、理论计算和分子模拟彼此相互结合的研究方法正当其时,不断取得新的成果。江明教授领导的课题组建立和发展了大分子自组装的“非嵌段共聚物路线”,即采用超分子化学中的特殊相互作用,如氢键相互作用、主客体包结络合相互作用等连接不同的高分子链(包括均聚物、无规共聚物等),它们在选择性溶剂中可自组装,形成**非共价键合的胶束(non-covalently connected micelles, NCCM)**、囊泡和水凝胶等。对 NCCM,还可将胶束的壳层交联,再进一步改变溶剂,使成核组分溶解,从而制备中空微球。此类胶束和空心球还可方便地实现环境响应功能化,及可逆的自组装和解组装转变等,有较好的应用开发前景[Chen D，Jiang M. Strategies for constructing polymeric micelles and hollow spheres in solution via specific intermolecular interactions. Accounts of Chemical Research，2005，38：494 -502；Guo M，Jiang M. Non-covalently connected micelles (NCCMs)：the origins and development of a new concept. Soft Matter，2009，5：495-500]。

思　考　题

1. 试说明多分散高分子溶液发生沉淀分级的原理。
2. 为什么说混合体系变得不透明时的浊点温度接近于旋节点温度？
3. 旋节线相分离和成核相分离的早期各有何形态特点？
4. 两嵌段共聚物的临界分凝强度(≈10.5)为什么要比对称共混物(=2)大？

第 10 章　高分子结晶

10.1　高分子结晶的热力学

从无序态熔体或溶液到有序态晶体的相转变行为，我们称之为**结晶(crystallization)**，反之，则称之为**熔融(melting)**。目前占全球总产量三分之二以上的合成高分子材料是可结晶的，主要包括高密度聚乙烯(HDPE)、等规聚丙烯(iPP)、线形低密度聚乙烯(LLDPE)、聚酯 PET 和尼龙(nylon)等大品种高分子材料。天然高分子材料如纤维素、淀粉、蚕丝、蜘蛛丝和甲壳素等也都是半结晶性高分子材料。高分子结晶态为材料提供了必要的机械力学强度，在自然界既支撑起参天大树，也保护着脆弱的生命。因此，高分子结晶是具有重要实际意义的物理相转变过程，决定着高分子链的有序聚集态结晶结构，也因此决定了结晶高分子材料的基本物理性能。

高分子的结晶和熔融行为通常采用**差热扫描量热法(differential scanning calorimetry, DSC)**对其进行实验测量，我们可得到热流速率或补偿功率 dQ/dt 随温度的变化曲线，其与材料的热容 C_p 和升降温速率 q 成正比，即

$$\frac{dQ}{dt} = \frac{dQ}{dT} \cdot \frac{dT}{dt} = C_p q \tag{10-1}$$

在升温速率恒定时，对于一级相变，我们将测得一个峰形曲线。如图 10-1(a)所示，降温扫描曲线测得结晶放热峰 T_c，升温扫描曲线则测得熔融吸热峰 T_m。对于小分子，通常取熔融峰形的起点作为熔点，而对于高分子，由于其存在一个比较宽的熔程，一般取峰顶温度为熔点 T_m。理论上，当晶体和熔体二者的热力学状态达到平衡时，

$$T_c = T_m \tag{10-2}$$

此时如图 10-1(b)的曲线交错点所示，等压状态下高分子本体体系的自由能

$$\Delta F_m = \Delta H_m - T_m \Delta S_m = 0 \tag{10-3}$$

于是

$$T_m = \frac{\Delta H_m}{\Delta S_m} \tag{10-4}$$

我们可以看到，如图 10-1(a)所示，实际发生结晶的温度 T_c 总是低于其熔融温度 T_m，结晶-熔融相变的体积-温度曲线也大抵如此。这种**迟滞回线(hysteresis loop)**现象是一级相变的重要特征之一。我们以无限大完美晶体的平衡熔点 T_m^0 为参考

温度，可定义过冷度

$$\Delta T \equiv T_m^0 - T_c \tag{10-5}$$

过冷度的出现也是结晶成核生长机理的反映。高分子开始结晶的 ΔT 高达二三十度，比一般小分子开始结晶的 ΔT 要大得多，高分子所表现出来的高过冷度现象与其特殊的链折叠成核结晶行为有关。

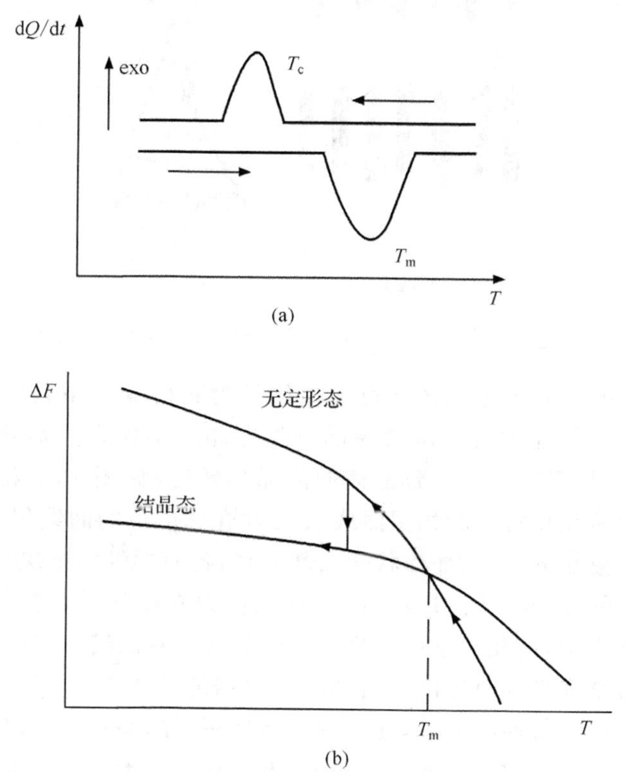

图 10-1　(a) 降温和升温过程中高分子结晶转变 T_c 和熔融转变 T_m 的相应 DSC 曲线示意图，朝上是放热方向；(b) 无定形态和结晶态高分子自由能随温度变化的曲线示意图，二条曲线相交的点给出平衡熔点。图中示意降温过程的过冷现象

液晶高分子(liquid crystalline polymer)在其无定形态和结晶态之间会出现不同有序程度的**中介相态(mesophase)**，即出现液晶态有序结构。常见的小分子液晶中介相有向列型(nematic)、近晶型(smectic)、胆甾型(cholesteric)和柱晶(columnar)等，如图 10-2 所示。向列型液晶只有取向有序，没有位置有序；而近晶型则在取向有序的基础上出现层状有序，顾名思义，其更接近晶体有序；胆甾型是由具有胆甾类特殊化学结构的分子构成向列型液晶层，沿着垂直方向其取向逐渐发生周期性变化，周期长度接近可见光波长并发生散射，于是外观可显示出互补波长的颜

色,可用来做彩色液晶显示器件;而柱晶则是由碟状分子所堆砌起来的可发生一维纵向运动的六方柱结构。

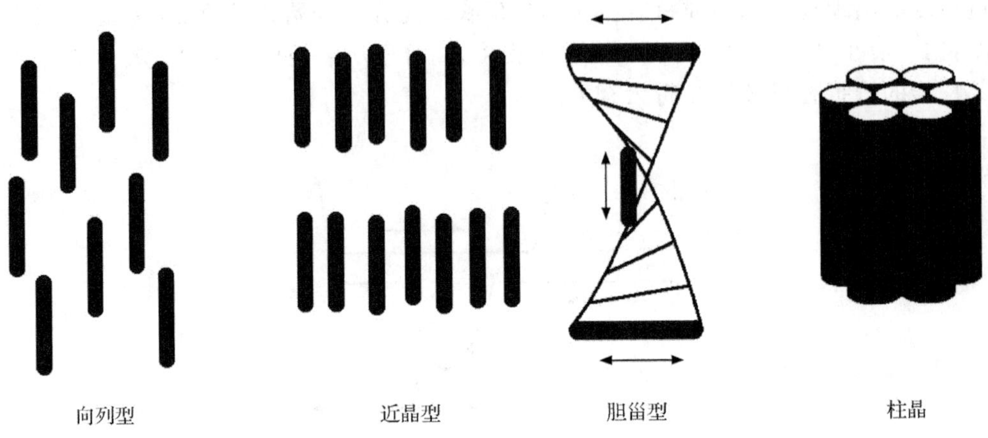

图 10-2 从左向右依次显示向列型、近晶型、胆甾型和柱晶结构示意图

溶液中发生的液晶有序化转变过程往往是**溶致(lyotropic)液晶**和**热致(thermotropic)液晶**两种机制并存。溶致液晶是指在晶体中掺入溶剂导致液晶相的出现,而热致液晶是指温度升高导致晶体向液晶相转变,如图 10-3 相图中的箭头所示。均相溶液向液晶相转变的相图曲线由一对近乎平行的曲线组成,反映了两相并存的浓度差。液晶分子(例如棒状介晶基元)的各向异性特征决定了从无序态向液晶有序相转变的分子本质。1949 年,昂萨格考虑刚棒分子间各向异性的体积排斥流体力学相互作用,由此出发可解释溶液中的溶致液晶转变,这是因为一部分刚棒分子发生平行密堆排列时可以腾出其原先占据的疏松空间,有利于高浓度时在有限空间中填入更多的棒状分子,这一效应就是所谓的熵致有序效应,常常被认为是软物质所特有的效应之一(Onsager L. The effects of shape on the interaction of colloidal particles. Ann N Y Acad Sci, 1949, 51: 627-659)。在 1958 到 1960 年间,梅耶和绍普考虑棒状分子多含有稳定的共轭化学结构,例如 $O_2N—\phi—C=C—\phi—NH_2$,电子云沿着长轴方向可离域分布,因此其极化率有较大的各向异性,故色散力有各向异性的特点,即刚棒分子平行排列时彼此的相互吸引作用势能最低[Maier W, Saupe A. Eine einfache molekulare theorie des nematischen kristallinflussigen zustandes (in German). Z Naturforsch A, 1958, 13: 564-566; Maier W,Saupe A. Eine einfache molekular-statistische theorie der nematischen kristallinflussigen phase. 1 (in German). Z Naturforsch A, 1959, 14: 882-900; Maier W,Saupe A. Eine einfache molekular-statistische theorie der nematischen kristallinflussigen phase. 2 (in German). Z Naturforsch A, 1960, 15: 287-292]。这种刚棒分子间很强的各向异性色散力相互吸引作用可解释浓溶液或本体中的热

致液晶转变现象。

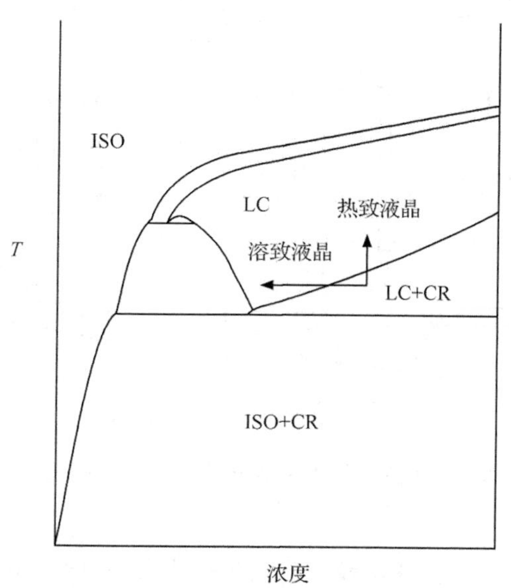

图 10-3　液晶溶液典型的相图示意图。ISO 指各向同性均匀溶液,LC 指液晶相,CR 指结晶相。箭头指示溶致液晶(水平方向)和热致液晶(竖直方向)转变方向

液晶高分子一般都携带有导致液晶相出现的各向异性**介晶基团(mesogen group)**,根据介晶基团所处的位置特征分为主链液晶高分子和侧链液晶高分子两种,如图 10-4 所示。**主链液晶高分子**一般呈刚性链特点,适合作为高强度高模量材料,而**侧链液晶高分子**一般呈柔性链特点,适合作为柔性功能材料如液晶显示材料等。周其凤教授领导的课题组发明了**甲壳型(mesogen-jacketed)液晶高分子**(Zhou QF, Li HM, Feng XD. Synthesis of liquid-crystalline polyacrylates with laterally substituted mesogens. Macromolecules, 1987, 20: 233-234)。他们将侧链液晶高分子的介晶基团横过来接,这样主链的非柔顺性就可以由间隔基团(spacer)的长短来实现连续的调节。当间隔基团很短时,甲壳型液晶高分子表现得更接近刚性的主链液晶高分子;而当间隔基团很长时,则表现为柔顺的侧链液晶高分子。由于通常的主链液晶高分子通过缩聚得到,分子质量不高,甲壳型液晶高分子可通过其他聚合方式得到,有利于制备具有较高分子质量的高强度高模量材料。

即使不携带介晶基团,高分子链自身的各向异性结构特点在特定的条件下也会产生液晶相,例如高温高压下的聚乙烯六方晶相是由不含介晶基团的柔顺链所形成的**构象无序晶**(condis crystal,condis 分别取自 conformational disorder 的开头三个字母)。无序的高分子链可以在柱状结构中发生一维纵向运动,近似于柱晶结构。进一步降温才得到常规的正交相晶体。

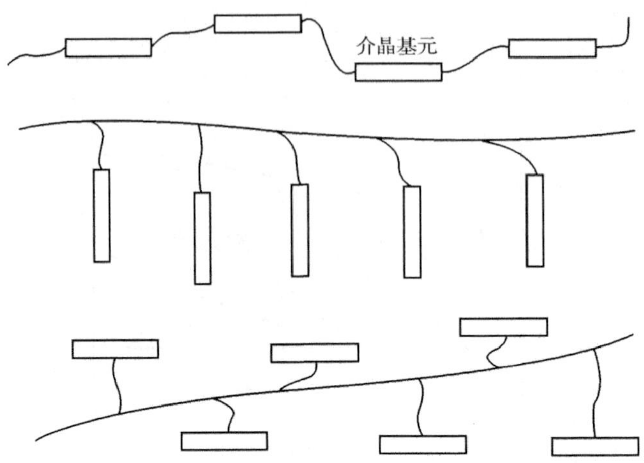

图 10-4　从上到下依次显示主链液晶高分子、侧链液晶高分子和甲壳型液晶高分子示意图

液晶介晶态由于有序相区比较小，一般不透明，其向熔体的转变温度，被称为清亮点 T_i。液晶的 DSC 扫描曲线可以有双向性（enantiotropic）和单向性（monotropic）两种现象。如图 10-5 所示，对于热力学稳定的中介相液晶，其在升温和降温过程中都将出现在熔体和晶体之间，于是有对称的连续两个相转变，表现出双向性。而对于亚稳的介晶态，其由于结晶需要较大的过冷度，会出现在结晶之前，如图 10-6 所示，其降温曲线有两个有序化相转变，而升温曲线则只有一个晶体熔化相转变，表现出单向性。

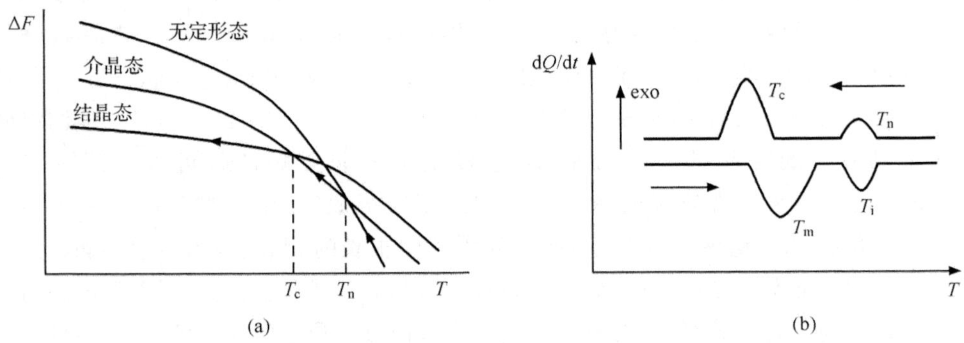

图 10-5　稳定的中介相在升降温曲线上会表现出双向性。(a) 自由能曲线示意图；(b) DSC 升降温曲线

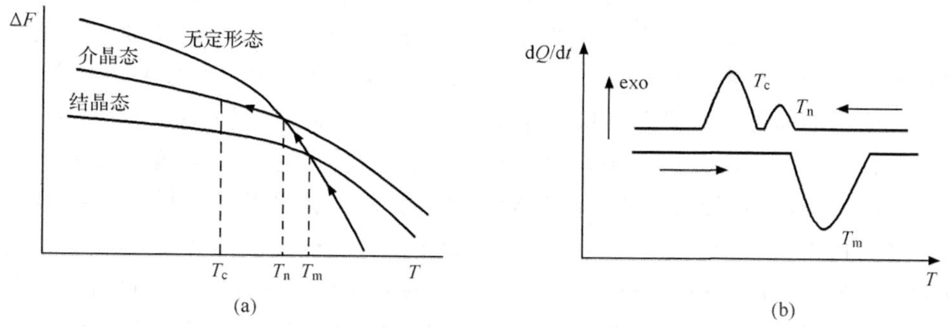

图 10-6　亚稳的中介相在升降温曲线上会表现出单向性，即只有降温才看到液晶相出现。(a) 自由能曲线示意图；(b) DSC 升降温曲线

10.2　高分子结晶的统计热力学和熔点性质

我们知道，统计热力学是连接微观的分子参数与宏观的热力学性质之间的桥梁。这主要是通过计算所谓的配分函数来实现的。配分函数是按照玻尔兹曼分布的所有可能的微观状态数之和来计算的，微观状态数将非常巨大，以至于我们不可能一个一个地去将所有的微观状态都数出来，而只能对其中的代表状态采用统计近似的方法进行处理。最常用的统计近似方法是平均场假定，即采用一个平均化的场来表示体系中某个分子所受到的周围其他分子的作用，这样就可以将微观能级的状态数和能级的简并度分开来加以简化处理计算。

正如第 8 章所介绍的，弗洛里和哈金斯等借助格子模型和平均场假定，发展了高分子溶液的统计热力学理论，得到了高分子溶液的混合熵、混合焓及混合自由能的表达式。在推导过程中，Flory-Huggins 理论假设高分子链是柔顺的，即主链键发生内旋转所得到的各种微观构象具有相同的能量。事实上，大多数高分子链并不是柔顺的，不同微观构象之间有能量差。于是，弗洛里进一步发展了半柔顺链的格子统计热力学理论。他引入构象能参数 E_c，即沿着链的任一对键的共线构象与非共线构象的能量差，来反映高分子链的半柔顺性。但是，该理论只考虑了沿链的近程相互作用，而忽略了链单元间的长程相互作用，即链间相互作用，因而所预测的高分子晶体熔点与实际体系还不能很好地符合。

近年来，基于经典的高分子溶液统计热力学理论及弗洛里的半柔顺链的统计理论，可结晶高分子溶液的统计热力学理论得到了发展(Hu WB, Frenkel D. Polymer crystallization driven by anisotropic interactions. Advances in Polymer Science, 2005, 191: 1-35)。高分子结晶时，主链上的链单元会寻找较稳定的构象，同时兼顾链间密堆砌，多数形成螺旋链平行排列的密堆砌结构。因此，我们可以在链单元间引入各向异性平行排列相互吸引作用参数 E_p，来表征相邻的两个键由结晶态的平行排列变为无定形态的非平行排列时的能量升高。该平均场理论可较准确地预测高分子的平衡熔点性质，并取得与计算机模拟基本吻合的结果。

无序态的高分子结晶并不仅仅像小分子结晶那样发生链单元之间的密堆砌，还发生构象有序。高分子链构象熵的变化也主导着结晶有序化转变的热力学临界条件。因此，对后者的处理计算需要借助高分子溶液体系的格子模型。我们在高分子溶液格子模型中，除了链单元与溶剂分子混合带来分子间势能升高 B 和非柔顺链接带来构象能升高 E_c 以外，连接链单元的键在近邻位置彼此之间出现非平行堆砌也将带来分子间势能的升高 E_p。从完全有序的基态出发，总的晶体熔化所导致的非平行堆砌势能升高为

$$\Delta U_p = E_p Q_{22} \tag{10-6}$$

这里的 Q_{22} 为非平行键对的总数。根据平均场假定，我们可以估计每条链近似有 $(q-2)\times(r-1)$ 个配位平行键位，每个键位被某个键占据的平均概率为体系的总键数 $N_2(r-1)$ 除以总键位数 $Nq/2$，即 $2N_2(r-1)/(Nq)$，则非平行键占据的概率为 $1-2N_2(r-1)/(Nq)$，溶液体系共有 N_2 条链，考虑成对键相互作用的对称因子需要再除以 2，则

$$Q_{22} = \frac{1}{2}N_2(q-2)(r-1)\left(1-2N_2\frac{r-1}{Nq}\right) \tag{10-7}$$

这样，我们得到高分子溶液总的配分函数，其可表达为

$$Z = \left(\frac{N}{N_1}\right)^{N_1}\left(\frac{N}{N_2}\right)^{N_2}\left(\frac{q}{2}\right)^{N_2} z_c^{(r-2)N_2} e^{-(r-1)N_2} z_p^{(r-1)N_2} z_m^{rN_2} \tag{10-8}$$

其中

$$z_c \equiv 1+(q-2)\exp[-E_c/(kT)]$$

$$z_m \equiv \exp\left[-(q-2)\frac{N_1}{N}\frac{B}{kT}\right]$$

$$z_p \equiv \exp\left[-\frac{q-2}{2}\left(1-2N_2\frac{r-1}{Nq}\right)\frac{E_p}{kT}\right]$$

式(10-8)右侧的前五项来自于弗洛里的半柔顺链处理结果式(8-55)，第六项来自于对平行键对相互作用的平均场计算结果式(10-6)，最后一项来自于对链单元与溶剂混合对相互作用的平均场计算结果式(8-21)。由玻尔兹曼公式 $F=-kT\ln Z$ 可以得到溶液的总自由能

$$\frac{F}{kT} = N_1\ln\frac{N_1}{N} + N_2\ln\frac{N_2}{N} - N_2\ln\frac{qz_c^{r-2}}{2e^{r-1}} + N_2(r-1)\frac{q-2}{2}\left[1-\frac{2N_2(r-1)}{qN}\right]\frac{E_p}{kT} + \frac{N_1N_2r(q-2)B}{NkT} \tag{10-9}$$

实际体系中一般由无序态本体出发来计算无序混合态的自由能变化，于是，

$$\Delta F_{\mathrm{m}} = F_{\mathrm{m}} - F_{\mathrm{m}}\big|_{N_1=0} \tag{10-10}$$

由式(10-9)，我们得到与Flory-Huggins公式保持一致的结果，

$$\Delta F_{\mathrm{m}} = \Delta U_{\mathrm{m}} - T\Delta S_{\mathrm{m}} = kT(N_1\ln\phi_1 + N_2\ln\phi_2 + \chi N_1\phi_2) \tag{10-11}$$

其中 ϕ_1 和 ϕ_2 为体积分数，

$$\chi = \frac{(q-2)B + \left(1-\frac{2}{q}\right)\cdot\left(1-\frac{1}{r}\right)^2 E_{\mathrm{p}}}{kT} \tag{10-12}$$

虽然形式上与原先定义的弗洛里相互作用参数一致，但其同时包含了混合能和结晶有序堆砌能的贡献。

如果我们取本体长链近似，$r\to\infty$，$N_1\to 0$，$N\to N_2 r$，由式(10-9)可得

$$\frac{\Delta F}{NkT} = 1 - \ln z_{\mathrm{c}} + \frac{(q-2)^2 E_{\mathrm{p}}}{2qkT} \tag{10-13}$$

在平衡熔点处，结晶与熔融两个过程彼此平衡，则 $\Delta F=0$。由 $z_{\mathrm{c}} \equiv 1+(q-2)\exp[-E_{\mathrm{c}}/(kT)]$，我们来计算熔点 T_{m}，则

$$1+(q-2)\exp\left(-\frac{E_{\mathrm{c}}}{kT_{\mathrm{m}}}\right) = \exp\left[1+\frac{(q-2)^2}{2q}\cdot\frac{E_{\mathrm{p}}}{kT_{\mathrm{m}}}\right] \tag{10-14}$$

当配位数 q 比较大的时候，我们可忽略左边第一项的1，半定量近似得到

$$T_{\mathrm{m}} \approx \frac{E_{\mathrm{c}} + \frac{(q-2)^2}{2q}E_{\mathrm{p}}}{k[\ln(q-2)-1]} \tag{10-15}$$

由式(10-15)可见，E_{c} 越大，高分子链越刚性，T_{m} 就会越高；另一方面，E_{p} 越大，高分子链越规整，取代基越小，或者对称取代，则有利于分子链间发生密堆砌，T_{m} 也会越高。

我们来比较一些实际高分子的平衡熔点差别，并总结其对链化学结构的依赖规律。高分子链如果拥有较大的侧基，则不利于主链的内旋转，链越刚性，熔点也就越高，如$-\!\!\left(CH_2-CHR\right)\!\!-$，R＝—H，$T_{\mathrm{m}}=146$℃；R＝—$CH_3$，$T_{\mathrm{m}}=200$℃；R＝—$CH(CH_3)_2$，$T_{\mathrm{m}}=304$℃。如果主链有刚性基团，共轭基团越长，链越刚性，熔点越高，如$-\!\!\left(CH_2\right)\!\!-$，$T_{\mathrm{m}}=146$℃；$-\!\!\left(CH_2-\phi-CH_2\right)\!\!-$，$T_{\mathrm{m}}=375$℃；$-\!\!\left(\phi\right)\!\!-$，$T_{\mathrm{m}}=530$℃。许多导电高分子甚至不熔不溶，为进一步应用带来加工上的困难。另一方面，高分子链拥有较强的取代基极性，极性越强，分子间相互作用越大，熔点也就越高，如$-\!\!\left(CH_2-CHR\right)\!\!-$，R＝—H，$T_{\mathrm{m}}=146$℃；R＝—Cl，$T_{\mathrm{m}}=227$℃；R＝—CN，$T_{\mathrm{m}}=317$℃。尼龙有较高的熔点是因为分子间有氢键特殊相互作用，而聚四氟乙烯(PTFE)有较高的熔点是因为很强的 CF_2 极性基团相互作用。

高分子结晶的其他熔点性质还包括以下几方面。

1. 共聚单元(化学、几何、立构无规)带来熔点降低

1955年，弗洛里采用理想溶液近似(Flory PJ. Theory of crystallization in copolymers. Trans Faraday Soc，1954，51：848-857)，假定共聚单元B不能进入晶体，X_A 为链单元A的摩尔分数，R 为摩尔气体常量，ΔH_u 为单位体积熔融焓，于是

$$\frac{1}{T_m}-\frac{1}{T_m^0}=-R\frac{\ln X_A}{\Delta H_u} \tag{10-16}$$

1966年，科尔森(Colson)和伊比(Eby)假定共聚单元B能够进入晶体，X_B 为链单元B的摩尔分数，并带来晶格缺陷能 ΔH_B，于是

$$T_m = T_m^0\left(1-X_B\frac{\Delta H_B}{\Delta H_u}\right) \tag{10-17}$$

式(10-17)可较好地拟合相应体系的实验结果(Colson JP，Eby RK. Melting temperatures of copolymers. J Appl Phys，1966，37：3511-3514)。共聚单元能否进入晶体，很大程度上取决于其相对于结晶链单元尺寸的大小。

2. 稀释效应带来熔点降低

1949年，弗洛里提出少量溶剂(增塑剂，体积分数为 ϕ_1)稀释高分子本体体系的熔点降低公式，

$$\frac{1}{T_m}-\frac{1}{T_m^0}=\frac{R}{\Delta H_u}\cdot\frac{v_u}{v_1}(\phi_1-\chi\phi_1^2) \tag{10-18}$$

这里 v_u，v_1 分别为重复结构单元和溶剂的摩尔体积(Flory PJ. Thermodynamics of crystallization in high polymers. IV. A theory of crystalline states and fusion in polymers，copolymers，and their mixtures with diluents. J Chem Phys，1949，17：223-240)。从式(10-9)出发，根据液固两相平衡的条件，也可近似推导出相应的结果。

3. 相对分子质量效应带来熔点降低

1963年，弗洛里和弗莱(Vrij)提出了Flory-Vrij公式，他们假定先把无限长的高分子链熔融，单位链单元自由能变化为 ΔG，然后再将其切断成特定链长的高分子链，链端对体系自由能的贡献为 ΔG_e，再加上构象熵的损失 $RT\ln r$，于是熔化自由能

$$r\Delta G_u = r\Delta G+\Delta G_e - RT\ln r \tag{10-19}$$

低相对分子质量体系含有较多的链末端，熔点相应地较低(Flory PJ，Vrij A. Melting points of linear chain homologues. The normal paraffin hydrocarbons. J Am Chem Soc，1963，85：3548-3553)。从式(10-9)出发，也可计算平衡熔点的分子链长依赖关系。

10.3　高分子结晶的结构

10.3.1　多尺度分级结晶结构

多数可结晶高分子均有较好的链序列规整性，如高密度聚乙烯、等规聚丙烯、

尼龙、PET、聚甲醛等，少数序列不很规整但分子间有较强的氢键或极性基团相互作用的高分子也能结晶，如聚乙烯醇和聚丙烯腈等。目前，我们对前者的研究和了解要比后者多得多。

结晶的高分子材料具有多尺度的分级结构特点。0.1nm 尺度上序列规整的高分子链在结晶时首先在 0.5nm 尺度上形成稳定的螺旋链构象，然后彼此平行堆砌起来构成 1nm 尺度晶胞周期性点阵结构，在 10nm 尺度上则形成折叠链片晶，接着以片晶为形态结构单元可进一步堆砌成微米甚至尺度更大的球晶，如图 10-7 所示。

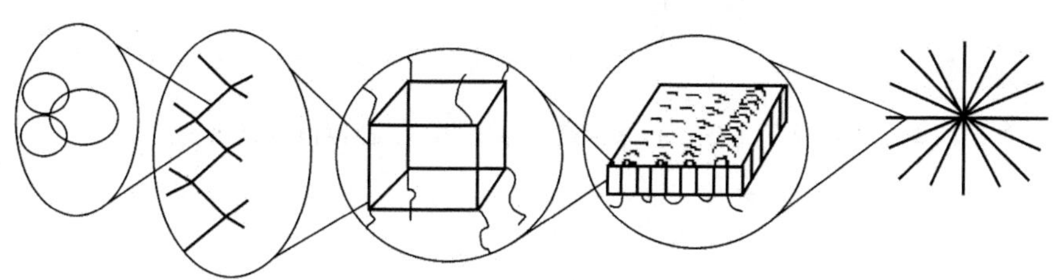

图 10-7　高分子结晶形成折叠链片晶和球晶的多尺度分级结构示意图

10.3.2　高分子的晶胞结构

我们首先来看高分子的晶胞结构。高分子结晶态周期性的点阵结构反映在广角 X 射线衍射谱峰上。早在 1928 年，迈耶(Meyer)和马克(Mark)就提出高分子螺旋链的某个有序片段可构成晶胞尺寸(Meyer KH，Mark H. Über den Bau des kristallisierten Anteils der Zellulose. Ber Deutsch Chem Ges，1928，61：593-613)，而不必整个大分子塞入一个晶胞，这一观点有力地支持了斯托丁格的大分子学说。如图 10-8 所示，晶胞由三个轴(abc)，以及它们之间的夹角($\alpha\beta\gamma$)所构成。学术界约定 c 轴总是沿着高分子的链轴方向，而 a 轴和 b 轴则是分子链平行排列堆砌起来的方向。

高分子链堆砌成晶胞，一般服从以下两个基本规则：

规则 1　高分子链倾向于采取最稳定的空间内旋转构象。如图 10-9 所示，聚乙烯的最稳定构象是全反式 TTTT，也称 Zigzag 构象，c=2.534 Å。如果等规聚丙烯采取同样的全反式构象，则甲基取代基会彼此拥挤在一起，不利于内旋转构象能的降低，纳塔最早计算发现，甲基彼此错开 120°角，可以得到最稳定的 TGTG 螺旋构象，c=6.50 Å，构成 H3/1 螺旋，即取代基转一圈回到同一内旋转位置需要经过三个重复结构单元(Natta G，Corradini P. Structure and properties of isotactic polypropylene. Nuovo Cimento Suppl，1960，15：40-67)。这样，聚乙烯的 Zigzag 构象实际上是 H2/1 螺旋。这种稳定内旋转螺旋构象决定了晶胞的对称结构。

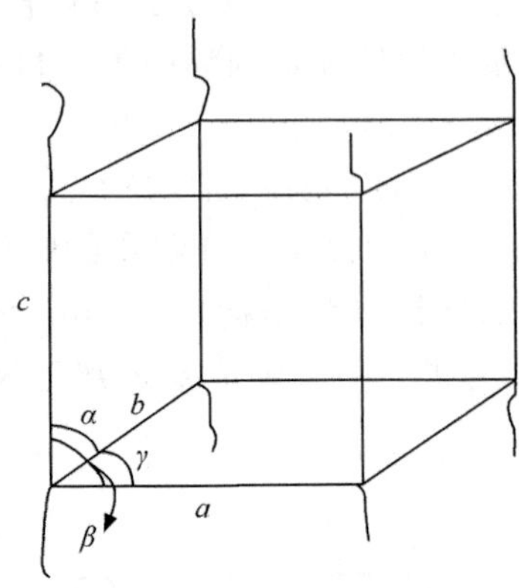

图 10-8　高分子的晶胞结构示意图。c 轴取链伸展方向

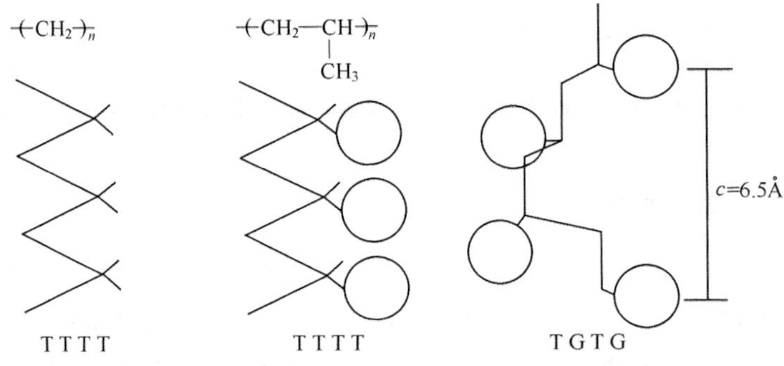

图 10-9　聚乙烯的全反式 TTTT 构象和聚丙烯的 TGTG H3/1 螺旋构象结构示意图

规则 2　螺旋链倾向于发生最密堆砌。密堆砌是小分子结晶有序的主要驱动力，也同样是高分子体系中结晶有序化转变的主要驱动力。聚乙烯沿着链轴看，其 Zigzag 构象呈椭圆形，于是如图 10-10 所示，其交错取向的堆砌方式决定了晶胞结构属于正交晶系，$a=7.36$ Å，$b=4.92$ Å，这样可以达到分子链之间平行堆砌的最低势能。

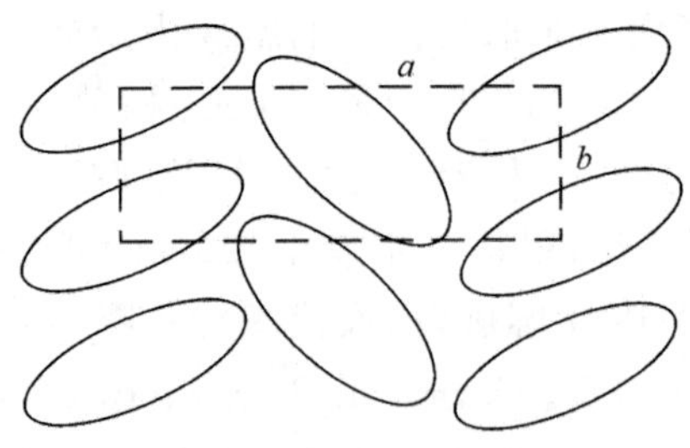

图 10-10　聚乙烯链沿着链轴方向看呈椭圆形，发生彼此交错取向的正交晶系堆砌，决定了晶胞参数 a 和 b 的大小

对约 150 种高分子结晶体分布于七种晶系的统计结果显示，立方晶系的数目为零，这是因为 c 轴与 a、b 两轴具有完全不同的相互作用所致（沿着链轴主要是共价键相互作用）；正交和单斜晶系最多，约占总数的 2/3；三方、四方和六方晶系加起来约占 1/4；剩下的三斜晶系占 1/7。细心的读者可能会发现，这里所有的分数加起来总和大于 1，这是因为许多高分子存在**同质多晶现象（crystal polymorphism）**，例如等规聚丙烯可出现 α 晶（单斜、最稳定）、β 晶（六方）和 γ 晶（三方）。同一种高分子出现不同晶型主要是由于结晶动力学效应所致，即亚稳的晶型在低温下往往生长得比较快。各种晶型的物理性质不同，一般可由相应晶型的成核剂引发结晶来得到含量比较高的相应产物。

10.3.3　高分子基本的折叠链片晶形态

我们知道，根据规则 1，聚乙烯高分子链在晶体中最稳定的构象取全反式伸展的螺旋构象。但是实际结晶过程所得到的往往是亚稳的折叠链构象结构。1930 年，赫尔曼（Herrmann）考虑到低密度聚乙烯往往表现出很好的弹性，认为结晶区在其中起着物理交联点的作用，提出了**缨状微束（fringed micelle）模型**，如图 10-11 所示（Herrmann K，Gerngross O，Abitz W. Zur Rontgenographischen Strukturforschung des Gelatinemicells. Z Phys Chem，1930，B10：371-394）。1957 年，齐格勒-纳塔（Ziegler-Natta）催化剂的发明使得人们可以制备出结晶度比较高的序列规整的高密度聚乙烯，凯勒（Keller）从稀溶液中制备出片层状的聚乙烯单晶，由于片晶厚度与链轴方向一致，但比链长要小得多，于是他提出了**链近邻折叠（adjacent chain-folding）模型**来解释片晶的内部结构（Keller A. A note on single crystals in polymers：Evidence for a folded chain configuration. Phil Mag，1957，2：1171-1175）。链折叠形成高分子片晶是一项具有划时代意义的发现，因为片晶不仅存在于溶液结晶，也广泛存在于熔体结晶中，是构成更大尺度球晶的基本单元。而以缨状微束模型为基本单元不能解释球晶的结构特点。1974 年，费希尔（Fischer）考虑到熔体中结晶的高分子不容易很快地发生规整的近邻折叠，提出了分子链构象就近凝固模型（Fischer EW. Studies of structure and dynamics of solid polymers by elastic and inelastic neutron scattering. Pure Appl Chem，1978，50：1319-1341）。1978 年，弗洛里进一步提出熔体结晶得到的片晶为**插线板模型（switchboard model）**，强调了片晶表面与近邻折叠并存的环圈（loops）、纤毛（cilia）和系带分子（tie molecules）的重要性[Flory PJ，Yoon DY. Molecular morphology in semicrystalline polymers. Nature (London)，1978，272：226-229]。1983 年，霍夫曼（Hoffman）讨论了熔体结晶高分子链在片晶中的**可变簇模型（variable cluster model）**，以解释小角中子散射实验所得到的结果，如图 10-11 所示（Hoffman JD. Regime III crystallization in melt-crystallized polymers：The variable cluster model of chain folding. Polymer，1983，24：3-26）。

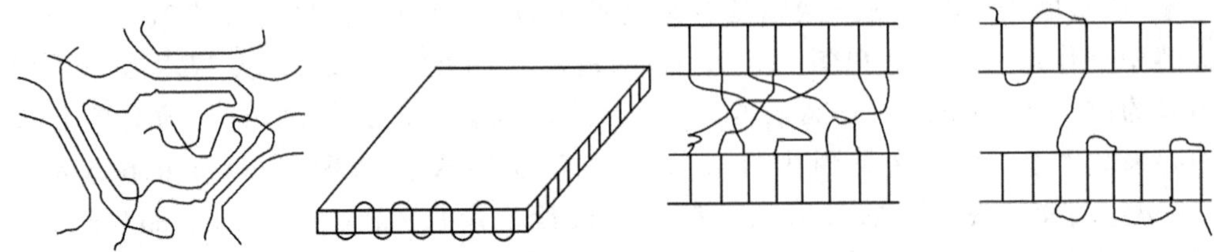

图 10-11　从左向右依次为高分子晶区中亚稳的高分子链构象的缨状微束模型、片晶近邻折叠链模型、插线板模型以及可变簇模型

高分子结晶为何会自发地选择链近邻折叠？如果我们看晶核的构成，可以有两种基本方式，一种是缨状微束模型，分子链彼此仅发生横向的平行堆砌；另一种是近邻折叠链模型，分子链发生平行堆砌时能够及时地折回来，以避免折叠表面的拥挤。我们分别称以上两种情形为链间成核和链内成核。链间成核由于晶粒表面约束了大量的无定形分子链，导致后者存在很大的熵损失，表面自由能很大，成核位垒会很高，而链内成核由于发生近邻折叠，晶粒表面的无定形链相对比较自由，表面自由能小，成核位垒低，有利于成核的发生。出于这样的成核动力学原因，链内成核不仅可以主导初级成核过程，也可以主导晶体生长前沿的次级成核过程（见10.4 节介绍），导致高分子结晶体中近邻折叠链的大量出现，自然而然地形成了亚稳的片晶结构，这就是高分子结晶的**链折叠原理**，如图 10-12 所示。

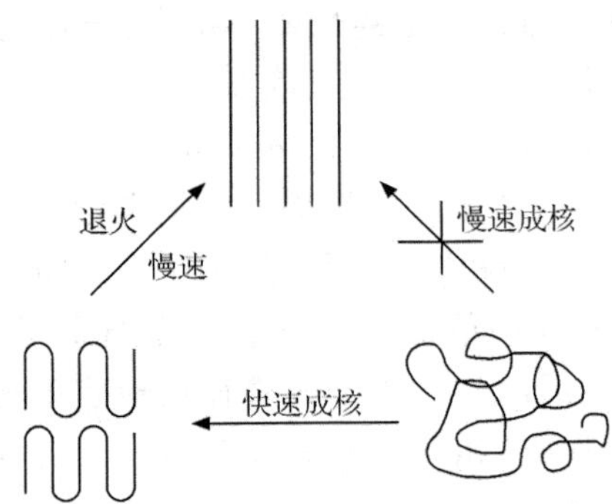

图 10-12　高分子结晶动力学选择链折叠亚稳态作为常规的相转变路线示意图

高分子片晶由于受到链折叠长度的尺寸限制，其熔点远远低于无限大晶体的熔点。我们可以估算熔点降低的程度。假设片晶的自由能

$$\Delta G_m = abl\Delta g - 2ab\sigma_e - 2al\sigma - 2bl\sigma \tag{10-20}$$

其中 a,b,l 分别是片晶的长、宽、厚；σ 为侧表面自由能；σ_e 为端表面自由能，如图 10-13 所示；Δg 为单位体积的熔融自由能。因 $a,b \gg l$，$\Delta G_m = abl\Delta g - 2ab\sigma_e =$

0，得

$$\Delta g = \frac{2\sigma_e}{l} \tag{10-21}$$

而

$$\Delta g = \Delta h - T_m \Delta s \approx \Delta h\left(1 - \frac{T_m}{T_m^0}\right) \tag{10-22}$$

这里假设

$$T_m^0 \approx \frac{\Delta h}{\Delta s} \tag{10-23}$$

Δh 为单位体积的熔融热，Δs 为单位体积的熔融熵，则得到**吉布斯-汤姆森(Gibbs-Thomson)熔点降低公式**

$$T_m = T_m^0\left(1 - \frac{2\sigma_e}{l\Delta h}\right) \tag{10-24}$$

片晶厚度一般有一个比较宽的分布，T_m 也就覆盖一个较宽的温度范围，被称为**熔程(melting range)**。

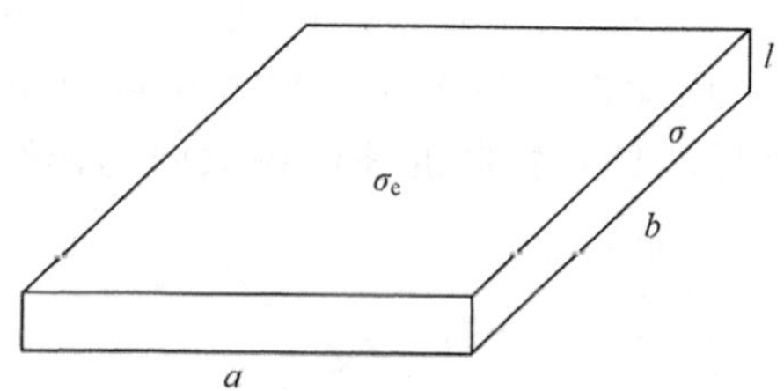

图 10-13　高分子片晶尺寸示意图

10.3.4　高分子片晶的高级结构

高分子结晶形态学研究主要表征晶体形貌结构及其演变，是我们了解结晶机理和结晶态性能的重要信息来源。高分子结晶的场合可以大致分为三种：第一种是在静态无定形高分子体系中发生的结晶行为；第二种是伴随聚合反应所发生的结晶行为；第三种是取向诱导的结晶行为。在高分子的静态溶液和本体中，随着浓度的增大和温度的降低，高分子结晶生成的晶体形貌也由简单变得复杂。最基本的**单晶体(single crystal)**是**片晶(lamellar crystal)**，然后片晶从中心发生少量分叉，生成**轴晶(axialite)**，如果发生高密度的连续分叉，则生成**球晶(spherulite)**。伴随聚合反应紧接着发生的结晶多得到初生态的**纤维晶(fiber crystal)**，如纤维素等，而从气相沉积结晶，也可直接得到纤维状的晶体，如聚四氟乙烯等。在流动和拉伸等取向加工场下的高分子结晶则容易产生**串晶(shish-kebab crystal)**和**纤维晶**。下面我们分别就各种高分子特殊的结晶形态展开来加以介绍。

1. 单层片晶

在溶液和熔体中发生缓慢结晶可以得到主要由折叠链所构成的单层片晶。1957 年，凯勒等发现的折叠链片晶为我们理解高分子结晶形态学奠定了基础。高分子单层单晶具有规则的几何外形，反映出其内部的晶格对称性。按照布拉菲-弗里德尔(Bravais-Friedel)定律，单晶体最突出的晶面往往具有最大的晶面间距，在此晶面上生长一层得到的晶格能量最少，生长速率也就最慢。单层片晶的生长在开始时可以有许多生长晶面相互竞争，通常只有生长最慢的前沿表面才能幸存下来，从而决定了单晶的对称外形，生长较快的表面则最终会自行消亡。例如正交晶型的聚乙烯在二甲苯中生成的最简单的单晶呈菱形，这是因为沿 110 对角线方向上的晶面间距要比沿晶轴直角边方向上的晶面间距要大一些。如图 10-14 所示，由于近邻折叠沿着晶体边沿的不同晶面各自发生铺展，导致聚乙烯单晶中的链折叠方向出现不同的扇区，从而说明高分子单层单晶实际上是一种多重孪晶。对于从熔体薄膜中培养出来的单晶表面喷镀石蜡烃进行修饰，可以看到每个扇区中的石蜡烃晶粒发生各自倾向性的取向，从而证明了近邻折叠扇区的存在，见图 10-15。采用动态蒙特卡洛模拟方法从亚浓溶液中培养生长出的单层片晶，也可以看到这样的具有各自折叠优势取向的四个 110 扇区，如图 10-16 所示。

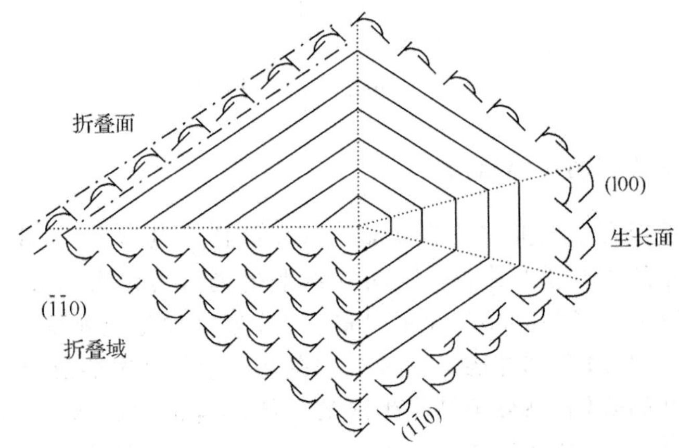

图 10-14　聚乙烯单晶折叠端分扇区示意图[Bassett DC, Frank FC, Keller A. Evidence for distinct sectors in polymer single crystals. Nature (London), 1959, 184: 810-811]

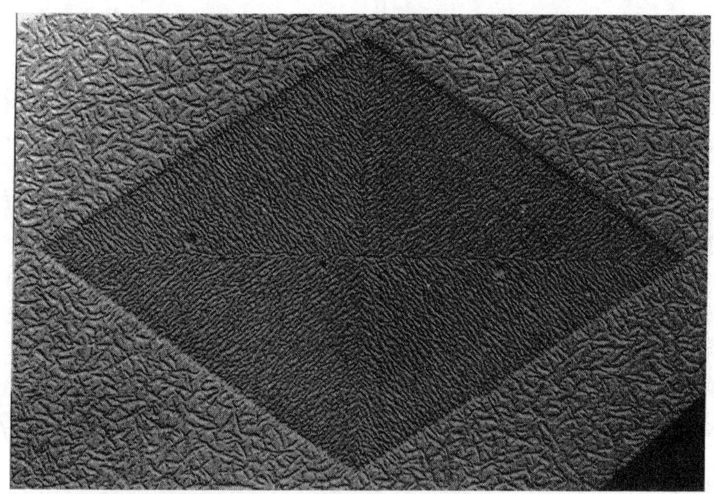

图 10-15　聚乙烯单晶表面烯烃蜡沉积附生结晶表面形态图(Wittmann JC，Lotz B. Polymer decoration：the orientation of polymer folds as revealed by the crystallization of polymer vapors. J Polym Sci，Polym Phys Ed，1985，23：205-211)

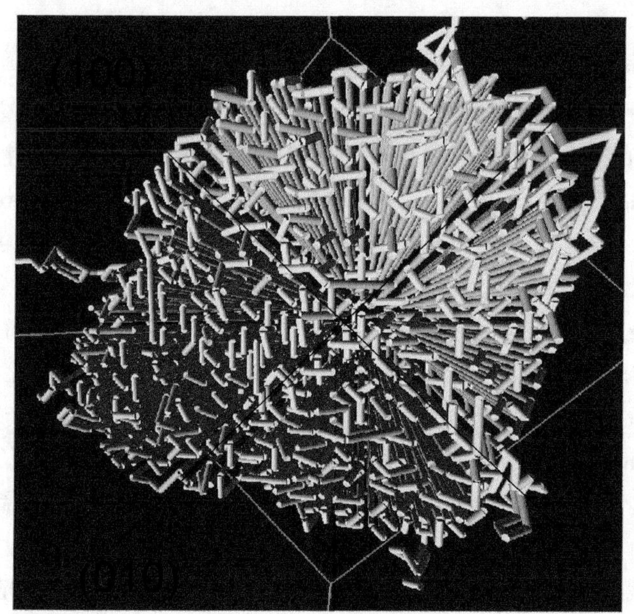

图 10-16　分子模拟从链长包含 512 单体的高分子亚浓溶液中生长出来的单晶表面折叠端分布形态图。可以看出有上下左右四个折叠端与生长前沿发生平行优势取向的扇区。视角有利于突出折叠端的存在及其取向(Hu WB，Frenkel D，Mathot VBF. Sectorization of a lamellar polymer crystal studied by dynamic Monte Carlo simulations. Macromolecules，2003，36：549-552)

2. 轴晶

在高温区结晶时，由于自发成核的困难，实际的结晶成核过程多借助于杂质所带来的外来表面。这些异相核的尺寸往往比较大，可同时引发多层片晶的生长。于是，我们可以看到从同一个中心出发分散开来的多层片晶形态，就像一本页面张开来的书。这种多层片晶堆砌的形态结构常常被称为**轴晶**，如图 10-17 所示。

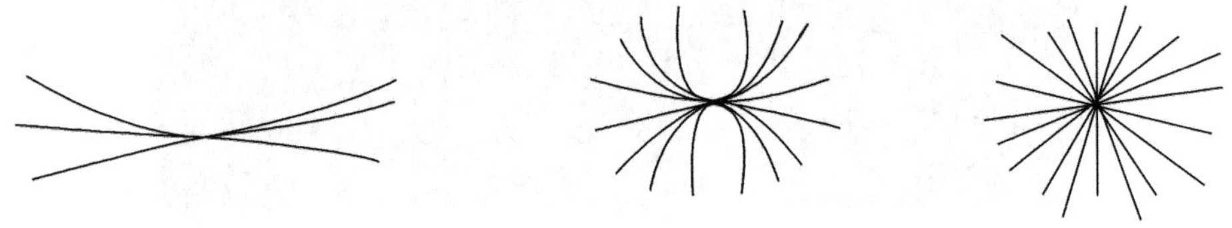

图 10-17　片晶堆砌结构（从左向右分别为轴晶，球晶类型Ⅰ和类型Ⅱ）示意图

3. 球晶

如果以辐射生长的轴晶作为主片晶，彼此之间的空隙填满低温下生长出来的副片晶，就可以得到密实填充的球状晶体，通常被称为**球晶**。除了这种降温模式中主副片晶依次结晶所得到的球晶之外，还有一种低温下直接分叉生长所得到的球晶。低温下片晶生长的分叉现象与马林斯-塞克尔卡（Mullins-Sekerka）晶体生长不稳定性有关。于是球晶的骨架有两种基本构造模式，如图 10-17 所示，一种是轴晶模式，被定义为 Type I，多由主副片晶构成；另一种是从中心发散出来的模式，被定义为 Type II，多由低温片晶分叉生长所致。球晶内部由于片晶沿着径向生长，于是分子链轴与半径方向保持垂直，径向结构处处相等，导致片晶光率体（反映晶体二向色性的椭球体）的长短轴方向在正交的偏振光显微镜下产生零振幅消光，即**马耳他（Maltese）黑十字消光**，如图 10-18 所示。片晶光率体的长轴如果沿着半径方向，被定义为**正球晶**；如果垂直于半径方向，则被定义为**负球晶**。由于分子链轴（光率体长轴）与半径方向相互垂直，高分子球晶大多为负球晶。许多芳族聚酯和聚酰胺在高温区有时也生成所谓的**反常球晶**，其马耳他十字消光与正交偏振方向成约 45 度角。

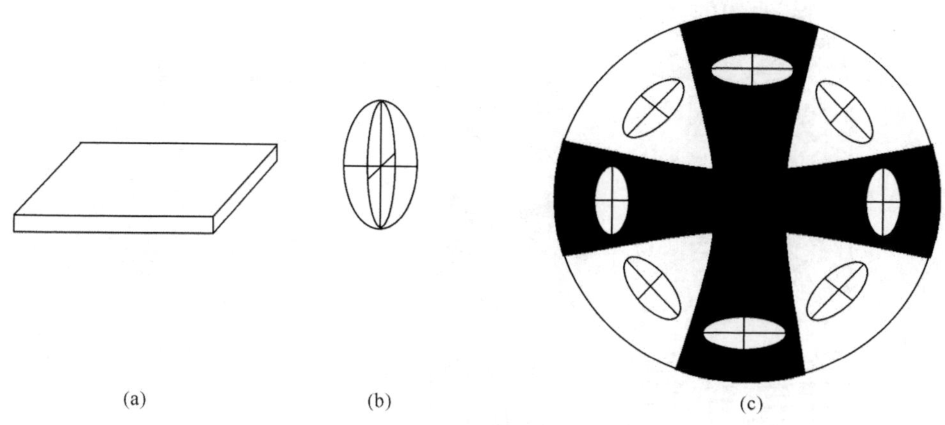

图 10-18 片晶(a)、片晶光率体(b)和球晶黑十字消光(c)示意图

4. 串晶和纤维晶

从热力学角度看,外场施加的应力如果使无序态高分子链发生取向伸展,体系的熵降低,因而取向态结晶的熵变 ΔS 也就减小,由平衡熔点的热力学表达式$T_m = \Delta H/\Delta S$ 可知 T_m 将升高,这就使得取向态结晶发生的有效过冷度增大,比原先不发生取向的无序态结晶的过冷度要大,可优先发生结晶。从动力学角度看,发生取向伸展的链彼此接近于平行排列,即晶态链的排列,因此链无须作大的构象调整或长程扩散即可进入晶体前沿,结晶速度可大大加快。高度取向的高分子链结晶将生成纤维晶。纤维晶再进一步作为晶种可引发其他取向程度较低的高分子(例如低相对分子质量级分)结晶,形成一串片晶平行堆砌的结构,这种高分子所特有的像羊肉串那样的结晶形态通常被称为**串晶**。如图 10-19 所示,随着高分子本体应变程度的不同,可以得到从球晶到串晶,再进一步到纤维晶等不同的结晶形态。

有时串晶中间的纤维可以很细,以至于在显微镜下看不到,而只能看到一行平行堆砌起来生长的片晶,被称为**行式结构(row-structure)**。分子模拟证明,即使中间是一根伸展的高分子链,也可以诱导串晶结构的生成,如图 10-20 所示。

高分子在纤维晶中的高度取向为纤维材料带来了高强度。著名的凯夫拉(Kevlar)纤维就是液晶态取向纺丝成型制成的高强度芳纶纤维,可用于制作防弹服。超高相对分子质量聚乙烯从较稀的溶液中凝胶纺丝并经过十几倍到上百倍的拉伸,也可得到高强度聚乙烯纤维。在超过拉伸比 200 后,聚乙烯纤维的拉伸模量可稳定在 210～220GPa,抗张强度达到 4GPa。

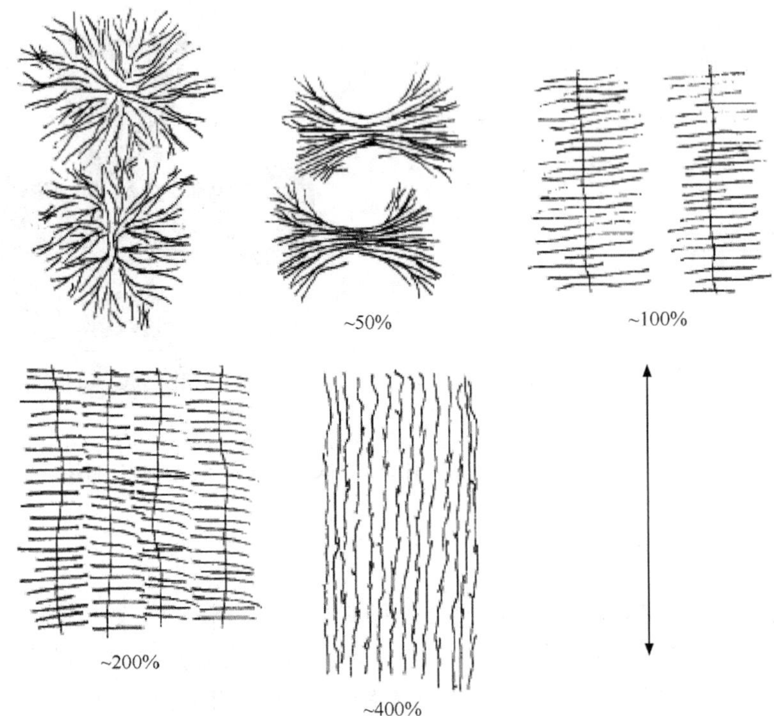

图 10-19　预应变效应发生的程度(图中百分数)对高分子成核和结晶生长形态的影响示意图。箭头指示应力施加的方向(Phillips PJ. Polymer crystals. Rep Prog Phys，1990，53：549-604)

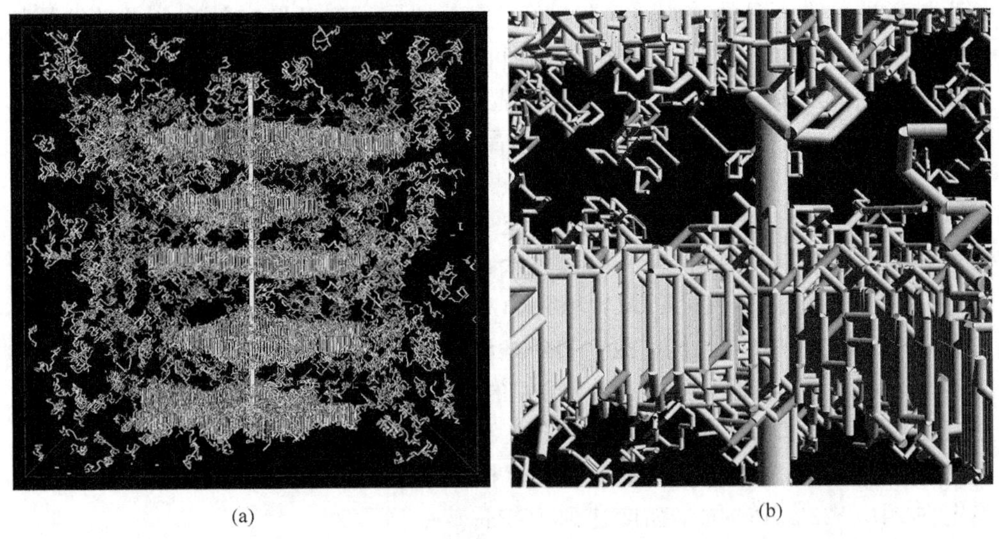

图 10-20　分子模拟所得到的由一根伸展链所诱导的串晶结构(a)及其局部放大图(b)(Hu WB，Frenkel D，Mathot VBF. Shish-kebab crystallites induced by a single pre-aligned macromolecule. Macromolecules. 2002，35：7172-7174)

10.4　高分子结晶的动力学

高分子结晶是典型的一级相转变过程，基本上遵循成核生长机理。因此，在高温下缓慢地发生等温结晶时，我们可以观察到一个明显存在的结晶诱导期和自加速结晶生长期，如图 10-21 的体积结晶度随时间演化曲线所示。结晶诱导期的存在是由于结晶成核的困难，需要通过热涨落来产生超过临界尺寸的晶核。基本的原理与相分离的成核过程一致，新相的产生需要克服表面自由能的升高所带来的自由能位垒。结晶初级成核自由能随晶粒尺寸变化的位垒如图 10-22 所示。总的自由能变化可以表达为

$$\Delta G = -\frac{4\pi}{3}r^3\Delta g + 4\pi r^2\sigma \tag{10-25}$$

此公式与式(9-43)相类似，Δg 为单位体积熔融自由能。我们可以通过简单的推导，由 ΔG 对 r 的一阶导数等于零，得到在临界尺寸处的临界核生成自由能 ΔG^* 为

$$\Delta G^* \propto \Delta T^{-2} \tag{10-26}$$

临界晶核尺寸为

$$r^* \propto \Delta T^{-1} \tag{10-27}$$

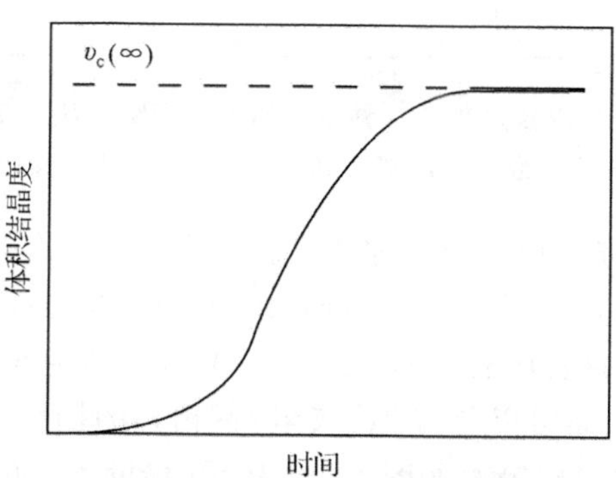

图 10-21　体积结晶度(v_c)在高温区发生缓慢的等温结晶时随时间的演化曲线示意图

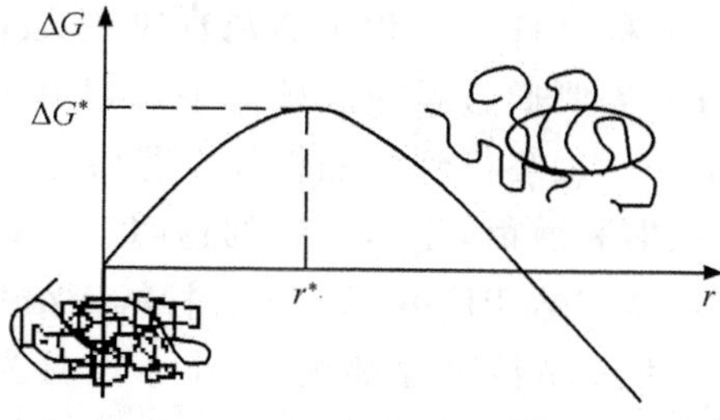

图 10-22　结晶成核的自由能随晶粒尺寸变化曲线示意图。曲线最高处反映了临界尺寸所对应的临界成核自由能位垒高度。左下方为无序高分子本体，右上方为本体中出现有序区

发生高分子结晶成核的基本情形主要有三种。如图 10-23 所示，第一种是从无到有，在高分子本体中产生三维立体的小晶粒，拥有 6 个额外的相界面，通常被称为**初级成核过程(primary nucleation)**。第二种是在晶体生长前沿平滑的晶面上，每长一层新的晶核，产生 4 个额外的相界面，需要克服新的侧表面带来的自由能升高，于是出现一个二维成核过程。这个过程如果比较慢，就有可能成为晶体生长前沿所发生的速率决定步骤，通常被称为**次级成核过程(secondary nucleation)**。第三种情形比较不容易被看到，是晶体生长前沿铺展开来的台阶向前推进所需要的一维成核过程，只产生两个额外的相界面，也被称为**三级成核过程(tertiary nucleation)**。初级成核产生的新表面最多，成核自由能位垒最高，发生得最慢，这是高分子结晶需要较大过冷度的主要原因。而次级成核的位垒要低一些，所以高分子结晶过程一旦经历过初级成核所带来的结晶诱导期以后，晶体生长就表现出一种自加速过程。三级成核的位垒最低，过程最快，不太会成为晶体生长前沿所发生的速率决定步骤，所以不容易被实验观察到。

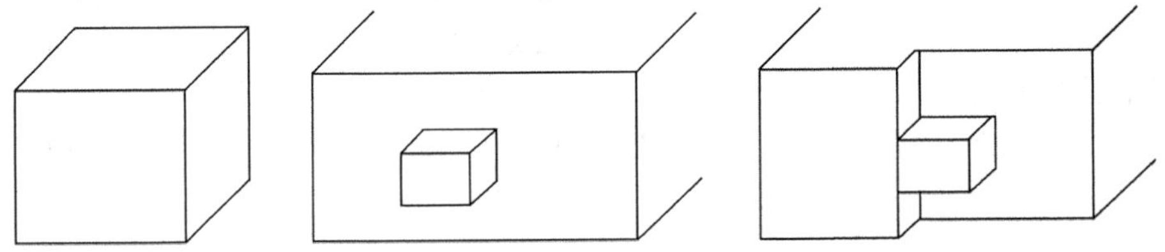

图 10-23　高分子结晶成核过程的三种基本情形示意图。从左至右依次是三维本体初级成核，生长前沿二维表面次级成核，以及生长前沿一维台阶处的三级成核

初级结晶成核又进一步分为两种情况。从均匀无序态体系中自发发生的结晶成核过程，我们称其为**均相成核(homogeneous nucleation)**；而借助外来表面以降低结晶成核过程所带来的表面自由能的升高，我们称其为**异相成核(heterogeneous nucleation)**。外来的表面可以是气泡、灰尘、不相容的固体和液体、没有熔化完全的晶粒、容器壁面和搅拌棒等。如图 10-24 所示，借助外来的表面使得总的表面自由能得以降低。如果借助尚未熔化的自身同品种晶粒，就可以跳过初级成核过程，直接引发晶体的生长，我们称这样的过程为**自晶种过程(self-seeding process)**。实际高分子加工过程中，有时需要通过添加成核剂来得到单位体积中尽可能多的晶核，使得生成的晶粒都很小。最终得到的晶粒尺寸足够小，小于可见光波长，就不再会发生较强的可见光反射和散射，于是材料的透明度可以大大提高。最典型的例子就是 PET 投影膜片，高的透明度并不意味着材料不结晶，PET 膜片的结晶度实际上可以超过 50%，只不过晶粒尺寸都很小，小于可见光波长。评价成核剂效率的关键因素主要有两个：一个是能否有效降低晶粒界面自由能，研究发现表面**外延附生结晶(epitaxy)**是一种有效的成核引发方式；另一个是能否及时提供尽可能

多的均匀分散的界面来引发结晶成核。

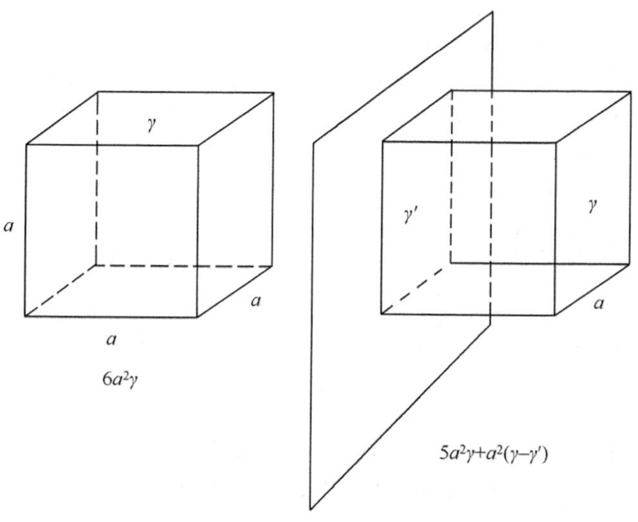

图 10-24　均相成核和异相成核的总表面自由能变化示意图

沃尔默和韦伯于 1926 年发现成核速率与临界自由能位垒呈负指数依赖关系［Volmer M，Weber A. Nucleus formation in supersaturated systems. Z Phys Chem (Leipzig)，1926，119：277-301］。贝克和多林进一步提出还要考虑分子进入晶区的短程扩散项（Becker R，Döring W. Kinetische behandlung der keimbildung in übersättigten dämpfen. Ann Physik 1935，24：719-752）。特恩布尔和费希尔则明确推导出了前置因子（Turnbull D，Fisher JC. Rate of nucleation in condensed systems. J Chem Phys，1949，17：71-73）。高分子结晶成核的速率 i 与临界成核自由能位垒的关系可以表达为

$$i = i_0 \exp(-\frac{\Delta U}{kT})\exp(-\frac{\Delta G^*}{kT}) \tag{10-28}$$

这里 i_0 为前置因子；ΔU 为分子在界面的短程扩散活化能位垒，根据 VFT 松弛公式式(6-10)，$\Delta U/kT \propto T_a/(T-T_V)$，结晶温度 T 增加，分子扩散加快，ΔU 下降；ΔG^* 为临界核生成自由能位垒，对于初级成核，$\Delta G^* \propto \Delta T^{-2}$，结晶温度 T 增加，ΔT 变小，ΔG^* 增加，成核会变慢。于是，在高温结晶区，成核速率主要由临界成核自由能位垒所控制，温度越高，成核速率越小；而在低温结晶区，成核速率主要由分子短程扩散活化能所控制，温度越低，成核速率越小。这样，总的成核速率随温度变化曲线就表现为悬钟形，如图 10-25 所示。从高温冷却下来的结晶过程，我们称其为**热结晶(crystallization on cooling，in hot)** T_{cc}；而从低温越过玻璃化转变温度以后升温解冻所发生的结晶过程，我们称其为**冷结晶过程(crystallization on heating，in cold)** T_{ch}。成核剂主要加速的是热结晶过程，而只有成核促进剂才加速冷

结晶过程。

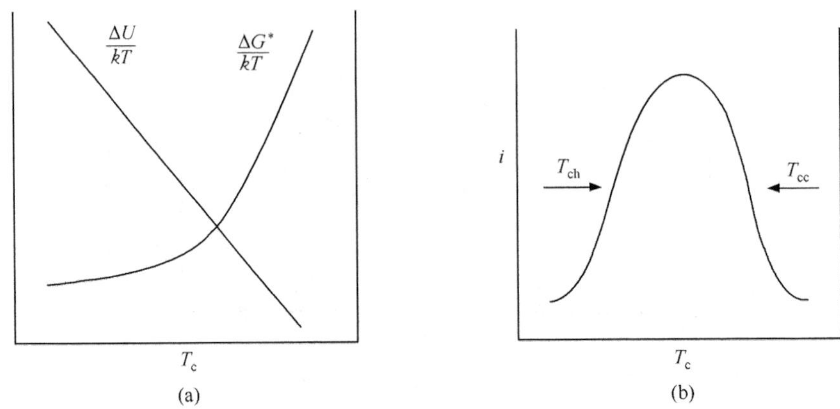

图 10-25　控制结晶成核速率的主要因素与温度的依赖性不同(a)，导致悬钟形速率-温度曲线(b) 示意图

初级成核之后紧接着就是晶体生长过程，表征结晶生长速率的方法主要是通过光散射、偏光显微镜等实验观测手段测量球晶或单层片晶的外形尺寸 R 随时间 t 的变化，于是得到线生长速率 $v = \mathrm{d}R/\mathrm{d}t$。$v$ 通常表现出与 t 无关，反映了晶体生长的界面控制机理，如图 10-26(a)所示。现行的理论主要把次级成核作为速率决定步骤，其临界成核自由能位垒 $\Delta G^* \propto \Delta T^{-1}$。确实，实验中也普遍观察到晶体生长速率与温度的依赖关系像图 10-25(b)所描述的那样，呈悬钟形曲线。对于高分子晶体生长，其不仅具有恒定的线生长速率，而且临界成核自由能位垒随温度的变化会出现 2∶1∶2 的三段区域，后者被称为**区域(regime)转变现象**，如图 10-26b 所示。1961 年，**劳里森-霍夫曼(Lauritzen-Hoffman)理论**被提出，其可以较好地解释这一现象(Lauritzen JI, Hoffman JD. Theory of formation of polymer crystals with folded chains in dilute solution. J Res Natl Bur Stand, 1960, 64A: 73-102; Hoffman JD, Lauritzen JI. Crystallization of bulk polymers with chain folding: Theory of growth of lamellar spherulites. J Res Natl Bur Stand, 1961, 65A: 297-336)。2003 年，**链内成核模型(intramolecular crystal nucleation model)**被提出(Hu WB, Frenkel D, Mathot VBF. Intramolecular nucleation model for polymer crystallization. Macromolecules, 2003, 36: 8178-8183)，其可以解释结晶链折叠原理、分子分凝现象，并更好地解释分子模拟所观察到的区域转变现象(Hu WB, Cai T. Regime transitions of polymer crystal growth rates: molecular simulations and interpretation beyond Lauritzen-Hoffman model. Macromolecules. 2008, 41: 2049-2061)。当前，有关晶体生长的动力学机制存在许多不同的学术观点，还有待于我们收集更多的实验观测证据和理论上的进一步发展，来检验这些观点。

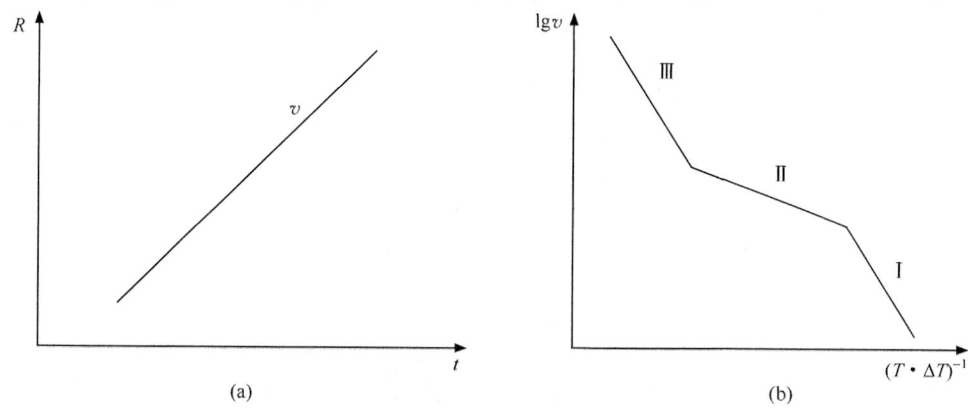

图 10-26　晶粒尺寸(R)随时间(t)演化保持恒定的线生长速率(v)(a)，而临界次级成核自由能位垒则随温度呈现三段区域特点(b)示意图

高分子结晶的具体过程相当复杂，因此在实际的高分子结晶动力学处理过程中，出于方便，人们有时并不需要很详细地研究结晶成核的细节以及晶体线生长速率，而只满足于笼统地给出总结晶动力学表征。我们可以定义**结晶度(crystallinity)**来表征结晶发生的大致程度，而不管具体的结晶形态结构及其分布。通常表征结晶度的方法有 DSC、X 射线衍射和密度法等。根据所测量的性质不同，结晶度又分为**重量结晶度**

$$f_c^w = \frac{W_c}{W_c + W_a} \cdot 100\% \tag{10-29}$$

和**体积结晶度**

$$f_c^v = \frac{V_c}{V_c + V_a} \cdot 100\% \tag{10-30}$$

下标 c 和 a 分别代表结晶态和非晶态。二者彼此之间可由晶区和非晶区的密度值互相换算。

由于高分子的结晶度通常比较低，要追踪其随时间发生的动力学变化最好采用**相对结晶度**

$$X_c = \frac{f_c(t)}{f_c(\infty)} \tag{10-31}$$

后者也被称为**动力学结晶度**，可由膨胀计法、解偏振光强度法、动态 X 射线衍射法和 DSC 法等跟踪结晶过程来测量得到。当采用膨胀计法测量某个样品体系的体积随时间变化时，由于高分子结晶是一个体积收缩的过程，一般恒定结晶温度 T(等温过程)，有相对结晶度

$$X_c = \frac{V(0) - V(t)}{V(0) - V(\infty)} \tag{10-32}$$

结果如图 10-27 所示，结晶发生一半的时刻 $t_{1/2}$ 反映总结晶速率的大小，其可用 $t_{1/2}$ 表示。

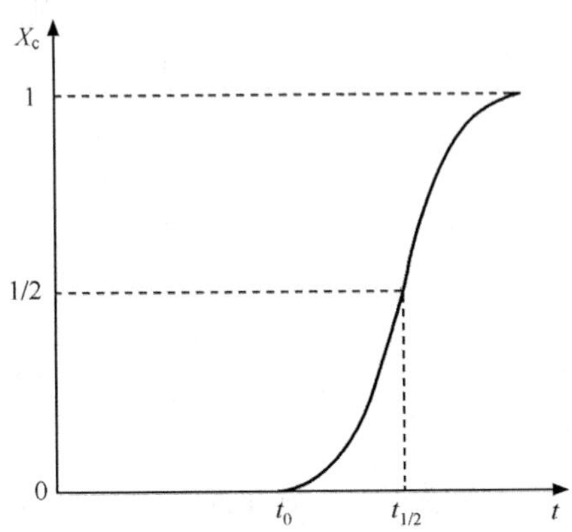

图 10-27　相对结晶度随时间演化的曲线示意图

阿夫拉米(Avrami)采用泊松分布导出了著名的处理时间演化动力学过程的**Avrami 现象学方程**(Avrami M. Kinetics of phase change. Ⅰ. General theory. J Chem Phys，1939，7：1103-1112；Avrami M. Kinetics of phase change. Ⅱ. Transformation-time relations for random distribution of nuclei. J Chem Phys，1940，8：212-224；Avrami M. Kinetics of phase change. Ⅲ. Granulation，phase change，and microstructure kinetics of phase change. J Chem Phys，1941，9：177-184)。该方程最早被科尔莫哥洛夫所讨论[Kolmogorov AN. On the statistical theory of metal crystallization (in Russian). Izvest Akad Nauk SSSR Ser Mat，1937，3：335-360]，约翰逊和梅尔也独立做过类似的推导(Johnson WA，Mehl RT. Reaction kinetics in processes of nucleation and growth. Trans Am Inst Miner Pet Eng，1939，135：416-441)。埃文斯则提出了一个比较简明的推导方法(Evans UR. The laws of expanding circles and spheres in relation to the lateral growth of surface films and the grain-size of metals. Trans Faraday Soc，1945，41：365-374)。如图 10-28 所示，他们都考虑一个等动力学条件(isokinetic condition)，即在等温结晶过程中，异相初级成核产生固定数目的球晶生长中心，这些球晶以恒定的线生长速率长大，直到相互碰撞为止。在这样的等温结晶过程早期，假定几何体生长尚未发生彼此碰撞之前，在 V 空间中任取一点，其落在 i 球之外的概率

$$P_i = 1 - \frac{V_i}{V} \tag{10-33}$$

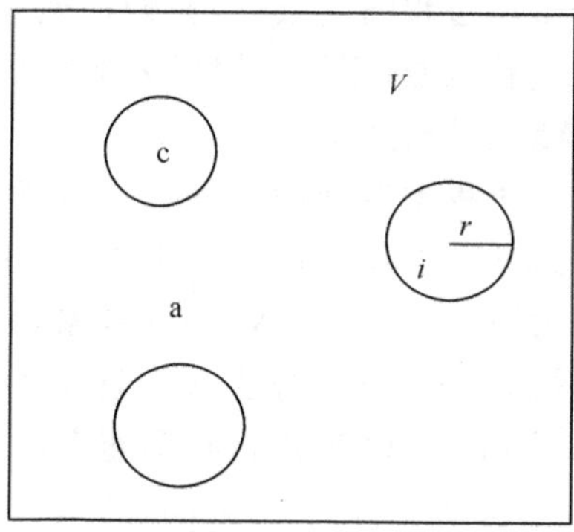

图 10-28　第 i 个结晶球在体积为 V 的空间中被引发生长示意图。符号 a 代表无定形区，符号 c 代表结晶区

这里 V_i 为第 i 球体积。于是，任取一点同时落在 $1,2,\cdots,m$ 球之外的概率

$$P = P_1 \cdot P_2 \cdot \cdots \cdot P_m = \prod \left(1 - \frac{V_i}{V}\right) \tag{10-34}$$

当 m 数值很大时，$V_i \ll V$，所以近似地有

$$\ln P = \sum \ln\left(1 - \frac{V_i}{V}\right) \approx -\sum \frac{V_i}{V} = -m\frac{\langle V_i \rangle}{V} \tag{10-35}$$

$\langle V_i \rangle$为球的平均体积。由于 P 反映了无定形区出现的概率，$P = 1 - X_c$，我们得到

$$1 - X_c = \exp\left(-m\frac{\langle V_i \rangle}{V}\right) \tag{10-36}$$

对于三维空间无热成核（即异相自晶种成核这样一种特殊情况），成核数不变，球晶数目固定，其密度为 m/V，$\langle V_i \rangle = 4\pi r^3/3$，$r = vt$，则

$$m\frac{\langle V_i \rangle}{V} = \frac{4\pi v^3 m}{3V}t^3 = Kt^3 \tag{10-37}$$

带入到公式(10-36)中，于是我们得到普遍的 Avrami 现象学方程

$$1 - X_c = \exp(-Kt^n) \tag{10-38}$$

采用 Avrami 方程我们可以大致地处理结晶诱导期 t_0 之后的晶体生长自加速过程。这里，K 被称为结晶速率常数，其与成核速率、生长速率和核的数目有关；n 被称为 Avrami 指数，其值与成核模式以及晶体生长的空间维数有关。有热初级成核如果以恒定的速率不断产生新的生长中心，$n=4$。对实验测量得到的加速生长阶段的相对结晶度结果进行线性拟合，我们就可以得到 Avrami 指数，以及总结晶速率

$$t_{1/2} = \left(\frac{\ln 2}{K}\right)^{1/n} + t_0 \tag{10-39}$$

总结晶度随时间的变化既包含初级成核的贡献，也往往包含二次结晶过程（secondary crystallization）的贡献（包括退火、完善、前沿后面的填充生长等过程），所

以 n 常常为非整数。出于结晶过程的复杂性，我们一般不直接由 n 值出发来了解具体的结晶成核模式以及生长维数，而只是根据 n 随结晶温度 T 的变化来判断结晶成核-生长机制在不同温度下的变化。

实际的高分子材料加工过程中遇到的结晶过程常常是非等温结晶过程，特别是塑料挤出注塑成型和纤维熔体纺丝过程。对此类非等温结晶过程的研究尚停留在实验经验总结阶段，理论处理也仍处于 Avrami 现象学方程的水平。

杰佐尔内(Jeziorny)采用 Avrami 方程直接处理了 DSC 非等温结晶峰的积分曲线，求得 Avrami 指数 n 和 K，并对 K 进行降温速率 a 校正，即

$$\lg K_c = \frac{\lg K}{a} \tag{10-40}$$

他发现 n 与降温速率 a 呈线性关系，n 值从 2 变向 3，表明降温速率加快使结晶从两维片晶的生长变为三维球晶生长，K_c 为一恒定值。与下面介绍的方法相比，这一方法略显粗糙，缺乏必要的理论基础[Jeziorny A. Parameters characterizing the kinetics of the non-isothermal crystallization of poly(ethylene terephthalate) determined by DSC. Polymer, 1971, 12: 150-158]。

小泽(Ozawa)提出，通过几次简单的降温结晶 DSC 扫描实验，就能得到有关高分子样品总结晶动力学的基本信息(Ozawa T. Kinetics of non-isothermal crystallization. Polymer, 1971, 12: 150-158)。高分子体系以恒定的速率 $a = \mathrm{d}T/\mathrm{d}t$ 从 T_0 开始降温时，球晶的径向线生长速率 $v(T)$和成核速率 $I(T)$都将随温度而发生变化，对于 τ 时刻生成的晶核，在 t 时刻时，其球晶的半径

$$r = \int_{\tau}^{t} v(T)\mathrm{d}t = \frac{\mathrm{d}t}{\mathrm{d}T}\left[\int_{T_m}^{T} v(T)\mathrm{d}T - \int_{T_m}^{T_0} v(T)\mathrm{d}T\right] = \frac{1}{a}[R(T) - R(T_0)] \tag{10-41}$$

T_0 对应时刻 τ 的温度，T_m 是熔点。晶核密度

$$\frac{m}{V} = \int_{T_m}^{T_0} I(T)\mathrm{d}t = \frac{1}{a}\int_{T_m}^{T_0} I(T)\mathrm{d}T = \frac{N(T_0)}{a} \tag{10-42}$$

将公式(10-41)和(10-42)代入上面介绍的 Avrami 方程推导过程中的式(10-35)，得

$$\begin{aligned} \ln P &= -\frac{m}{V}\langle V_i \rangle \\ &= -\int_{T_m}^{T} \frac{m}{V}\pi r^2 \mathrm{d}r \\ &= -\int_{T_m}^{T} \pi N(T_0)[R(T) - R(T_0)]^2 v(T_0)\mathrm{d}T_0 \cdot a^{-4} \\ &= -K_0(T)a^{-4} \end{aligned} \tag{10-43}$$

$K_0(T)$称为冷却函数。于是，我们得到

$$1-X_c=\exp[-K_0(T)a^{-q}] \tag{10-44}$$

这里，q 称为 Ozawa 指数，对应于一维生长，$q=2$；二维生长时 $q=3$；三维生长时 $q=4$。实际测量时，对应于一系列不同降温速率 a 所测量得到的 DSC 结晶曲线，取同一温度下的结晶度 $X_c(a)$，然后作 $\lg[-\ln(1-X_c(a))]$ 对 $\lg a$ 的曲线，由斜率即可得 Ozawa 指数 q 的值。

随降温速率的变化，高分子降温结晶的温度区间变化也比较大，采用 Ozawa 方法一般不容易取到足够多线性关系较好的数据点。刘结平和莫志深将 Avrami 方程与 Ozawa 方程结合起来，得到在同一时刻同一结晶度时所对应的关系

$$\lg K+n\lg t=\lg K_0-q\lg a \tag{10-45}$$

于是

$$\lg a=\lg\left(\frac{K_0}{K}\right)^{1/q}-\frac{n}{q}\lg t \tag{10-46}$$

这样，在一系列不同降温速率 a 下的结晶度随时间变化曲线上沿着等结晶度水平线取一系列数据点，再作 $\lg a$ 对 $\lg t$ 曲线，计算其斜率和截距。实验证明，此方法应用于聚醚醚酮和聚羟丁酯等高分子非等温结晶体系时比单纯应用 Ozawa 方程要好，可以得到数据点之间更好的线性关系（刘结平，莫志深．聚合物结晶动力学.高分子通报，1991，4：199-207；Mo ZS. A method for the non-isothermal crystallization kinetics of polymers. Acta Polymerica Sinica，2008，7：656-661）。

实际上，基于 Avrami 指数或 Ozawa 指数的变化来得到结晶成核模式和晶体生长维数的变化信息，是从现象学角度对结晶形态随时间的演化进行标度分析，类似的标度分析也广泛应用于高分子物理的其他研究领域之中。

思　考　题

1. 为什么高分子链越刚性，熔点越高；链间相互作用越强，熔点也越高？
2. 柔性链高分子结晶为什么喜欢发生链折叠？
3. 高分子晶体融化为什么会有一个比较宽的温度范围？
4. 成核剂的作用是什么？
5. 为什么说 Avrami 指数分析也是一种动力学标度分析？

第 11 章　高分子相分离与结晶之间的相互作用

11.1　高分子相变行为的复杂性解读

软物质也常常被称为复杂流体。高分子作为一类典型的复杂流体，其相变行为的复杂性主要表现在具有多重空间尺度和多重时间阶段的多相微结构演化特征。在同一时空观察窗口中，同时存在的多重相转变将发生相互作用，即发生相互协同与竞争作用。因此，对复杂流体中多相微结构形成的复杂机理研究，需要引入复杂性科学的研究思路。在复杂性科学中普遍使用的分析思想是涌现论（emergentism），其有别于传统科学中普遍使用的还原论（reductionism）。涌现论认为，拥有复杂性的系统，其各部分集成以后的性质大于各部分性质的简单加和，形象地说，复杂性来源于 1＋1＞2。我们研究高分子多相微结构形成的复杂机理，也可以从同一时空观察窗口中相分离和结晶这两种基本相变的相互作用入手，研究有别于各个独立相变简单加和的涌现性质。高分子多组分体系相对其他软物质多组分体系而言，其多相微结构有很多种调控方式（包括溶液、共混物和共聚物等），其基本的相分离和结晶行为具有较长的时间观察窗口，热力学条件也不苛刻，因此是研究软物质多相微结构复杂形成机理很好的样本体系。

早在 1953 年，弗洛里在他的经典高分子名著中介绍了高分子溶液体系相分离和结晶的综合实验相图，如图 8-1c 所示（Flory PJ. Principles of Polymer Chemistry. Ithaca, NY: Cornell University Press, 1953）。近年来，程正迪在他的新书中也系统地总结了这方面的实验研究进展（Cheng SZD. Phase Transitions in Polymers. Amsterdam: Elsevier, 2008）。凯勒在高分子溶-胶转变的一篇综述中也强调了高分子结晶能够冻结连续的相分离过程所产生的胶体结构，从而制备得到热可逆性溶胶（Keller A. Aspects of polymer gels. Faraday Discuss, 1995, 101: 1-49）。这种多重相变相互作用在实际加工工艺中的一个重要应用，就是采用热激发过程来调控多孔膜和泡沫体的微结构（Graham PD, McHugh AJ. Kinetics of thermally induced phase separation in a crystallizable polymer solution. Macromolecules, 1998, 31: 2565-2568）。聚丙烯和聚偏氟乙烯多孔膜已经被广泛地应用于水处理工业中，为保护自然环境和开发利用水资源发挥着重要的作用。

我们在前面两章分别介绍了高分子相分离和结晶的行为特点。它们各自拥有不同的分子驱动力，并且两个相应的分子能量参数可以在格子模型中同时得到表达。这意味着我们可以在理论相图的指导下，采用分子模拟同时调控高分子相分离和结晶的驱动力，来研究同一时空观察窗口中二者的协同作用对多组分体系相变行为的影响。

我们先以热力学相互作用为例，来说明多组分体系中高分子相分离与结晶之间的相互作用。在 32^3 的立方格子高分子溶液体系中，我们根据上章所介绍的平均场统计热力学理论计算出链长为 32 个链单元的溶液理论相图，包括相分离双节线和结晶液固共存线，如图 11-1(a)所示。相分离曲线是从式(10-11)出发，根据稀浓两相化学势平衡计算得到；而平衡熔点曲线是从式(10-9)出发，根据液固两相化学势平衡计算得到。我们以链构象能量参数 E_c 作为约化参考量，分别调节约化后的混合能量参数 B/E_c 和结晶能量参数 E_p/E_c，可以看到，如果我们将结晶能量参数从 0 调节到 1，相分离曲线将向上移动一点；但是，如果我们将混合能量参数从 0.25 调节到 0.1，调节的变化幅度比刚才的结晶能量参数小得多，相分离曲线却向下发生大幅度的移动。由此可见，混合能量参数是相分离曲线主要的调控参数，结晶能量参数对相分离只是起到次要的调控作用。图 11-1(b)是平行条件下的分子模拟观测结果，在相同的横纵坐标尺度下，理论相图与分子模拟得到的相图曲线结果在相同能量参数条件下大致定量地相符。这里的分子模拟并没有引入平均场假设，二者的定量相符说明了在统计热力学理论中采用平均场处理的可靠性(Hu WB, Mathot VBF, Frenkel D. Lattice model study of the thermodynamic interplay of polymer crystallization and liquid-liquid demixing. J Chem Phys. 2003, 118: 10343-10348)。

我们知道，根据式(10-18)，高分子溶液中的平衡熔点由于混合熵所带来的稀释效应，将随着溶剂含量的增加而降低。降低的速度与溶剂的相互作用性质有关。溶剂越优良，熔点也就降低得越快。溶剂的优劣表现在混合能量参数的大小上，图 11-2(a)是不同溶剂优劣性条件下高分子溶液熔点降低的理论相图，图 11-2(b)则是平行条件下的分子模拟结果。通过比较可以看出，在相同的横纵坐标尺度下，模拟得到的熔点降低趋势与理论预期的结果大致定量地相符，只有一个显著的不同之处，即分子模拟相图曲线出现了第二个汇聚点。理论相图曲线的汇聚点在不含溶剂的纯高分子体系处。模拟结果出现第二个汇聚点，说明了传统的平均场理论处理中混合能量参数与浓度无关这一假设不可靠。我们在 8.3.4 节介绍了人们如何在理论上设法修正这一假设。

高分子多组分体系中的相分离与结晶相互作用不仅影响各自相变的热力学条件，也影响相变发生的动力学过程，进而调控高分子复杂的多相微结构形态。在本章中，我们从多重相变相互作用下的相分离、浓相结晶成核、界面诱导结晶成核和单链结晶成核四个方面来进一步介绍近年来这方面的理论和模拟研究进展。这里所介绍的几个例子主要是分子之间的组分不同，而高分子还可以存在分子内的组分不同，例如链一端的化学组分不同于另一端的两嵌段共聚物、接枝共聚物、星形共聚物以及统计性共聚高分子等。这些多组分体系中高分子分阶段跨尺度的复杂相变行为造就了丰富多彩的自组装形态结构，也为其灵敏的环境响应功能奠定了基础。我们在生命大分子体系中不难找出这样的例子。

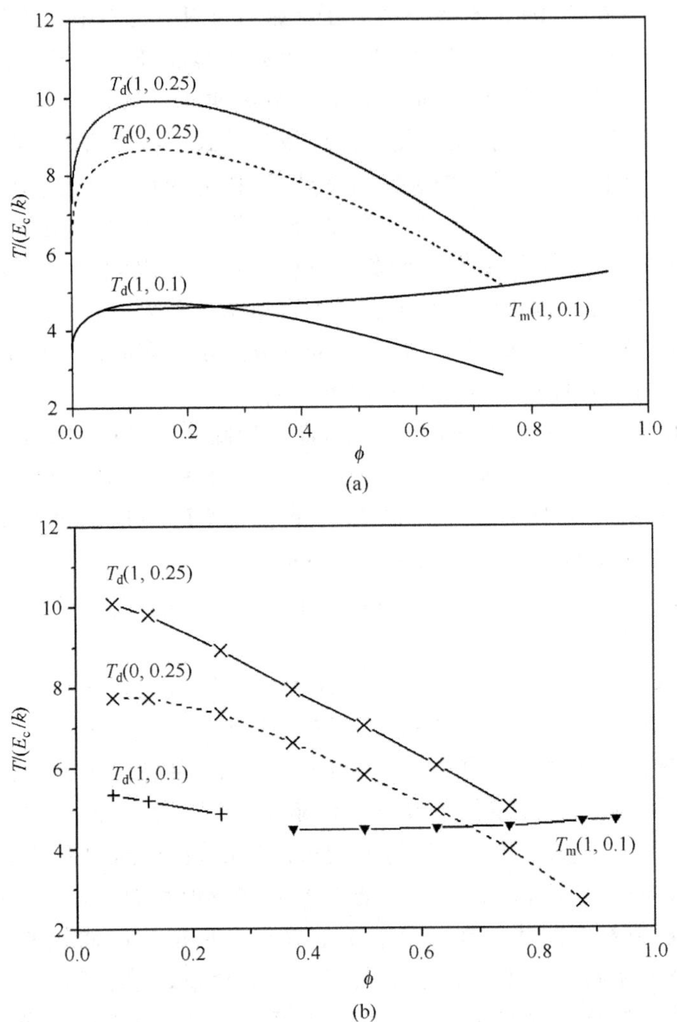

图 11-1 链长为 32 个链单元的高分子格子溶液体系的温度对高分子体积分数的理论相图(a)和平行条件下的分子模拟结果(b)。图中每条曲线附近分别标示特定的约化能量参数条件下相分离的热力学边界曲线 $T_d(E_p/E_c, B/E_c)$和结晶的热力学边界曲线 $T_m(E_p/E_c, B/E_c)$(Hu WB, Mathot VBF, Frenkel D. Lattice model study of the thermodynamic interplay of polymer crystallization and liquid-liquid demixing. J Chem Phys, 2003, 118: 10343-10348)

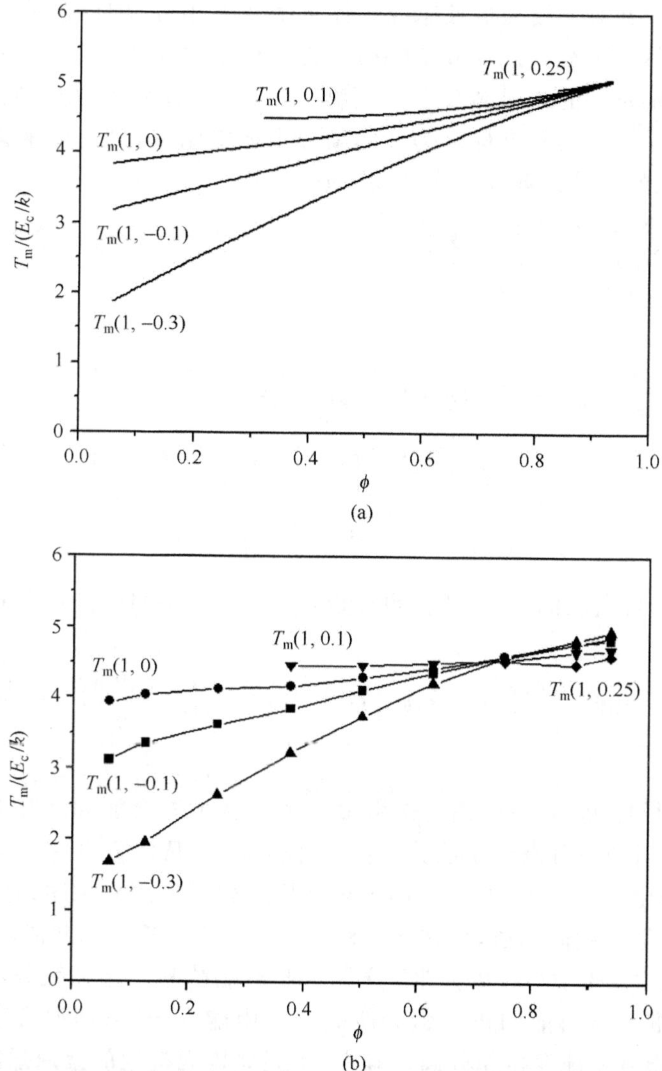

图 11-2　链长为 32 个链单元的高分子格子溶液体系的结晶平衡熔点对高分子体积分数的相图。(a)为理论相图，(b)为平行条件下的分子模拟结果。图中每条曲线附近分别标示特定的约化能量参数条件 $T_m(E_p/E_c, B/E_c)$(Hu WB, Mathot VBF, Frenkel D. Lattice model study of the thermodynamic interplay of polymer crystallization and liquid-liquid demixing. J Chem Phys，2003，118：10343-10348)

11.2　可结晶高分子多组分体系的相分离

多组分体系中某个组分自身发生的结晶转变会导致该体系的分凝，也会造成相分离的效果。在高于熔点的液态混合体系中发生相分离时，这种结晶转变的分子驱动力也自然是相分离总的分子驱动力的一部分，如式(10-12)所示。对于某个具有相同分子链长 r 的二元高分子共混物而言，两组分分子数分别为 N_1 和 N_2，总体积 $N=rN_1+rN_2$，只有标号为 2 的高分子才能结晶，则与溶液体系式(10-8)相似，共混体系的配分函数表达式可以写成

$$Z=\left(\frac{N}{N_1}\right)^{N_1}\left(\frac{N}{N_2}\right)^{N_2}\left(\frac{q}{2}\right)^{N_1+N_2}z_c^{(N_1+N_2)(r-2)}\mathrm{e}^{-(N_1+N_2)(r-1)}z_p^{N_2(r-1)}z_m^{N_2 r} \tag{11-1}$$

其中

$$z_c=1+(q-2)\exp\left(-\frac{E_c}{kT}\right)$$

$$z_p=\exp\left\{-\frac{q-2}{2}\left[1-\frac{2N_2(r-1)}{qN}\right]\frac{E_p}{kT}\right\}$$

$$z_m=\exp\left[-\frac{N_1 r}{N}\frac{(q-2)B}{kT}\right]$$

同样，对于混合自由能的变化，我们也可以得到与 Flory-Huggins 公式形式一致的结果，

$$\frac{\Delta F_m}{NkT}=\frac{\phi_1}{r}\ln\phi_1+\frac{\phi_2}{r}\ln\phi_2+\phi_1\phi_2\left[(q-2)\frac{B}{kT}+\left(1-\frac{2}{q}\right)\left(1-\frac{1}{r}\right)^2\frac{E_p}{kT}\right] \tag{11-2}$$

由式(11-2)同样可见，弗洛里相互作用参数 χ 包含了混合能和结晶有序堆砌能两方面的贡献。当两组分高分子的分子质量都很高时，混合熵的贡献将很小，如果再加上两组分的化学结构也相似，例如等规立构序列和无规立构序列的聚丙烯链，B 值也将接近于零。我们知道，在这样两种不同立构序列特点的共混物中，等规序列高分子能够发生结晶，而无规序列高分子一般不能结晶。这种组分不对称的结晶驱动力 E_p 对混合自由能的正贡献会使混合自由能大于零，即混合态会变得不稳定，体系有可能自发地发生相分离。确实，不同立构规整性的聚丙烯混合熔体已经被观察到不相容现象(Hu WB, Mathot VBF. Liquid-liquid demixing in a polymer blend driven solely by the component-selective crystallizability. J Chem Phys, 2003, 119: 10953-10957)。

前面介绍的统计热力学理论对结晶分子驱动力 E_p 进行了平均场处理。然而，实际体系的共混物熔体中还广泛存在着局部分子链平行有序排列的热涨落。这种各向异性的热涨落，将使实际发生的分子间平行排列相互作用大于基于各向同性液体的平均场统计处理结果，导致实际发生的相分离相图曲线偏离理论计算曲线。如图 11-3 所示，我们把相互平行条件下的动态蒙特卡罗模拟相图曲线(数据点)与平均场理论计算相图曲线(实线)进行比较。首先我们可以看到，即使混合

相互作用参数 $B=0$，相分离曲线由于有了 E_p 的贡献仍然在液固转变曲线(虚线)之上，这意味着共混物从高温冷却下来时将首先发生相分离。这就是上面所讨论的结晶倾向驱动的相分离。其次我们可以看到，在远离液固转变曲线区域，计算机模拟的相分离曲线与平均场理论预测的结果相互吻合得很好；但是在接近液固转变曲线时，模拟得到的相分离曲线向上漂移。这一漂移说明，在向液固转变曲线靠近时，逐渐增强的结晶有序热涨落对相分离分子驱动力有额外的贡献，导致相分离行为被增强，而这一额外贡献并没有被平均场理论计算相图所计入(Ma Y, Hu WB, Wang H. Polymer immiscibility enhanced by thermal fluctuations toward crystalline order. Phys Rev E, 2007, 76: 031801)。

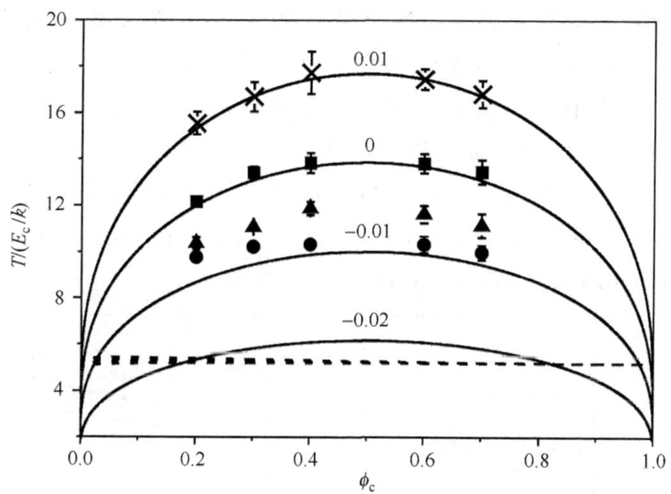

图 11-3　对称高分子共混物(相同分子链长，只有一种组分可以结晶)的计算机模拟相分离相图(双节线数据点，B/E_c 的顺序与实线一致)和平均场理论预测相图(实线为双节线，虚线为液-固共存线)之间的比较。链长为 32 个链单元，在 32^3 立方格子体系中。图中横坐标是可结晶高分子组分的体积分数，纵坐标是约化温度，数字标出附近相分离曲线的约化能量参数 B/E_c 的值。所有曲线均有 $E_p/E_c=1$ (Ma Y, Hu WB, Wang H. Polymer immiscibility enhanced by thermal fluctuations toward crystalline order. Phys Rev E, 2007, 76: 031801)

11.3　相分离诱导的浓相结晶成核

现在我们换一个角度，看看相分离如何影响高分子结晶成核。我们知道，高分子结晶一般需要一个比较大的过冷度。如果在高分子溶液冷却下来达到足够大的过冷度之前就发生液态相分离，那么实际发生结晶的溶液浓度就会随之而改变。如图 11-4 所示，高分子链长为 128 个链单元，体系处在 64^3 立方格子中，我们设计了三个具有不同能量参数条件的高分子溶液体系,其在浓度 0.125 附近的亚浓溶液区有共同的平衡熔点,但是有不同的相分离临界点。C1 体系的临界点在熔点附近,C2 体系的临界点在熔点下方自发结晶温度区域,而 C3 体系的临界点在熔点下方更远处。这样,均匀溶液从高温冷却下来时,C1 体系首先要发生相分离,产生两相共存结构。图 11-4 所示的计算机模拟得到的成核起始温度数据点显示,C1 体系在较高的温度最先发生结晶成核。这是由于浓相区具有较高的浓度,对应较高的平衡熔点,也就是较大的过冷度,所以在相分离的浓相区会优先发生结晶成核现象。计算机模拟得到的数据点构成结晶成核的起始温度随浓度而变化的动力学相图,其在相分离的理论旋节线之下呈水平线。这说明由于预先的相分离作用,结晶成核在相同温度区间发生在同一个浓度的浓相区,所在的温度区间比动力学相图从理论旋节线上方外推下来的温度要高。可以说,在这一水平线区域,C1 体系高分子溶液的旋节线分解在高温区引发了结晶成核。C2 体系出现的动力学相图水平线范围相对要窄一些。C3 体系则不出现水平线区域,其起始结晶成核温度几乎与相应的平衡熔点曲线平行,随着浓度减小而不断降低(Zha LY, Hu WB. Homogeneous crystal nucleation triggered by spinodal decomposition in polymer solutions. J Phys Chem B, 2007, 111: 11373-11378)。

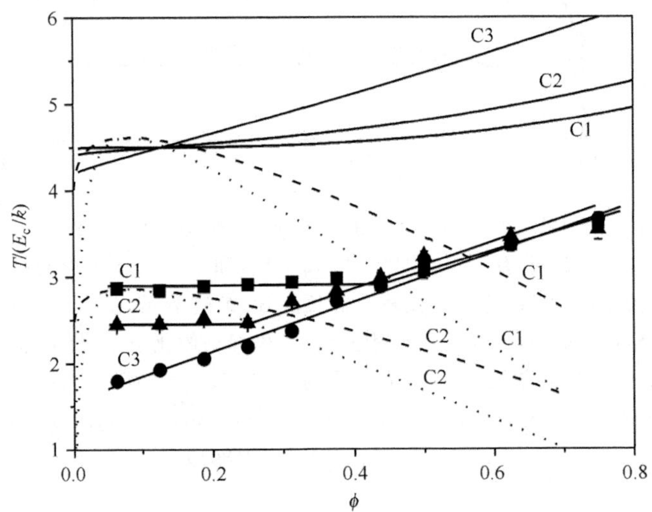

图 11-4 高分子溶液体系的理论相图和结晶成核动力学相图的比较。C1、C2 和 C3 分别对应三套能量参数(具体见参考文献)的溶液体系,其在浓度 0.125 处具有共同的熔点(图中实线),但是有不同的相分离双节线(图中虚线)和旋节线(图中点线)。图中横坐标是高分子组分的体积分数,纵坐标是约化温度,数据点采集自计算机模拟相应溶液体系在不同的温度下等温结晶所得到的晶粒数突然变大的起始温度。画出直线段便于引导视线(Zha LY, Hu WB. Homogeneous crystal nucleation triggered by spinodal decomposition in polymer solutions. J Phys Chem B, 2007, 111: 11373-11378)

我们将以上 C2 和 C3 两个体系浓度为 0.125 的均匀溶液直接淬冷到 $T=1.5E_c/k$ 进行等温结晶，体系的结构因子随时间演化的结果分别如图 11-5(a)和 11-5(b)所示。根据本书 9.2 节的介绍，图 11-5(a)显示出典型的旋节线分解的结构演化特征，最大结构因子随时间演化而不断增大，结构因子峰的位置在早期几乎不变，表明 C2 体系先发生相分离，然后才出现结晶成核。而图 11-5(b)则显示典型的成核生长的结构演化特征，最大结构因子相对要小得多，结构因子峰随时间演化也向尺寸增大的方向移动，表明 C3 体系中所发生的是一个单纯的成核结晶过程。C2 体系中的旋节线分解将在早期产生双连续相的形态结构特点，使得浓相区

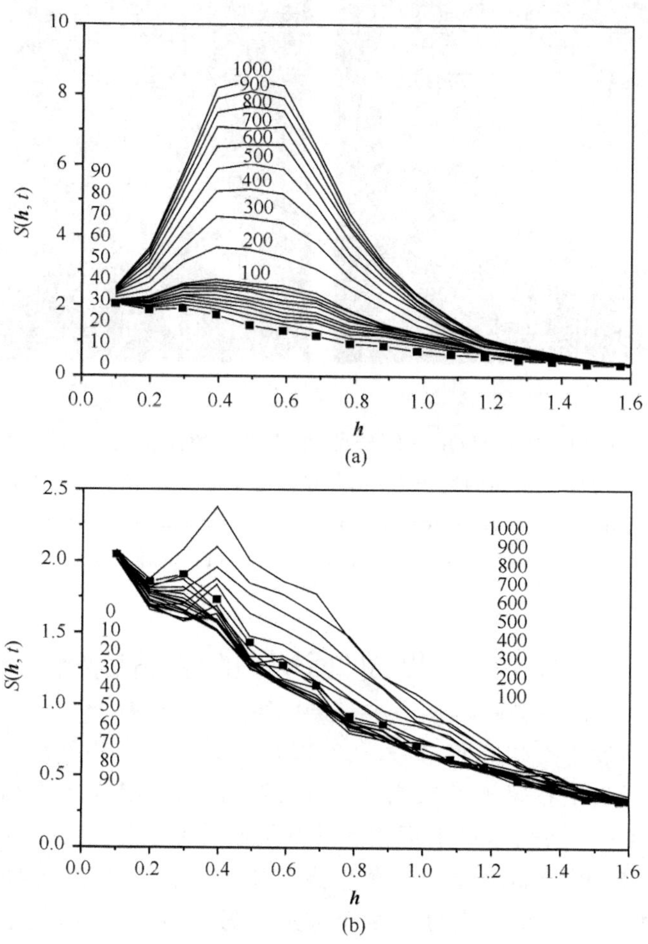

图 11-5　C2 体系(a)和 C3 体系(b)浓度为 0.125 的均匀溶液在 $1.5E_c/k$ 等温结晶时链单元的结构因子曲线随时间(单位为蒙特卡罗循环次数，按次序标注在曲线附近)演化的计算机模拟结果。图中数据点代表初始态(Zha LY, Hu WB. Homogeneous crystal nucleation triggered by spinodal decomposition in polymer solutions. J Phys Chem B, 2007, 111: 11373-11378)

尺寸更小且更均一,在空间中的分布也更均匀。这种结构将被随后发生的快速结晶凝固下来。于是主要由浓相区所生成的结晶颗粒将更加细小,尺寸更均匀,颗粒之间如果存在长链分子相连形成的网络,此冻胶分子网络的孔径也更均匀,如图11-6(a)所示。这说明我们可以利用这种热激发相变的相互作用来调控半结晶高分子分离膜和泡沫体的微孔结构。

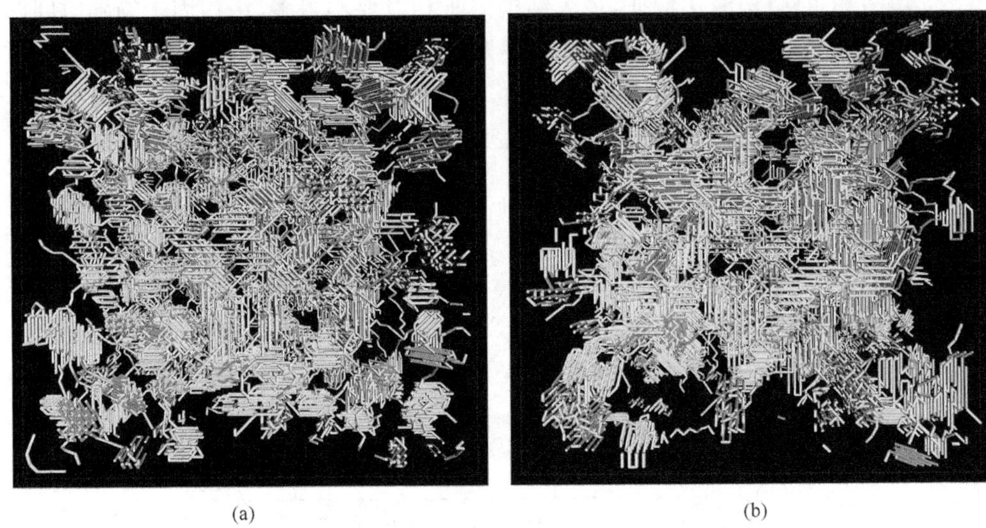

(a) (b)

图 11-6 C2 体系(a)和 C3 体系(b)浓度为 0.125 的均匀溶液在 $1.5E_c/k$ 等温结晶所得到的结晶形貌图。立方格子空间的边长为 64,每条高分子链包含 128 个链单元(Zha LY, Hu WB. Homogeneous crystal nucleation triggered by spinodal decomposition in polymer solutions. J Phys Chem B, 2007, 111: 11373-11378)

11.4 相界面处诱导的结晶成核

当两组分高分子不相容时,就会在共混物体系中引入相界面。界面对高分子结晶的影响有时也不容忽视。从式(11-1)出发,根据共混物的平衡熔点理论相图可以知道,如图 11-7 所示,对于不相容的共混物体系,假设没有发生理论上预计先发生的相分离,可结晶组分的平衡熔点将随着该组分浓度的降低而升高。我们知道,在界面处的可结晶高分子由于被迫与另一组分接触,其浓度将低于本体中的可结晶高分子。也就是说,其平衡熔点将高于本体中的高分子。这意味着在相同的结晶温度下,界面处高分子发生结晶成核具有较大的有效过冷度,界面将诱导结晶成核优先发生。计算机模拟证实,这种界面处发生的混合热力学效应,使得界面所诱导的结晶成核不会表现出某种特定的取向优势(Ma Y, Zha LY, Hu

WB, Reiter G, Han CC. Crystal nucleation enhanced at the diffuse interface of immiscible polymer blends. Phys Rev E, 2008, 77: 061801)。利用界面来诱导结晶将有利于我们调控高分子界面处的聚集态结构,有利于实现多相体系性能上的集成。

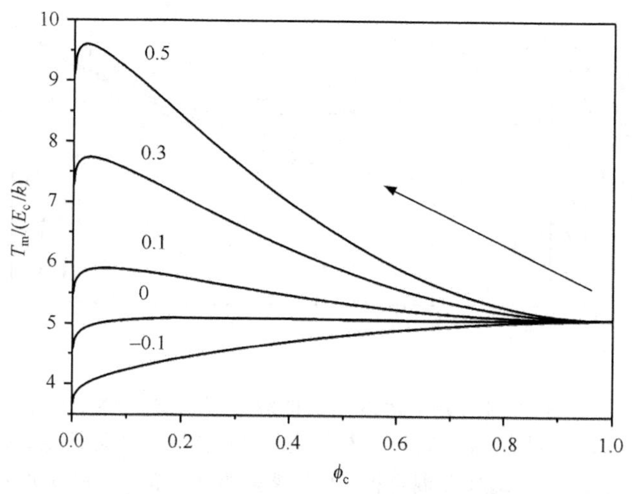

图 11-7　对称链长(16 个链单元)共混物体系的平衡熔点曲线在倾向于相分离的相互作用下呈现熔点升高的稀释效应。图中横坐标是可结晶高分子的体积分数,曲线附近标示的是混合相互作用参数 B/E_c,设定 $E_p/E_c=1$。图中所画箭头引导视线(Ma Y, Zha LY, Hu WB, Reiter G, Han CC. Crystal nucleation enhanced at the diffuse interface of immiscible polymer blends. Phys Rev E, 2008, 77: 061801)

与共混物不同,高分子溶液的平衡熔点理论曲线在不良溶剂中当可结晶组分被稀释时并不直接向上,而是由于混合熵效应,先降低后升高,如图 11-8 所示。这意味着,只有在足够不良的溶剂中,高分子相分离界面处才有可能诱导结晶成核优先发生(Zha L, Hu WB. Understanding crystal nucleation in solution-segregated polymers. Polymer, 2009, 50: 3828-3834)。我们假定相分离在温度 $T=4.5E_c/k$ 处发生,高分子浓相区的界面浓度为 0.5。于是,根据理论相图,在浓度 0.5 处,当混合相互作用参数为 0.3 时,界面处的熔点低于浓相区本体;而当混合相互作用参数为 0.4 时,界面处的熔点高于浓相区本体,说明界面将开始出现诱导结晶成核的作用。如图 11-9(a)所示,在平行条件的计算机模拟中,我们建立一对平行界面的高分子溶液浓相区,在温度 $T=4.5E_c/k$ 处结晶尚不能自发地发生,只有热涨落。沿着界面法线方向,我们统计热涨落所产生的最大晶粒位置的分布。统计结果如图 11-9(b)所示,热涨落中的最大晶粒代表最有可能长大成核的晶体,从混合相互作用参数 0.4 开始,最大晶粒位置呈现双峰分布的倾向,这说明界面处对结晶成核开始有诱导效应，与理论相图预测的结果一致。

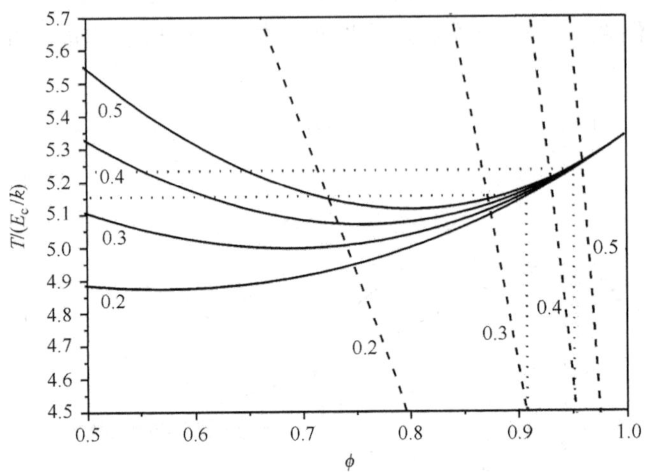

图 11-8 链长 128 个链单元的高分子溶液体系的温度对高分子体积分数的理论相图曲线。设置$E_p/E_c=1$，B/E_c 的值标在曲线附近。图中实线为平衡熔点降低曲线，虚线为相分离双节线，点线示意在温度 $T=4.5E_c/k$ 处混合相互作用参数为 0.3 和 0.4 的高分子浓相区的平衡熔点(Zha L，Hu WB. Understanding crystal nucleation in solution-segregated polymers. Polymer，2009，50：3828-3834)

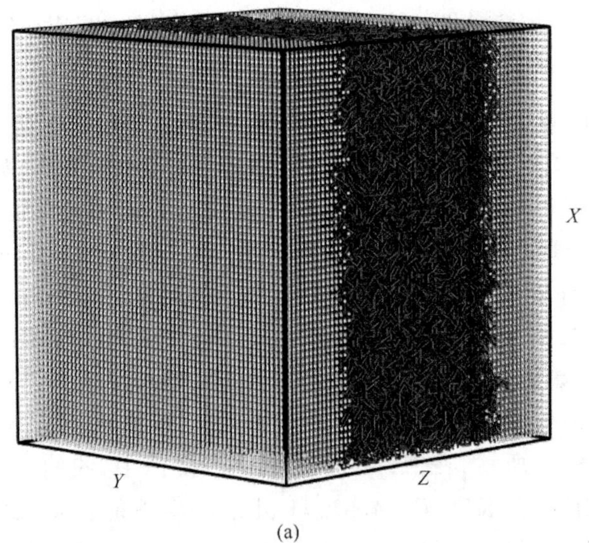

(a)

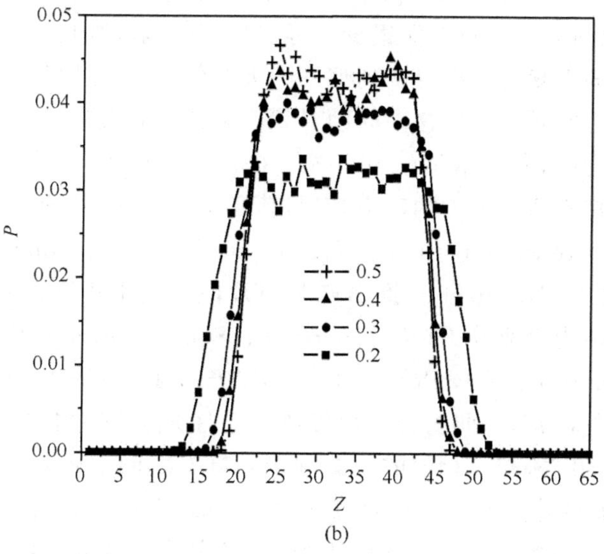

图 11-9　(a)链长 128 个链单元的高分子溶液体系在温度 $4.5E_c/k$ 处发生相分离产生一对平行的浓相界面形态图，立方格子空间的边长为 64；(b)沿着界面法线 Z 方向统计不同混合相互作用参数条件(图中标示 B/E_c 值)下热涨落产生的最大晶粒分布概率 P。设置 $E_p/E_c=1$。混合相互作用参数从 0.4 开始，曲线出现双峰分布特征(Zha L，Hu WB. Understanding crystal nucleation in solution-segregated polymers. Polymer，2009，50：3828-3834)

11.5　单链体系的折叠链结晶成核

当高分子溶液变得非常稀的时候，每条高分子链就构成了一个相对独立的小体系。单根柔性链高分子由于包含了足够多的自由链单元，而每个链单元又可能会有不同的化学结构，并包含疏水和亲水等多重相互作用。于是，发生相变的行为就变得很复杂，例如蛋白质从无规线团构象走向天然构象的折叠行为，链单元之间的各种相互作用都对蛋白质的自组装折叠行为有或多或少的影响。有人甚至认为，这样的单链体系构成了所谓的世界上最小的复杂分子体系。

吴宪(Hsien Wu)最早提出导致蛋白质失去活性功能的变性机制是蛋白质天然构象的解折叠(Wu H. Studies on denaturation of proteins. XIII. A theory of denaturation. Chinese Journal of Physiology，1931，5：321-344)。安芬森(Anfinsen)指出蛋白质一级化学序列结构决定了具有最小自由能的天然三级构象结构(Anfinsen CB. Principles that govern the folding of protein chains. Science，

1973，181：223-230）。无规线团构象的蛋白质分子拥有很大的构象熵，而在体温条件下，天然构象所获得的折叠能很少，一般只有几个氢键的自由能。蛋白质折叠如何从所有可能的无规构象中寻找到唯一的天然构象，并克服很大的熵位垒，这是一个挑战性的学术问题。回答这一问题对我们调控生命大分子的物理化学过程具有重要的意义。为此，利文索尔（Levinthal）提出一个佯谬：蛋白质在折叠时不可能有足够的时间搜索所有可能的动力学通道，必定存在某些通道，有利于其快速折叠（Levinthal C. Are there pathways for protein folding? J Chim Physique 1968，65：44-45）。考兹曼（Kauzmann）提出氨基酸片段的疏水相互作用是驱动蛋白质快速折叠的主要热力学驱动力（Kauzmann W. Some factors in the interpretation of protein denaturation. Adv Protein Chem，1959，14：1-63）。疏水残基多喜欢汇聚于天然构象的内核，不同物种的相似功能蛋白质尽管序列结构可以差别很大，但是其疏水内核的结构却是相似的。有利于碱基对之间堆砌起来的疏水作用，对维持 DNA 双螺旋的稳定性也有重要意义（每个碱基对中所包含的氢键作用，由于与碱基同水分子之间形成的氢键作用相当，对稳定性贡献不大）。此外，疏水作用对抗体和相应抗原之间的黏合也会有帮助。

从效果上看，我们可以把蛋白质链单元之间的各种相互作用粗略地分为两类：第一类相互作用效果相当于 B，使得单链发生疏水塌缩转变，本质上对应于液态相分离行为；第二类相互作用效果相当于 E_p，使得单链折叠形成有序微畴，本质上对应于结晶成核过程。于是，这两类相互作用参数的大小就可以调控单链体系中相分离与结晶之间的相互作用。采用偏置抽样和并行回火（parallel tempering）技术的计算机模拟能够统计均聚物单链体系在结晶有序化转变过程中的自由能变化（Hu WB，Frenkel D，Mathot VBF. Free energy barrier to melting of single-chain polymer crystallite. J Chem Phys，2003，118：3455-3457）。图 11-10(a)所示为单链平衡熔点处的自由能位垒，其高度随着溶剂优劣性的变化而变化，反映了结晶成核发生的难易程度。图 11-10(b)在单链体系的塌缩转变和结晶转变的计算机模拟相图中，总结了平衡熔点处的自由能位垒变化。我们可以看出，在三相点附近，单链事先的塌缩转变可以有效地降低结晶成核的自由能位垒，使得链折叠结晶成核的速率大大加快（Hu WB，Frenkel D. Effect of the coil-globule transition on the free-energy barrier for intra-chain crystal nucleation. J Phys Chem B，2006，110：3734-3737），其效果就如同 11-3 节所描述的相分离对结晶成核的加速作用。图 11-11 分别给出单链体系处在无规线团、塌缩熔球和结晶折叠状态的计算机模拟形貌。

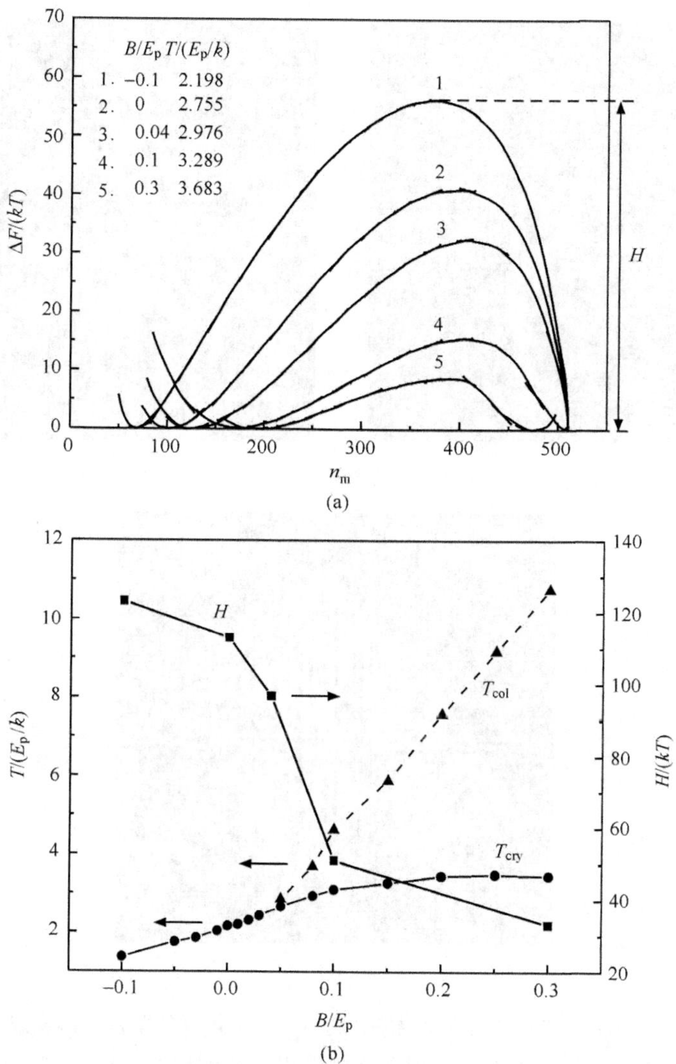

图 11-10　包含 512 个链单元的单链体系在不同溶剂优劣条件(B/E_p 值)下处于平衡熔点处的自由能随熔融链单元数 n_m 变化的曲线(a),以及自由能位垒 H 在模拟所得到的塌缩转变(T_{col})和结晶转变(T_{cry})相图中的变化趋势(b)(Hu WB, Frenkel D. Effect of the coil-globule transition on the free-energy barrier for intra-chain crystal nucleation. J Phys Chem B, 2006, 110: 3734-3737)

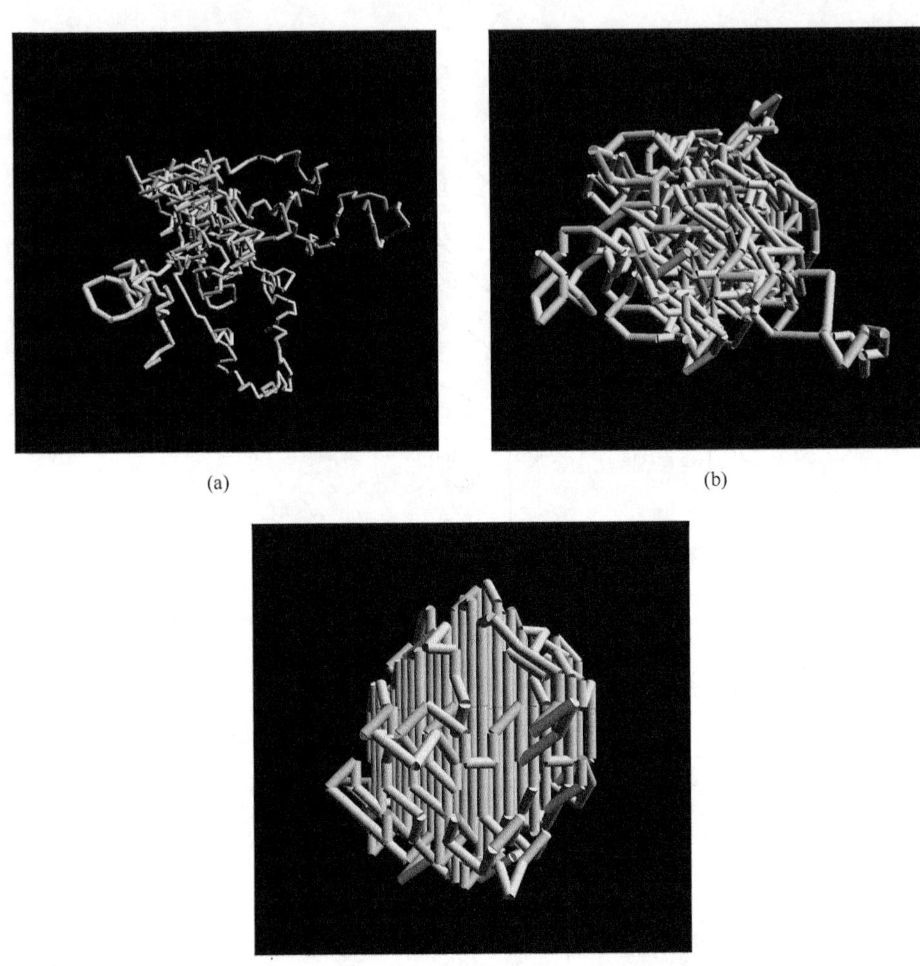

图 11-11　包含 512 个链单元的柔顺($E_c=0$)单链体系的蒙特卡洛模拟形貌图。(a)$B/E_p=-0.1$，$T=2.174\ E_p/k$ 时的无规线团；(b)$B/E_p=0.1$，$T=3.289\ E_p/k$ 时的塌缩熔球；(c)$B/E_p=0.1$，$T=2.289\ E_p/k$ 时的结晶折叠态 (Hu WB, Frenkel D. Effect of the coil-globule transition on the free-energy barrier for intra-chain crystal nucleation. J Phys Chem B, 2006, 110: 3734-3737)

这种小体系中相分离增强的结晶成核过程为我们提供了一个合理的热力学背景，来理解蛋白质通过疏水塌缩形成中间阶段的熔球态，即疏水内核，从而寻找到快速折叠通道，很快地折叠形成天然构象三级结构(Daggett V, Fersht AR. Is there a unifying mechanism for protein folding? Trends Biochem Sci, 2003, 28: 18-25)。如果把蛋白质折叠过程中所有可能的折叠路径形象地比喻为一个漏斗形状,那么中间阶段的熔球态就处在漏斗的收口处。一旦形成疏水内核后,蛋白质分子走向其天然状态的速度就会大大加快(Wolynes PG, Onuchic JN, Thirumalai D. Navigating the folding routes. Science. 1995, 267: 1619-1620)。这里给出的例子意味着蛋白质折叠的小体系复杂性也许就这样,可以通过相变的复杂性解读出来。

双螺旋结构的DNA单根链也必须折叠起来,才能被收纳入微小的细胞核中。由于DNA的持续长度达50nm,局部的链刚性使得DNA分子链只能在折叠酶的帮助下以环形(toroid)的方式卷绕折叠起来,折叠速率仍然服从一个成核生长控制的动力学机制(Yoshikawa K, Matsuzawa Y. Nucleation and growth in Single DNA Molecules. J Am Chem Soc, 1996, 118: 929-930)。此时的链间平行排列相互作用主要来自于4.3节所介绍的聚电解质链周围抗衡离子的浓度涨落。

值得一提的是,蛋白质分子折叠时,除了导致链折叠起来的β片层之外,规整的特定多肽序列还容易形成α螺旋结构,即每个氨基酸残基所包含的羰基上的氧原子,与沿链第四个氨基酸残基所包含的氨基上的氢原子之间形成氢键。**无规线团与螺旋结构之间的构象转变**,简称为**线团-螺旋转变(coil-helix transition)**,从理论模型上来说,对应于一维的伊辛格子模型,没有明显的相变行为发生。高温有利于α螺旋的形成,可见螺旋结构的形成对焓变实际上是正贡献,对总的自由能降低不利。另外,α螺旋会有显著的链构象熵损失,因此驱动螺旋结构生成的动力可能来自于释放吸附水所获得的协同熵增加,对应的相分离模式为LCST型。类似来源的疏水相互作用也会使得蛋白质天然构象在低温下解折叠,失去其生物活性。在更高的温度,螺旋结构也会像蛋白质天然构象那样,自发地解螺旋,对应的相分离模式则为UCST型(菲利普·纳尔逊. 生物物理学:能量信息生命. 黎明,戴陆如译. 上海:上海科学技术出版社,2007)。

在活体细胞内,初生肽链的折叠过程有时也需要分子伴侣(chaperones)的协同作用来改善其微观的局部环境。例如分子伴侣可以暂时屏蔽折叠中间态所暴露出来的疏水残基,避免蛋白质分子之间在大分子拥挤的环境中发生相互聚集(Ellis RJ. Molecular chaperones: Avoiding the crowd. Curr Biol, 1997, 7: R531-R533)。蛋白质分子的错误折叠将导致蛋白质分子聚集在一起,形成富含β折叠的淀粉样纤维结构,失去其生物活性。许多神经或老年退行性病变均与蛋白质分子的错误折叠有关,例如阿尔茨海默病(Alzheimer's disease)、帕金森病(Parkinson's disease)、亨廷顿舞蹈病(Huntington's disease)、朊蛋白病(prion disease,如有名的疯牛病)以及Ⅱ型糖尿病等,镰状细胞贫血症也是由于错误折叠的血红蛋白分子发生疏水聚集而造成的,了解并调控这些疾病的分子机制对于我们找到有效的防治措施具有重要的意义。蛋白质分子聚集也有积极的一面,血液中的纤维蛋白原在遇到血管受伤时,会被某种酶切断,暴露出其疏水片段,从而可相互黏结起来堆砌成网络状结构,有利于血液在伤口附近凝结,迅速止血(菲利普·纳尔逊. 生物物理学:能量信息生命. 黎明,戴陆如译. 上海:上海科学技术出版社,2007)。

蛋白质的解折叠对pH、温度、盐浓度和溶剂等条件非常敏感。食物蛋白的变性在我们的食品加工过程中屡见不鲜。鲜牛奶中的酪蛋白在酸奶中可以发生解折叠,导致酸奶凝结起来。无机盐碱也能导致禽蛋蛋白变性,这就是皮蛋的熟化机理。蛋清蛋白受热变性后,彼此交换二硫键,交联起来能凝结住大量的水,形成水蒸蛋。蛋白质的疏水内核也会在水中的气泡表面解散开来,疏水残基朝向空气一侧,能和表面活性剂一样稳定空气和水的界面,形成具有较稳定泡沫结构的奶油。近年来兴起的分子烹饪学(molecular gastronomy),就是不仅将实验科学家手中所掌握的许多物理化学方法引入到食品加工过程中,来理解其中的分子机理,而且还提出新的烹饪方案,以达到食品的美观、美味、可口、卫生、营养和健康等多重目的(This H. Molecular gastronomy, a scientific look at cooking. Acc Chem Res, 2009, 42: 575-583; This H. Molecular gastronomy: A new emerging scientific discipline. Chemical Reviews, 2010, 110: 2313-2365)。也许将来的美食家在陶醉于食物的烹制技巧时,也能说说其中的物理化学原理,特别是高分子物理学的知识原理。

思　考　题

1. 试着再举一个通过涌现论思想方法解读体系复杂性的例子。

2. 为什么等规聚丙烯短链能够与无规聚丙烯短链在熔体中均匀混合,而长链却不能?

3. 如果采用高分子溶液相分离紧接着结晶固化的方法来调控多孔膜的微孔尺寸,相分离时间长一些,是否微孔尺寸能更大一些?

4. 试着去了解DNA解螺旋的热力学机制,列举其中可能重要的分子间及分子内的焓和熵的贡献。

索　引